高等院校石油天然气类规划教材

重庆天府地区地质考察指南
（第二版）

胡 明 周小军 编著

石油工业出版社

内 容 提 要

本书系统介绍了重庆天府地区的地质实践教学内容和方法。全书共有8章，内容涵盖了基础地质、构造地质的实习内容。书中既有基础地质野外工作方法方面的知识介绍，又有理论分析方法的指导、野外地质工作安全防范和处理措施的介绍；既强化实践操作，又注重技能培训；具有实践性强和功能全的特点。

本书适合作为资源勘查工程、勘查技术与工程、石油工程、地质工程、地质学等专业地质认识实习和构造地质综合实习的本科教学用书，也可作为重庆天府地区地质考察与科学研究的参考用书。

图书在版编目（CIP）数据

重庆天府地区地质考察指南／胡明，周小军编著．
— 2版．— 北京：石油工业出版社，2018.12（2021.1重印）
高等院校石油天然气类规划教材
ISBN 978-7-5183-3032-4

Ⅰ．①重⋯ Ⅱ．①胡⋯ ②周⋯ Ⅲ．①区域地质–地质检查–重庆–高等学校–教材 Ⅳ．①P562.719

中国版本图书馆 CIP 数据核字（2018）第 265264 号

出版发行：石油工业出版社
（北京市朝阳区安定门外安华里2区1号楼 100011）
网　　址：www.petropub.com
编辑部：（010）64250091
图书营销中心：（010）64523633
经　　销：全国新华书店
排　　版：保定彩虹印刷有限公司
印　　刷：北京中石油彩色印刷有限责任公司

2018年12月第2版　2021年1月第5次印刷
787毫米×1092毫米　开本：1/16　印张：12.75
字数：310千字

定价：29.00元
（如发现印装质量问题，我社图书营销中心负责调换）
版权所有，翻印必究

第二版前言

重庆天府地区是大自然给予人类地质事业的宝贵财富，是全国著名地质实习基地之一。这里具备了地质实习基地所需的全部优势和条件。本教材是在 2008 年《重庆天府地区地质考察指南》的基础上经重新修编而成的，第一版教材自出版以来，因为其内容丰富，将地质理论与天府地区丰富的自然教学资源和良好的教学条件有机地结合，并全面融入野外地质教学实践中，书中内容紧密结合教学大纲，重理论与实践的结合，重学生的技能训练，对野外实习教学具有较强的可操作性、实用性和指导性，从而被多所高校（西南石油大学、重庆科技学院、重庆交通大学、长江大学等）选用，同时被中石油、中石化、重庆能源集团等企业列为职工继续教育的野外培训教材。由于近年来天府地区的地质研究取得了很多新进展和新认识，加上一些新的教育理念不断出现，地质研究方法不断进步，新的手段涌现，因此，有必要对原来的教材加以修订，以反映最新的研究成果和教育教学理念。

2016 年 8 月在内蒙古海拉尔市召开的第四次石油地质与勘探专业教学与教材规划研讨会上，《重庆天府地区地质考察指南（第二版）》被列为"十三五"行业规划教材，2017 年又被列为西南石油大学规划教材。两年来，编者在广泛征求同行及学生对《重庆天府地区地质考察指南》第一版意见的基础上，确定了教材的编写提纲，经过反复修改、补充、完善，最终完成了本教材的编写。

在查阅大量文献的基础上，第二版教材补充了许多最新的研究成果，在内容上进行了增补、删减、调整和更新，按照"新工科"及"工程教育认证"的教育理念，强调以学生为中心，加强学生的专业能力、工程素养、发展能力的培养以及"安全、环境、健康"理念的教育，教材编写着重对学生的野外工作技能训练，着重培养学生分析问题和解决问题的能力，特别是补充增加了"野外地质工作安全要求及防范"内容，指导学生如何应对突发事件，保障人身安全。

本书主要包含了基础地质、普通地质、构造地质三大实习内容。书中内容紧密结合教学大纲及野外实际，各种地质现象图文并茂、具体翔实，着重学生的动手能力及技能训练，每条实习教学路线后面都附有作业及思考题。为了便于读者对区域地质特征的了解，第七章还全面介绍了重庆地区地质特征以及华蓥山地区基本地质概况与一些研究进展，为各类地质实习教学提供参考资料，第八章系统地介绍了野外地质工作的安全要求、工作技巧、防范措施及处理方法，加强学生的安全意识教育。

本书由胡明、周小军编著，具体分工为：胡明编写前言，第一章，第二章第一节，第三章第四至八节，第四章，第五章第一、二节，第六章第八节，第七章，第八章部分内容，附录；周小军编写第二章第二节，第三章第一、二、三、九节，第五章第三至九节，第六章第一至七节，第八章主要内容；研究生张渝萍、李瑞、王豪、袁帅、李爽、陈泉均等清绘了书中部分图件。教材编写过程中引用了西南石油大学唐洪明、赵敬松、陆廷清等老师的资料，得到了西南石油大学地球科学与技术学院相关领导，基础地质教研室、沉积地质教研室的老师们的无私帮助，并得到西南石油大学教务处领导的大力支持，在此一并表示感谢。最后还要感谢第一版主编重庆科技学院廖太平教授的无私支持。

因编著者水平有限，错误难免，欢迎批评指正！

编著者
2018 年 5 月

第一版前言

重庆天府地区是大自然留给人类地质事业的宝贵遗产，是全国著名地质实习基地之一。与北京周口店、河北秦皇岛、南京湖山相比，这里具备地质实习基地所要求的全部优势和条件。它范围虽小但功能齐全，集基础地质、沉积相、构造地质实习为一体。它以地层出露齐全、沉积构造丰富、沉积相标志清楚、沉积相类型多样、地质构造在地表反映清楚且复杂程度中等，以及综合性强、地质观察点多、地质特征清晰、教学难度中等、教学条件优越为特点，成为我国西南地区地质教学实习重地。新中国成立以来，天府地区长期为西南石油大学、重庆科技学院、重庆交通大学、长江大学、中国矿业大学、四川石油管理局地质调查处等的重要地质实习基地。

天府地区作为地质实习基地，具有地质资源丰富、研究历史悠久和研究程度高的特色和优势。早在抗日战争时期，中国科学院迁至重庆北碚，有无数地质老前辈为了地质事业的发展在这里辛勤耕耘。而今，中国科学院地质与地球物理研究所、南京地质古生物研究所以及有关科研院校都关注并对天府地区地质情况有深入的研究，为后继的采矿业和深入的地质研究提供了宝贵资料。

天府地区在国际地质界也享有盛名。从古至今，它以无尽的地质奥秘和丰富的地质宝藏吸引着无数中外地质工作者为之翻山越岭、上下求索。迄今为止，有多次国际地层古生物大会在此召开；若干古生物新目、属、种的发现；求证二叠系与三叠系的界线；研究二叠纪末的缺氧环境和微生物演化；探索二叠纪末微生物岩特征；研究二叠系长兴组生物礁；研究龙潭组、须家河组成煤环境特征；评价须家河组、飞仙关组、嘉陵江组储层特征及演化规律；探索华蓥山地区地质构造和沉积发展史，等等。这块地方将永远是地质人丰富而神秘、憧憬而珍爱的无价之宝。

天府地区见证了地质工作者的前赴后继和传承接力，迎来了一代又一代的莘莘学子。如今，天府地区的研究成果日新月异，硕果累累，更为后继的地质科学考察和师生地质实习教学提供了极好的指导条件，它不愧为地质工作者学习和成长的摇篮。

鉴于重庆天府地区作为地质实习基地，历史悠久，资料丰富，条件良好，其研究意义与价值深远；鉴于天府地区对地质实习教育的天然优势与长期以来的贡献，编者认为很有必要通过编写此书，将以往使用的各类地质实习指导教材和长期以来地质科学在本区的新发现、新成果以及编者的理解和看法融合、总结、提炼。

本书为资源勘查工程、勘查技术与工程、石油与天然气勘探、石油工程、土木工程、地球物理勘探，以及与之相关的本科地质实习教学用书，也可作为该地区地质科学考察研究人员的参考用书。

本书在介绍区域地质的基础上主要包含了基础地质、沉积相、构造地质三大实习内容。书中内容紧密结合教学大纲及现场实际，阐述问题图文并茂、具体翔实，注重学生的技能训练，并附有作业及思考题，对各类地质实习教学均有较强的操作性、实用性、参考性和指导性。

全书由廖太平（重庆科技学院）、胡明（西南石油大学）主编和统稿，由陈洪凯教授（重庆交通大学）主审。具体分工为廖太平编写第一、二、三、四、六、七、八、九章，并整理附图；胡明编写第五、十、十一、十二、十三章及第十四章第六节；张福荣（重庆科技学院）编写第十四章第一、三、四、五、七节；陈北东（重庆科技学院）整理附录；祝晓寅（重庆交通大学）编写第十四章第二节；吴仕强博士（中国科学院地质与地球物理研究所）整理了书中两张图版。在编写过程中，引用了西南石油大学唐洪明、赵敬松、陆廷清等老师提供的资料，在此表示感谢！本书得到四川省重点学科建设项目（编号：SZD0414）资助，还得到了西南石油大学资源与环境学院矿物岩石教研室以及基础地质教研室的大力支持，同时还得到编者院校的大力支持，在此一并表示感谢。

本书因编写水平有限，错误难免，感谢指正！

编者

2008 年 3 月

目 录

第一章 天府地区地质特征 ··· 1
第一节 天府地区基本概况 ··· 1
第二节 天府地区出露的主要地层特征 ··································· 3
第三节 天府地区沉积发展史 ··· 9
第四节 天府地区构造特征 ·· 11
第五节 天府地区构造形成和受力简析 ·································· 13
第六节 天府地区矿产资源 ·· 14

第二章 地形图及地质图的基本知识 ···································· 15
第一节 地图及地形图基本知识 ·· 15
第二节 地质图的基本知识 ·· 26

第三章 野外地质工作基本技能简介 ···································· 31
第一节 野外地质记录方法 ·· 31
第二节 普通地质仪器的使用方法 ······································ 33
第三节 数字化填图仪器的使用方法 ···································· 38
第四节 野外地层的观察与描述 ·· 42
第五节 野外地质构造观察与描述 ······································ 49
第六节 野外岩石及化石标本和样品采集方法 ···························· 51
第七节 野外地质现象素描及野外照相方法 ······························ 52
第八节 野外地质工作研究的一般步骤 ·································· 55
第九节 实测地质剖面的目的、要求和方法 ······························ 56

第四章 天府地区主要地质实习剖面 ···································· 67
第一节 天府地区地层剖面 ·· 67
第二节 天府地区构造地质实习剖面 ···································· 79

第五章 地质填图方法 ··· 91
第一节 室内准备 ·· 91
第二节 野外踏勘 ·· 93
第三节 观察点的布置原则与方法 ······································ 94
第四节 观察点的观察与描述 ·· 96
第五节 地质草图的编绘 ·· 98
第六节 数字地质填图的基本方法 ····································· 102

第六章 主要图件的编绘方法及报告编写 ······························· 115
第一节 地层柱状剖面图 ··· 115
第二节 随手地质剖面图 ··· 116
第三节 实测地质剖面图 ··· 118

第四节　地形地质图……………………………………………………………… 121
　　第五节　构造横剖面图…………………………………………………………… 122
　　第六节　构造等值线图…………………………………………………………… 126
　　第七节　节理等密图和应力网络图……………………………………………… 132
　　第八节　实习报告的编写………………………………………………………… 135
第七章　重庆地区地质特征…………………………………………………………… 139
　　第一节　重庆市自然地理概况…………………………………………………… 139
　　第二节　区域地质特征…………………………………………………………… 141
　　第三节　重庆华蓥山地区地质特征……………………………………………… 159
第八章　野外地质工作安全要求及防范……………………………………………… 176
　　第一节　野外地质工作的基本要求和安全注意事项…………………………… 176
　　第二节　野外地质工作技巧……………………………………………………… 177
　　第三节　野外地质工作避险方法………………………………………………… 180
　　第四节　野外工作伤害急救处理………………………………………………… 182
参考文献…………………………………………………………………………………… 187
附录………………………………………………………………………………………… 189
　　一、地质构造符号………………………………………………………………… 189
　　二、岩性符号……………………………………………………………………… 190
　　三、地层代号与色谱……………………………………………………………… 193
　　四、真、视倾角换算图…………………………………………………………… 194

第一章 天府地区地质特征

第一节 天府地区基本概况

一、实习区地理位置

实习区位于重庆市北碚区天府镇，以代家沟乡、文星乡为主，包含重庆市合川区土主乡及四川省广安市华蓥山一带等地，地质填图位于天府镇南部敬老院—干洞子区段，面积约 $10km^2$。地理坐标（约）东经 $106°28'\sim106°31'$，北纬 $29°50'\sim29°55'$（图1-1）。

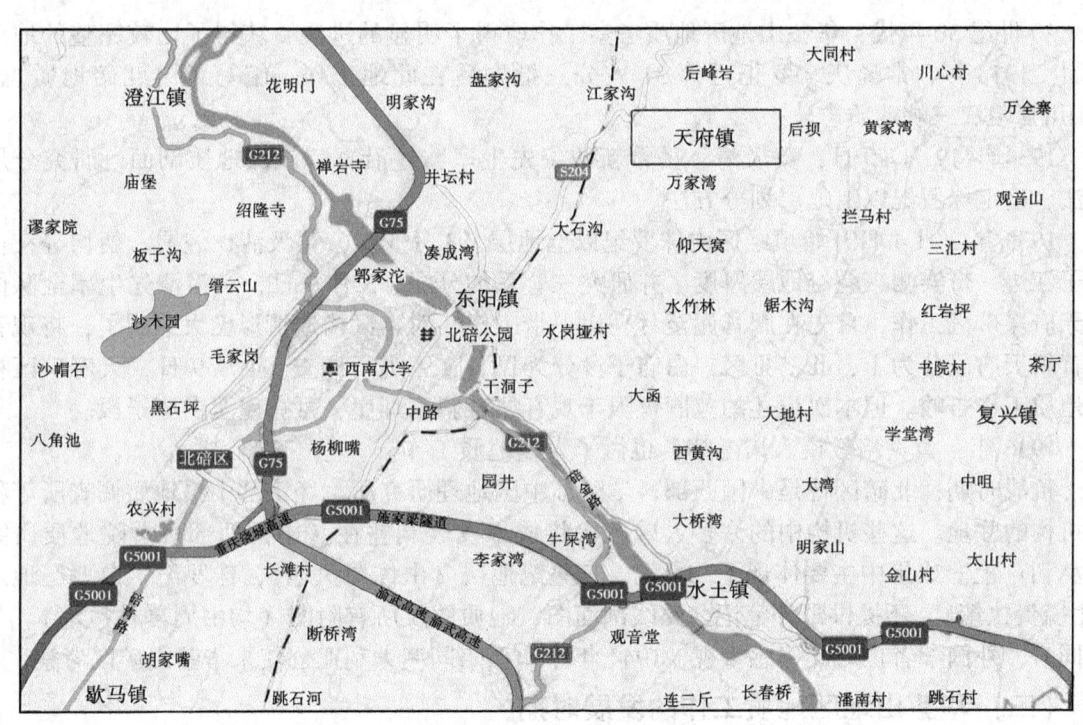

图1-1 天府地区地理位置图

二、自然地理概况

实习区内的地形形态为山地类型的低山区，平均海拔高度500m左右，最高为后峰山，海拔773m，北高南低，山脉延伸方向为北北东—南南西，呈线状分布，地形高低及延伸方向与褶皱（背斜）相一致，属正地形。山峰林立，谷沟交错，明显易见有二槽地，故有前槽（代家沟—后峰岩—水岚垭）、后槽（喻家槽—芹菜田）之称，为嘉陵江组石灰岩分布区，是遭受后期强烈剥蚀及溶蚀作用形成的。基岩裸露，泥薄水浅，森林稀疏，人口密集，梯田密布。上三叠统砂岩、泥页岩分布区，峰峦叠嶂、气势巍峨。区内的金剑山、邻近的北温泉、缙云山都为游览胜地。

三、前人工作情况

自古以来，华蓥山地区因煤产称盛，地质考察颇不乏人。可以说华蓥山地区的地质研究历史是与煤矿开采业的脚步相伴随，而煤矿开采业的兴旺又推动了地质事业不断向前发展。

（一）华蓥山地区地质工作的萌芽时期

早在1807年（清嘉庆十二年），在天府就有开采小煤矿的记录，从那时起华蓥山地区地质调查工作开始萌芽。1927年（民国十六年），由于采矿业的发展，民生公司、益寿公司卢作孚、唐建章等7人组织修建川北铁路用于煤炭运输，并在1928年聘请丹麦设计专家宁尔慈为总工程师，对铁路基岩岩性、地貌特征、地下水等工程地质条件进行了初步考察、记录和研究。

（二）华蓥山地区地质工作的雏形时期

20世纪30年代，华蓥山地区地质考察工作取得了明显的进展，获得了比较完整的地质资料。1933年，常隆庆、罗正远等31人分三批先后在此地工作，编写了《北碚地质志》《四川嘉陵江三峡地质志》。

1934年12月10日，黄汲清、岳希新两位先生率队，沿嘉陵江测地质剖面，研究分层方法，确定侏罗纪以上地层划分方法。

1935年2月4日开始填绘区内侏罗纪以上地层。3月5日，黄汲清、佐蜀、朝均等在白庙子江边一带实测三叠纪地层厚度，并研究三叠系的分层。3月9日，黄汲清先生率全队同赴天府煤矿区工作，首先在鹰耳崖至月亮崖一带工作，对本区构造情形已大致明了，将观音峡背斜天府段分为Ⅰ、Ⅱ、Ⅲ区，白庙子段分为Ⅳ、Ⅴ区进行调查。4月9日，天府矿区初勘地质工作告竣。但本次记述的范围仅限于观音峡背斜鹰耳崖、月亮崖至白庙子段。

1936年，黄炎培教授入川考察，也做了大量地质工作。

抗战时期，北碚区曾是中国西部科学院、中国地理研究所、经济部中央地质调查所等科研机构的驻地。这些机构中的许多人曾多次将成果发表刊登在《中国西部科学院地质研究所丛刊》上。成果中主要体现了二叠纪、三叠纪地层（由佐蜀执笔），侏罗纪、白垩纪地层（由毓贵执笔），还提供野外笔记、路线剖面图、地质图及所有附图（均由周慕林执笔）。与此同时，外国学者也对此倍感重视，1944年卢作孚陪同澳大利亚公使来华蓥山矿区考察。

（三）华蓥山地区地质工作的发展时期

中华人民共和国成立以来，前往北碚华蓥山地区开展地质、地理、古生物等考察工作的专家、学者、高等院校师生络绎不绝。

参与考察的科研机构有：中国地质调查局成都地质调查中心，四川省地质矿产勘查开发局208、211、110地质队，江南水文队、航调队，中国科学院地质与地球物理研究所、南京地质古生物研究所、古脊椎动物与古人类研究所、植物研究所、地球化学研究所等。高等院校有：中国矿业大学、西南石油大学、重庆大学、成都理工学院、西南大学、重庆科技学院。其他还有重庆自然博物馆、天府矿务局等。

他们做了大量的地质调查工作，不仅积累了十分丰富的地质资料，而且也取得了许多有价值的研究成果，拓宽了地质研究领域，加深和完善了地质研究成果，如生物礁、二叠系与三叠系界线、石油地质特征等，推动了工农业生产和地质事业的发展。

1953—1956年，四川省煤田地质局136地质队，对天府煤田进行了有计划、有步骤的勘探，提出精查报告书，勘探面积59.75km^2，为华蓥山地区的采矿业做出了巨大贡献。

鉴于过去记述的研究范围有限，加上过去的地质研究工作受时代和研究手段的限制，资料不是很完整，某些结论不准确或已不能成立，有些内容也显得陈旧，1986年，地方政府组织力量，重新拓宽华蓥山地区地质研究工作领域并进行归纳整理，补充了地质路线及矿点调查、1:1万煤田地质调查以及1:20万石油地质普查工作。特别是矿区范围内地质研究程度较高，为地质成果的取全取准创造了良好条件。

近20年来，国外在定量地层和理论古生物等方面的研究突飞猛进，但是受到一定地质条件的限制，如缺乏完整的地层记录等。由于我国多年来对古生物地层研究累积了大量的基础资料，尤其是近些年精细地层学研究使得我国的地层研究达到国际领先水平，多个界线层型剖面先后落户于我国。华蓥山天府地区的土地垭、老龙洞二叠纪与三叠纪地层剖面就在其列，它们为深入认识地质历史时期生物的演化与发展做出了卓越的贡献。中科院地质与地球物理所吴亚生等人主要研究成果为：

（1）在二叠纪与三叠纪之交全球海平面变化研究中取得重要进展，找到了二叠系与三叠系界线海平面下降的证据。国外学者（Wignall 和 Hallam，1992，1997）提出二叠纪与三叠纪之交全球海平面只有上升，没有下降；海平面上升造成海洋缺氧，缺氧导致二叠纪末的生物大绝灭。中科院吴亚生在继2001—2003年对贵州紫云生物礁顶部2个二叠系与三叠系界线地层剖面的研究中，发现了海平面下降的证据（Wu 和 Fan，2003）；2005年，在江西修水的二叠系与三叠系界线地层中也发现了海平面下降的证据（吴亚生等，2006）；2006年，在重庆老龙洞的二叠系与三叠系界线地层中再次发现海平面下降的证据（吴亚生等，2006）。海平面下降的证据在不同地区的二叠系与三叠系界线地层中的发现，证明外国学者抱持的二叠纪与三叠纪之交只有海平面上升的认识是不正确的。

（2）确定了二叠纪末生物礁生态系集群灭绝发生的模式是二步式的（Wu et al.，2007）。第一步是所有狭适性生物的灭绝，发生在二叠纪末期的 *Clarkina yini* 带；第二步是广适性生物的灭绝，发生在三叠纪最初的 *Hindeodus parvus* 带。

（3）在物种水平上研究了造礁生物房室海绵在二叠纪与三叠纪的演化，发现房室海绵在二叠纪末全部绝灭，是一项填补空白的成果（吴亚生等，2002）。

第二节　天府地区出露的主要地层特征

四川盆地内部一般为侏罗系"红色"地层所覆盖。川东地区，褶皱强烈，主要出露三叠系及以下地层，而在本区北东方向40km的溪口地区，由于华蓥山大断裂的抬升，可见到中上寒武统（缺失泥盆系以下及上石炭统）。本区最老地层为中二叠统茅口组，最新地层为中侏罗统上沙溪庙组。实习区及邻近地区地层发育好，自寒武系至侏罗系均有出露，为了建立较完整的地层层序，以华蓥山剖面为主叙述寒武系至二叠系下统，其上地层按实习区所见描述。

一、中上寒武统——娄山关群（ϵ_{2-3}ls）

本区中上寒武统出露娄山关群地层，它分布在华蓥山西侧，华蓥山断裂的上盘，塘家至观音溪一带，长约13km。岩性以灰色薄层白云岩和石灰岩为主，上部石灰岩夹燧石结核，中、下部夹少量页岩，偶见生物化石碎片，未找到完整可鉴定的化石，出露不全。与奥陶系呈假整合接触关系。

二、奥陶系（O）

奥陶系地层分布在华蓥山的西侧，宝顶背斜轴部溪口至李家沟一带，沿走向长约28km。

（一）下奥陶统（O_1）

本统根据岩性和古生物可以分成3个组，自下而上分别叙述如下：

(1) 桐梓组（O_1t）：底部以页岩为主，中上部则为石灰岩夹少许页岩。厚约90m。主要化石有 *Tungtzuella*（桐梓虫）、*Chungkingaspis*（重庆虫）。

(2) 红花园组（O_1h）：由砂岩及生物碎屑灰岩组成，顶部有一层石英砂岩。厚约15m。

(3) 湄潭组（O_1m）：以页岩为主，夹极少量的薄层石灰岩及砂岩。厚180m。含 *Taihungshania*（大洪山虫）、*Phyllograptus*（叶笔石）、*Didymograptus*（对笔石）、*Sinorthis*（中华正形贝）、*Ptilograptus*（羽笔石）、*Psilocephalina*（裸头虫）。

（二）中奥陶统（O_2）

(1) 十字铺组（O_2s）：此组以泥灰岩为主，夹薄层砂岩。厚27.7m。

(2) 宝塔组（O_2b）：此组以灰色不纯的石灰岩为主，下部含砂质较多，呈网格状或条带状；上部特别明显，为龟裂纹灰岩。厚50.2m。富含直角石化石及 *Orthograptus*（直笔石）、*Orthis*（正形贝）。

（三）上奥陶统（O_3）

(1) 临湘组（O_3l）：浅灰色中厚层豆状泥灰岩，含少量星散状黄铁矿，顶部为0.6m厚灰色页岩及褐黄色黏土。夹少许钙质页岩，厚约3m。含三叶虫、介形虫等。

(2) 五峰组（O_3w）：黑色、浅灰色页岩及薄层硅质岩，含 *Dicellograptus*（叉笔石）、*Climacograptus*（珊笔石）、*Orthoceras*（直角石）。

本组与下志留统龙马溪组呈假整合接触关系。因风化掩盖，界线不易见到。

三、志留系（S）

志留系出露于华蓥山西侧，沿走向长31km，在阎王沟出露最好，厚约585.64m，本区缺失上统，由老到新分别叙述如下。

（一）下志留统（S_1）

(1) 龙马溪组（S_1l）：以灰绿色、黄绿色页岩为主，下部为黑色页岩，常显微细层理，中上部夹粉砂岩条带。含 *Petalolithus*（花瓣笔石）、*Monograptus*（单笔石）、*Clyptograptus*（雕笔石）。此层在阎王沟厚306m。

(2) 石牛栏组（S_1s）：灰绿色、黄绿色砂质页岩夹粉砂岩，上部有5.7m厚的绿灰色薄层粉砂岩，顶为4.1m厚的灰绿色页岩。其化石为珊瑚、腕足类、海百合茎、头足类、笔石、瓣鳃类及三叶虫等，厚385m。本组同龙马溪组不易分开。

（二）中志留统（S_2）

韩家店组（S_2h）：岩性较复杂，底部以细砂岩、砂质页岩为主，致密坚硬，所含化石以腕足类为主，中上部夹有泥质灰岩、白云质灰岩和礁灰岩，礁灰岩呈透镜状分布，断续出现，近顶部见一层角砾状灰岩，砾岩由含有 *Favosites*（蜂巢珊瑚）的块状灰岩及泥晶灰岩组成，顶部有厚约 10~20cm 的泥质风化壳。本组化石丰富，主要有 *Pentamerus*（五房贝）、*Eospirifer*（始石燕）、*Favosites*（蜂巢珊瑚）、*Cystiphyllum*（泡沫珊瑚）。

四、石炭系（C）

石炭系地层分布于岳池溪口三百梯一带，为上石炭统的黄龙组。

黄龙组（C_2h）：黄—浅黄色含钙质白云岩，下部为角砾状白云岩，方解石脉较发育，厚约 4~8m。化石有 *Fusulinella*（小纺锤䗴）、*Tetratazis*（四排虫）。

本组上、下地层的接触关系均匀，为假整合。

五、二叠系（P）

二叠系在宝顶背斜、龙王洞背斜出露完全，西南延伸到本区石笋沟、楼梯沟等地，下二叠统一般出露不完全。

（一）下二叠统（P_1）

梁山组（P_1l）：仅出露于溪口阎王沟一带，为灰绿色黏土岩，其上部为石灰岩夹黑色页岩及煤层，含黄铁矿、褐铁矿及植物碎片。厚 15.20m 左右。化石以植物为主，包括 *Pecopteris*（栉羊齿）、*Cordaites*（科达树）、*Odontopteris*（齿羊齿）、*Taeniopteris*（带羊齿）。

（二）中二叠统（P_2）

（1）栖霞组（P_2q）：本组连续沉积在梁山组之上，天府地区没有出露，分布于天池以南，组成背斜轴部。其岩性以深灰色、灰黑色石灰岩为主，夹沥青质页岩。其上部微晶灰岩中含燧石结核，下部为含硅质灰岩及泥质灰岩。含 *Stylidophyllum*（多角花珊瑚）、*Hayasakaia*（早板珊瑚）、*Polythecalis*（多壁珊瑚）、*Fenestella*（窗格苔藓虫）、*Productus*（长身贝）。

（2）茅口组（P_2m）：该组连续沉积在栖霞组之上，为浅灰色厚层—块状含燧石团块生物碎屑泥晶灰岩和浅灰色生物灰岩。燧石团块呈灰黑色，大小分布不均匀。具眼球状构造，有时被方解石脉切割，向上燧石团块减少，具缝合线构造。缝合面上有沥青充填。岩石中溶洞发育，多被结晶方解石脉充填。岩溶发育，主要为石柱、石芽。含 *Neoschwagerina*（新希瓦格䗴）、*Misellina*（米氏䗴）、*Verbeekina*（费伯克䗴）。

此组分布在背斜的轴部，由于断裂的影响，断续出露。

（三）上二叠统（P_3）

上二叠统分成两组，即龙潭组和长兴组，自北而南，龙潭组厚度逐渐变薄，由下而上分别为如下地层。

1. 龙潭组（P_3l）

本组是天府地区主要含煤地层，也是中国南方的主要煤系地层，该组在此地共分五段：

（1）龙潭组第一段（P_3l^1）：厚 65.73m，底部相当于峨眉山玄武岩层位，华蓥山为角砾状凝灰岩，为火山灰再次改造而成。角砾与基质接近，为硅质。厚约 10 余米，天府地区为 0~2m 厚的玄武质黏土岩。含 0.01~0.03cm 的硅质小砾及星散状、树枝状黄铁矿，为区内硫磺矿矿源。其上为黑色页岩及碳质页岩，夹黄铁矿及可采煤两层。黄铁矿呈透镜状分布，工业价值不大。

(2) 龙潭组第二段（P_3l^2）：厚 4.3m，灰黑色含硅质灰质泥晶生物白云岩（原岩为生物灰岩），后经硅化和白云岩化而成。主要化石有 *Squamularia*（鱼鳞贝）、*Edriosteges*（椅腔贝）、*Meekella*（米克贝）。此层采煤人员称"下铁板"或"小铁板"。

(3) 龙潭组第三段（P_3l^3）：厚 28.21m，黑色、灰色页岩与泥质粉砂岩互层，夹 6 层煤层，页岩中有黄铁矿，黄铁矿呈串珠状顺层分布，还含有化石以及植物碎片。

(4) 龙潭组第四段（P_3l^4）：厚 10.13m，灰黑色含白云质、硅质泥晶生物碎屑灰岩（原岩为泥晶生物碎屑灰岩），越往上硅化作用越强，甚至变成生物碎屑交代硅质岩。主要生物化石为 *Leptodus*（焦叶贝）、*Oldhamina*（欧姆贝）、珊瑚。岩石呈厚层，致密坚硬，此层采煤人员称"上铁板"或"大铁板"。

(5) 龙潭组第五段（P_3l^5）：厚 90.5m，灰黑色页岩与褐灰色泥质粉砂岩不等厚互层，夹少量铁矿结核。含 *Oldhamina*（欧姆贝）、*Fenestella*（窗格苔藓虫）、*Derbyia*（德比贝）。

2. 长兴组（P_3ch）

长兴组厚约 105m，在本区除了从菠萝山以南倾伏地下外，其他地区均有出露，一般出露于背斜两翼，龙潭组外侧，为浅灰到深灰色中—厚层状含燧石生物灰岩，底部燧石较少，中部最多。燧石一般呈不规则的团块和串珠状或条带状顺层分布，缝合线内有沥青充填，缝洞较发育，多为方解石脉充填。本组石灰岩中产大量的 *Palaeofusulina*（古纺缍蜓）、*Nankinella*（南京蜓）、*Reichelina*（拉且尔蜓）以及 *Waagenophyllum*（瓦根珊瑚）等化石。

在此层顶部有时可见到灰—灰黑色硅质岩及中层状、透镜状硅质灰岩和泥质灰岩、页岩交替出现，这就是习惯称的"大隆层"，厚约 0~3m。产 *Leptodus*（焦叶贝）、*Spinomarginifera*（刺围脊贝）、*Waagenites barusiensis*（Davidson）（巴鲁斯似瓦岗贝），石灰岩中产 *Palaeofasulina*（古纺缍蜓）等化石。有的地方不见此层，则为黑色硅质页岩或直接是灰色块状含燧石灰岩，燧石灰岩同上覆下三叠统飞仙关组接触，接触关系为假整合，近来越来越多的人认为是整合接触。

1983 年 4 月强子同等在实习区老龙洞发现了长兴期生物礁，以后又相继发现了文星场等 5 个以上礁体，呈串珠状分布，单体礁长约 0.5~1.5km。礁灰岩由骨架岩、粘结岩、障积岩组成。礁核有层状交代的白云岩，色浅，质纯，不含燧石团块及条带，块状外貌，形成小石林。造礁生物有海绵、苔藓、水螅、拟刺毛藻，附礁生物有腕足类、棘皮类、有孔虫、腹足和钙藻等。礁体的发现，对四川盆地晚二叠世生物礁气藏的勘探起了积极推动作用（详细情况参看第七章）。

六、三叠系（T）

三叠系分上、中、下统，分述如下。

（一）下三叠统（T_1）

下三叠统，在四川西北部以紫红色页岩为主，称为飞仙关组；而在湖北西部—四川东部，以石灰岩为主或全为石灰岩，称为大冶组；四川中部华蓥山一带，则为两者的过渡相，以紫红色页岩与石灰岩互层。为方便起见，仍袭用"飞仙关组"一名，在天府地区为紫红色泥岩、页岩、紫红色石灰岩和灰色白云质灰岩互层。根据岩性可分成五段，由老到新叙述如下。

1. 飞仙关组（T_1f）

飞仙关组厚 460~520m，由下向上分为 5 段：

（1）飞仙关组第一段（T_1f^1）：厚 74.2~160m，为暗紫色泥灰岩同暗紫色钙质泥岩、页岩，下部和上部多为暗紫色泥灰岩。常显球状风化，中部多为钙质泥岩及页岩。本段底部为灰黄色、黄绿色页岩、薄层状泥灰岩、紫红色页岩，与下伏二叠系灰色硅质灰岩、块状燧石灰岩等接触，接触面上有时可见到一层白、黄白色黏土，判断为假整合接触关系。在底部页岩中产大量 *Claraia*（克氏蛤）、*Claraia griesbachi*（Bittner）（格氏克氏蛤）、*Lingula*（舌形贝）、*Hollinella tingi*（Patte）（丁氏小荷尔介）。

（2）飞仙关组第二段（T_1f^2）：厚 17~32m，为浅灰—灰色厚层状灰岩及细粒亮晶鲕粒灰岩，向下部颜色变浅、鲕粒变小，底部为灰色砂屑灰岩。缝合线发育，顶面时有波痕。

（3）飞仙关组第三段（T_1f^3）：厚 174~209m，以紫色钙质页岩为主，夹紫红色薄层搅动泥纹灰岩及介屑灰岩透镜体（以下部 40 余米处为最多），上部页岩较多。产较多的克氏蛤、正海扇等瓣鳃类化石。

（4）飞仙关组第四段（T_1f^4）：厚 92.8~144m，主要由灰色薄、中层状鲕粒灰岩与泥灰岩组成。上部为泥灰岩夹介屑灰岩与搅动泥纹泥晶灰岩。介屑灰岩常与腹足灰岩组成韵律层，有时砂屑灰岩、砾屑灰岩代替介屑灰岩组成的韵律层。中下部以介屑鲕状灰岩为主夹砂屑泥纹灰岩及薄层泥灰岩，越向下部鲕状灰岩越少。厚度变薄，介屑少，底部泥灰岩偶含瓣鳃类化石，距 T_1f^4 顶部约 10~20m 处有一层厚约 7~8m 的灰黄色薄层钙质页岩。

（5）飞仙关组第五段（T_1f^5）：厚 46.5~52m，为紫红色泥灰岩与同色灰质页岩夹灰色泥晶含介屑、砂屑鲕状灰岩。含瓣鳃类、腕足类、海百合等化石。上部为紫色灰质页岩，中部夹泥晶含介屑细粒砂屑鲕状灰岩，下部为紫红色灰质页岩夹同色泥灰岩与灰色介屑含泥质灰岩。

2. 嘉陵江组（T_1j）：

本组厚 533.8m，主要由灰色、浅灰色石灰岩、白云质灰岩、白云岩、豹皮灰岩和角砾状灰岩组成，其间夹有石膏层，但地表不易见到，下部夹有一层黄绿色页岩，地貌上岩溶特别发育，常形成溶洞、槽谷地形，含化石。

此组整合于飞仙关组之上，由老到新分成四段，分述如下：

（1）嘉陵江组第一段（T_1j^1）：厚 244.1m，为灰色介屑灰岩或砾屑灰岩与泥纹粉晶、泥晶灰岩粒序层。

上部介屑灰岩层发育。

中部为薄层介壳灰岩，有时含透镜体夹层。

下部泥纹粉晶与泥晶灰岩发育，厚达数米，介壳减少，以介屑灰岩、含介屑状灰岩为主，或似砾屑灰岩与前者组成互层或夹层。介屑球粒为厚数厘米的透镜体夹于粉晶灰岩中。

本层底以微晶灰岩与 T_1f^5 紫色泥灰岩整合接触，界面清楚。

（2）嘉陵江组第二段（T_1j^2）：厚 79.4m，以泥晶白云岩、石灰色白云质灰岩为主，石灰岩大多含白云质，主要为藻灰岩、豹皮灰岩，大多发生不同程度的白云岩化，顶为砾屑灰岩，上部夹一层豹皮状团块灰岩和溶塌角砾岩，底部为粉晶、泥晶白云岩，刀砍纹发育。

（3）嘉陵江组第三段（T_1j^3）：厚 143.4m，为灰色泥晶介屑球粒灰岩与搅动泥晶灰岩，顶有白云岩。

上部为白云岩化的泥晶含介屑球粒灰岩与泥晶灰岩粒序层，夹小扁豆体的砾屑泥晶灰岩。

(4) 嘉陵江组第四段（T_1j^4）：厚116.9m，以灰色溶塌角砾岩、泥晶白云岩为主夹结晶灰岩，上部以砂屑、砾屑灰岩为主夹泥晶白云岩，下部为一套重结晶灰岩，顶为交代成因的有孔虫泥晶白云岩，刀砍纹较发育。

（二）中三叠统（T_2）

中三叠统厚66.6m，主要发育雷口坡组。

雷口坡组（T_2l）主要分布于梁平及涪陵一线，天府及华蓥山地区也有出露。

本组岩性以灰色砾屑灰岩、砂屑灰岩与粉屑泥晶灰岩组成的粒序层为主，夹泥晶白云岩及溶塌角砾岩，底为10~15cm厚的绿豆岩，并与下三叠统假整合接触（图1-2）。

（三）上三叠统（T_3）

须家河组（T_3x）主要由灰白色、黄绿色长石石英砂岩组成，其次为粉砂岩、砂质页岩及煤等。在页岩中常见的植物化石有 *Cladophlebis*（枝脉蕨）、*Podozamites*（苏铁杉）、*Pterophyllum*（侧羽叶）、*Nilssoniales*（尼尔桑）。

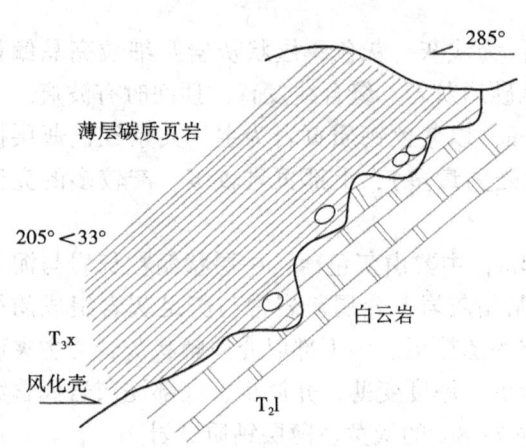

图1-2 雷口坡组与须家河组假整合示意图

根据岩性本组分为六段，第一、三、五段为泥岩夹煤，第二、四、六段为砂岩沉积，由下而上为：

(1) 须家河组第一段（T_3x^1）：厚102.4m，主要以灰色、灰褐色砂质页岩、页岩、碳质页岩为主，夹薄煤1~3层，底部有细砾岩、黏土质页岩、风化褐铁矿残余。

(2) 须家河组第二段（T_3x^2）：厚27.3m，主要由浅灰色、风化后为褐黄色细—中粒厚层长石石英砂岩组成。

(3) 须家河组第三段（T_3x^3）：厚11.4m，由灰色、灰黄色页岩、砂质页岩夹砂岩组成，风化后为黄褐色，含煤1~5层，但很薄，其中夹有菱铁矿。碳质页岩中富含植物化石，在三汇坝地区常有1~2m厚的浅灰色石灰岩（或砂质页岩）夹在其中。

(4) 须家河组第四段（T_3x^4）：厚102.7m，主要由浅灰、灰白色厚层中—粗粒砂岩组成。砂岩的主要成分是石英，含有长石。岩石中斜层理发育。

(5) 须家河组第五段（T_3x^5）：厚71.1m，主要为中—细粒长石石英砂岩夹灰色、黄灰色砂质页岩、碳质页岩和煤层。此段共含煤4层，由于风化掩盖，地表不易见到。

(6) 须家河组第六段（T_3x^6）：厚147.8m，为浅灰色块状、厚层状细—中粒岩屑石英砂岩，顶部长石略增多，称为长石岩屑石英砂岩。岩屑多为浅变质，泥质胶结，常含灰色泥砾和黄铁矿晶粒与结核，大型交错层发育，偶夹灰色砂质页岩透镜体。

七、侏罗系（J）

本区侏罗系为一大套红色黏土岩，碎屑岩夹少量碳酸盐岩，属浅水湖相沉积，底与须家河组假整合接触，界线难以寻找，至今仍争论不休。侏罗系分布于背斜两翼边缘，地貌上多形成较低的单面山和丘陵，是盆地内的主要地层。

1. 侏罗系中下统自流井组（$J_{1-2}z$）

根据岩性及沉积特征本组分为五段，自下而上分别为：

（1）自流井组珍珠冲段（$J_{1-2}z^1$）：厚145.7m，为紫红色泥岩夹红黄色粉砂岩与浅灰色细粒岩屑石英砂岩。本段特征是泥岩不含灰质，粉砂岩夹层比较发育，砂岩质地较杂。砂岩主要有两层——顶部一层为粗砂岩，厚6.9m；下部一层为细粒岩屑石英砂岩，厚10.6m，交错层理发育。

（2）自流井组东岳庙段（$J_{1-2}z^2$）：厚52.8m。上部为暗紫灰色、杂色泥岩，个别地方夹暗紫灰色薄层灰岩，与上覆地层界线不明。中部为黑色页岩，风化后呈灰黄色，富含瓣鳃类及一些叶肢介化石。下部为浅灰色介屑粉砂岩夹介屑石灰岩，风化后呈黄褐色。

（3）自流井组马鞍山段（$J_{1-2}z^3$）：厚123.3m，主要为紫红色灰质泥岩夹少量灰绿色、灰紫色灰质粉砂岩，浅灰色细粒长石石英砂岩。泥岩中含灰质小团块，向下灰质团块减少，色变暗。砂岩夹层分布于下部，其中含黄铁矿晶粒和球粒。

（4）自流井组大安寨段（$J_{1-2}z^4$）：厚51.6m，浅灰至深灰色泥质介屑灰岩和灰绿色灰质页岩，在本区可分六层，第二、四、六层主要是介屑灰岩夹灰绿色或黑色灰质页岩，其中介屑灰岩常与砾屑灰岩、砂屑灰岩组成互层；第三、五层分别为灰黑及黄绿色灰质页岩。顶部为紫红色灰质泥岩，以一层含泥砾细砂岩同上覆地层分界。

（5）自流井组凉高山段（$J_{1-2}z^5$）：厚120.9m，由黄绿色泥岩、灰黑色页岩与灰色、灰黄色细粒长石石英砂岩组成，灰黑色页岩比较发育，分布于上、中部，含黄铁矿、叶肢介、瓣鳃类化石，可见小型介壳灰岩透镜体。砂岩约八层，最上一层为细粒石英砂岩，厚17m。底部为一层0.5m厚的紫色钙质团块泥岩，顶部以紫色泥岩为主夹灰黄色砂岩或泥质粉砂岩。

2. 中统沙溪庙组（J_2s）

（1）下沙溪庙组（J_2s^1）：厚约300m左右，为紫红色泥岩，少数为灰绿色，局部含钙质及钙质团块，砂岩多为长石石英砂岩。底部为一层浅灰绿色或灰黄色细—中粒长石砂岩，邻区常为含砾砂岩（一般称为关口砂岩）。与下伏自流井组整合接触，顶部为一层灰绿色、灰黑色页岩，含叶肢介化石，因此称为叶肢介页岩。

（2）上沙溪庙组（J_2s^2）：分布在向斜一带，出露厚度约1000m，为暗紫红色、棕紫色泥岩，钙质团块较多，砂岩色杂，下部多为灰绿色，向上变为灰紫色，多为长石石英砂岩及长石砂岩。下部砂岩发育，单层厚度大；上部单层厚度小，变化大，常呈透镜体。

3. 上侏罗统蓬莱镇组（J_3p）

上侏罗统蓬莱镇组主要为浅黄色厚层砂岩与紫红色泥岩互层，分布于实习区之外，不做详述。

第三节　天府地区沉积发展史

通过本区地层古生物和沉积相的研究，可以判断，本区经历了如下的历史发展阶段：

早在5亿年前，本区为一海洋环境。在中晚寒武世，陆源物质贫乏，海水较浅且清澈，低等的非硬体生物较繁盛，部分硬体生物也有发展，主要形成白云岩的堆积。地壳沉积缓慢而持续，碳酸盐沉积速率较快，沉积物的厚度超过了358m。在奥陶纪，本区仍为浅水海洋环境，但海水深度比寒武纪略大而接近或位于氧化界面附近。海水中除有大量硬体的低等生物外，许多底栖生物（如三叶虫、腕足等）和浮游生物（如直角石和笔石等）也大量发育。同时受较远处的古剥蚀区（古陆地或岛屿）的影响，除间或的短暂时期外，本区海水中经常弥散着或多或少的黏土质点，间或出现砂级碎屑的数量还较多，海水显得较为浑浊，从而发育了具灰绿色色泽的含三叶虫、腕足、直角石和笔石的泥页岩、泥灰岩夹薄层砂岩的堆积。仅红花园组和宝塔组沉积的短暂期间内为清水环境，形成不厚的较纯净的石灰岩沉积。奥陶纪，陆源物质供应总体上欠充足，沉积作用十分缓慢，据粗略估算，每百年沉积厚度仅 0.45mm。而地壳的沉积却持续不断，到奥陶纪末的五峰期，本区海水深达氧化界面和碳酸盐补偿面以下，形成黑色的仅产浮游笔石和直角石等化石的页岩和薄层硅质岩。

奥陶纪末和志留纪初，受加里东运动的影响，本区地壳有较大幅度的抬升，并曾一度达海平面之上成为岛屿，因此本区缺失了志留纪初期的沉积。随后，本区再次被海水淹没成为浅海，水体较深，远处剥蚀区源源不断地给本区提供陆源碎屑物质，各种生物均大量繁殖，形成一套灰绿色的含多种生物化石的泥质、砂质间互沉积，在韩家店组沉积时期的海水中，偶尔还可见到小型的生物礁体。

晚志留世，再次受加里东运动的影响，本区以及四川中部的广大地区大范围抬升而成为古陆地，使本区长期遭受剥蚀而缺失上志留统、泥盆系和下石炭统。中石炭世，海水自南和自东曾一度缓慢侵入本区，使本区沦为海陆过渡环境，此时的古陆因长期受剥蚀已被夷平而缺乏陆源物质，气候干燥，蒸发较强烈，从而形成厚度很小的产蜓和有孔虫的钙质白云岩与角砾状白云岩。中石炭世末，海水又退出本区而缺失上石炭统，直至二叠纪开始，又再度被海水侵没。

早二叠世初的梁山组沉积时期，本区为海陆交互环境，气候温暖，雨水较丰，植物繁茂，浅水沼泽偶尔可见，古陆区较平坦，仅提供数量不多的泥级碎屑，从而形成夹煤线的泥页岩和钙质泥岩。而后海水大范围侵入四川的广大地区，使本区又一次成为浅水海洋环境，当时，陆源物质缺乏，各种生物尤其是底栖生物大量生长，其中固着生长的珊瑚、腕足类、苔藓虫等随处可见，各种有孔虫、蜓广泛分布，而于早古生代一度繁盛的三叶虫、笔石等生物绝大多数不适应新的环境而死亡绝灭，仅极少数幸存者残存下来。栖霞组和茅口组的碳酸盐岩就形成于这样的环境之中。

早二叠世末晚二叠世初期，发生了著名的东吴运动，四川西部的大地裂开了数百千米长的大口子，一千多摄氏度的炽热基性岩浆断断续续从中溢出，滚滚沸腾，状若火海。这些岩浆冷却后变成暗绿色的玄武岩，覆盖了西南三省交界地区大约五十多万平方千米的面积，最厚达400余米。华蓥山李子垭一带也有数十米厚的玄武岩。本区也受其影响，地壳抬升成陆地，同时有玄武质火山灰的沉积，后来转变为富含黄铁矿的玄武质黏土岩。

火山喷发之后，海水再度慢慢侵入本区，形成海陆交互环境，当时气候温暖潮湿，沼泽处处可见，陆生植物十分繁盛，沉积形成了西南地区极其重要的龙潭煤系地层。而后海水渐次加深扩大，古陆后退缩小，本区又变为了温暖的清澈浅水海洋，其中各种底栖生物大量生长，局部地形高处还有小型生物礁发育，形成川东重要的产气层位——长兴组。晚二叠世末期，由于碳酸盐沉积物特别是生物礁体的快速堆积，也由于地面的轻微抬升，本区曾短期露出地表，形成老龙洞等礁体顶盖的"钙结岩"和二叠系与三叠系间的假整合。

早、中三叠世，海水又一次广泛入侵，四川广大地区又成为浅水海洋。海水初始侵入的飞仙关期，西部古陆有相当多的陆源物质供应，与之邻近的川西和川南主要发育泥质沉积，称飞仙关相区，东侧邻近广海，川东和鄂西主要发育碳酸盐沉积，称大冶相区。本实习区恰位于东西交汇地区，故而形成紫红色钙质泥岩、泥灰岩与石灰岩的间互沉积。而后陆源碎屑减少，海水深度有限，循环对流欠佳，气候干燥酷热，蒸发量大，海水含盐量不正常，生物种属单调，多为耐受能力强的瓣鳃类和藻类生物，发育形成石灰岩与白云岩的沉积，其中常夹有石膏和石盐等矿产。中、下三叠统沉积总厚度达1156.1m，依此估算，早、中三叠世的沉积速率大约为每百年4mm，足见碳酸盐沉积作用是相当快速的。另外值得一提的是，早三叠世末期，西南地区又发生过火山喷发，形成广布西南的降落火山灰沉积，成岩后变为了绿豆岩。

中三叠世末，受印支运动的巨大影响，四川地区发生了划时代的变迁，海水永久性退出，四川地区从此变为永久性的陆地。

晚三叠世和侏罗纪，整个四川地区成为一个巨大的内陆盆地，盆地中有湖泊，湖泊周围有许多河流发育，在这段漫长的地质历史时期，还发生了各种很明显的重要变化。晚三叠世和侏罗纪初期，气候温暖潮湿。一些低凹地区的湖泊，有时淤积成沼泽，有时又成为河流，甚至成为遭受侵蚀的高地。湖泊的规模、深浅和陆源物质的多寡也有变化。森林大量分布，堆积埋藏后可形成煤层，因此，侏罗纪和须家河期是我国南方不可忽视的成煤时期。除陆生植物外，水中还盛产瓣鳃、叶肢介、藻类等生物。后来，气候变得比较干燥，湖泊面积缩小。在湖水边的森林和草丛中，到处可见恐龙活动的身影，这即是人们所称的"恐龙时代"。在这段时期内，由于地壳断断续续地缓慢沉降，形成了厚度超过2000m的砂泥质堆积，其中还间有煤层、煤线、碳酸盐岩层。本区在晚三叠世末有过短暂的抬升剥蚀历程，形成三叠系与侏罗系间的平行不整合。

侏罗纪末期，受燕山运动和喜马拉雅运动的影响，川东地区发生强烈的褶皱运动。在巨大挤压力的作用下，侏罗系及其以前的岩层，由水平被挤成倾斜、直立，甚至倒转，巍峨高耸的华蓥山脉就这样诞生了。从此以后，华蓥山地区年年月月遭受着雨水、河流及其他地质营力的侵蚀。因此，本地区缺失白垩系、古近系、新近系。直到第四纪，在河谷地带才有第四系的松散沉积物零星分布。

经过一系列的地质作用，大自然终于塑造出现今巍峨秀丽的华蓥山。

第四节 天府地区构造特征

天府地区所处大地构造位置，按"槽台说"处于扬子准地台、四川台向斜、川东南台褶带上的川东高褶带西缘观音峡背斜。川东高褶带东西两侧为深大断裂所限制（七跃山及华蓥山大断裂）。其间发育一系列线状背斜，由西而东为沥鼻峡、温塘峡、观音峡（华蓥山大背斜南西的分支）、铜锣峡、大天池、大池干井、方斗山、七跃山等背斜（图1-3）。本区褶皱强烈，一般为不对称的梳状背斜，形成背斜窄而紧闭、向斜宽而平缓的隔挡式构造，轴向北东或北北东向。北边与大巴山台缘褶皱带相邻，南西段褶皱幅度逐渐降低，与川南低褶带相接。

一、褶皱构造

观音峡背斜属于川东南褶皱带，是华蓥山大背斜向南分支的一个背斜。填图区（实习区）为观音峡背斜中的一段，暂名天府段，仅以此段进行描述，背斜轴线方向为北东—南西向，核部地层为上二叠统龙潭组（P_3l），局部由于断层作用有少许中二叠统茅口组

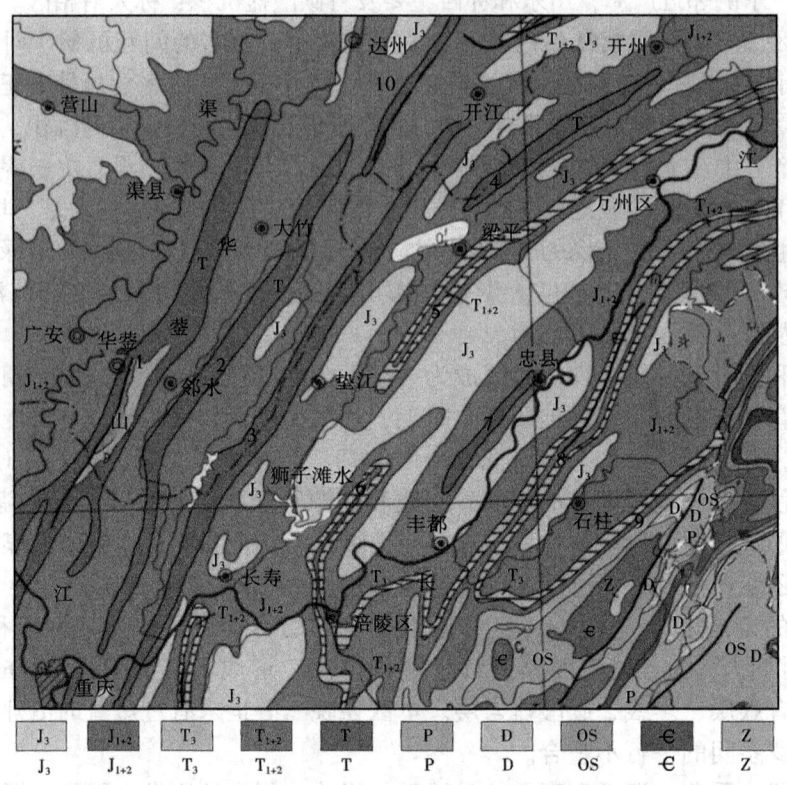

图1-3 天府地区构造位置图
1—华蓥山背斜；2—蒲包山背斜；3—大天池背斜；4.南门场背斜；5—云安场背斜；
6—黄草峡背斜；7—大池干背斜；8—方斗山背斜；9—七跃山背斜；10—七里峡背斜

（P_2m）。两翼由 P_3ch、T_1f、T_1j 等组成。两翼地层倾角陡缓主要取决于断层的发育程度。如冯家湾—大品湾一线南西，由于水岚垭逆断层和大品湾逆断层的影响显示出北西翼陡于南东翼，而在北东一带断层多发育在南东翼，则反映相反的特征。从褶皱枢纽看，以 5°~10° 的倾伏角向南西倾伏，P_3l 倾伏于廖家坡北边山沟中，P_3ch 在菠萝山下倾伏，T_1f^2 在毛狗洞一带倾伏，褶皱总体成一个线状紧闭向南西倾伏的不对称背斜，根据 J. G. Ramsay 等倾斜线方法编制的等倾斜线图（图1-4），其特征是等倾斜线向弧内收拢并垂直褶皱面，各线长短大致相等，其褶皱层厚度基本不变，应归于平行褶皱（I_B型）。

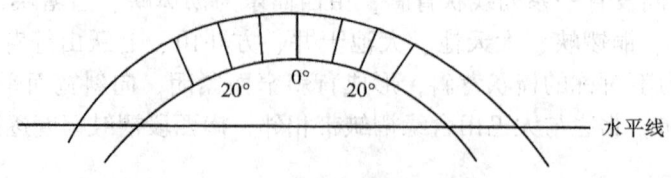

图1-4 水岚垭剖面褶皱等倾斜线图

此外，在背斜的南东翼上有一些次一级小褶皱，大多数是由断层作用产生的牵引构造和翼部地层受力变形的次级褶皱，规模小，一般延长百米左右。轴线方向与主背斜大体一致，多发生在下三叠统，塑性地层中。

二、断裂构造

本区断层发育，类型较为齐全，在冯家湾—芹菜田以北，多集中发育在背斜轴部及南东翼上，而以南多发育于北西翼上，以纵向（走向）断层为主。可分四种类型，即逆断层、正断层、平移断层及顺层断层，逆断层有水岚垭、大品湾、螃蟹井、天台寺、三官殿、廖家坡、小屋基逆断层及楼梯沟高角度逆断层，其他有廖家坡正断层、芹菜田平移断层、双碑垭—仰天窝顺层断层。

填图区断层数据如下：

水岚垭逆断层：水岚垭沟断层产状：135°∠28°，地层断距140m；大品湾水库断层产状：130°∠40°，地层断距10~20m。

大品湾逆断层：大品湾北东处于100°∠42°，地层断距20m。

廖家坡逆断层：产状148°∠45°及126°∠30°，地层断距70m。

楼梯沟逆断层：铁厂沟断层产状310°∠70°，地层断距150m；仰天窝断层产状330°∠60°，地层断距约20m。

三官殿逆断层：楼梯沟线上断层产状310°∠34°，纸厂沟线断层产状315°∠44°，地层断距100m；廖家坡线断层产状318°∠28°，地层断距80m；天台山南东断层产状296°∠38°，地层断距40m。

螃蟹井逆断层：产状308°∠61°，地层断距40m。

芹菜田平移断层：产状190°∠85°，地层断距50m。

天台寺逆断层：上麻柳湾南山坡上断层产状295°∠56°，地层断距50~70m；天台寺南山坡断层产状315°∠41°。

第五节　天府地区构造形成和受力简析

川东高陡褶皱带是在浅变质岩系的基底上，经晋宁运动以后，开始盖层沉积，古生代为斜坡，中生代为印支古隆起（泸州古隆起及开江古隆起，总体为北东方向，实习区位于泸州古隆起最北东端）。经喜马拉雅运动改造完成，喜马拉雅期有两幕。第一幕发生在古近纪与新近纪之间，在四川可见大砾岩与古近系、白垩系呈微角度（5°~10°）不整合。喜马拉雅运动二幕（主幕），使盆地全面褶皱，川西地区可见大砾岩与下伏地层一起卷入褶皱，彭县飞来峰逆掩于上三叠统、侏罗系，甚至白垩系夹关组之上，而盆地东部茅口组显著不整合覆于侏罗系或更老地层之上，说明喜马拉雅运动形成了现今构造面貌。

主要动力来自南东和北西方向对持的强大挤压力，由于该区东为七跃山、西为华蓥深大断裂的制约以及基底古隆起等因素影响，形成了北东向线状、梳状褶皱，背斜窄而紧闭、向斜宽而平缓的隔挡式构造。

观音峡背斜天府段的构造受区域构造应力场的控制。根据小型构造的研究，结合褶皱、断裂的分析，进一步证明该区是受南东—北西向近水平挤压力所形成的不同规模、不同力学性质、不同方向、不同序次的各种构造（图1-5）。背斜垂直主压应力方位，走向（纵向）逆断层是在剖面剪节理基础上发展而成的，平移断层一种是平面剪节理发展起来的，一种是平行主压应力方位、在推进时岩块差异运动形成的，它们均具统一应力场的规律。

关于节理的交错关系以及小型构造与岩层、构造关系，说明了该区构造并非一幕构造运动而定型，至少有两幕以上。

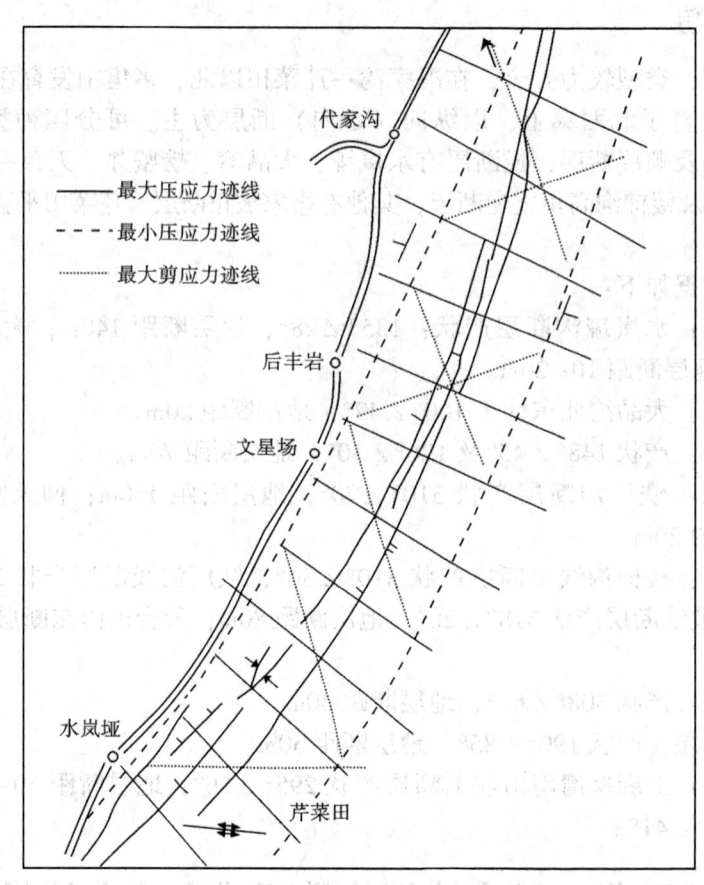

图1-5 应力网络图

第六节 天府地区矿产资源

实习地区矿产资源丰富，是四川省重要的工矿区。

本区煤矿资源丰富，已有多年的开采历史。主要产煤层位是上二叠统龙潭组（P_3l）和上三叠统须家河组（T_3x），并伴生少量煤成气可供利用。

上二叠统底部的玄武质黏土岩中含黄铁矿，品位欠高，厚度欠大，但仍可供乡办小企业开采利用。

上三叠统须家河组的砂岩层理分明，是较好的建筑石材，也是良好的耐火石料，其中含有高岭石和石英砂，经人工粉碎分离，仍可利用。

下三叠统嘉陵江组的石灰岩，质纯量大，是优质水泥原料和建筑石料。

下、中三叠统尚产石膏和石盐。

尤其是区内的石炭系、二叠系、三叠系和侏罗系的许多层位均含油气，但由于褶皱强烈、断层发育、剥蚀严重，使含油气层裸露地表而无油气残存。不过在地腹深处有利的圈闭之中仍可望找到工业性油气藏。近年来，在四川盆地东部及南部的页岩气勘探成功，为本区龙潭组、须家河组及自流井组等海陆过渡相和陆相地层的页岩气勘探提供了非常好的实例。

第二章 地形图及地质图的基本知识

第一节 地图及地形图基本知识

一、地图的一般概念

(一) 地图的定义

地图是按照一定的几何学法则,将地球表面部分或全部的自然和社会现象缩小、综合,并用地图符号表示在平面上的图像。

(二) 地图的特征

(1) 具有一定的几何学法则:将地球自然表面垂直投影到地球椭球体面上,再将地球椭球体面按地图投影法描绘到平面上,最后按比例尺缩小到可见程度。从而可在地图上量算距离、方向、面积等特性。

(2) 科学的制图综合:地图总是地球表面缩小的图像,随着比例的缩小,表示在图上各种要素的容量也随之减小,就产生了取舍和概括两方面,即舍去微小的、次要的,保留基本的、主要的,概括出地面景象的基本特征。

(3) 运用特定符号系统:地球表面的事物和现象,在航空相片上反映为影像,在地图上则运用特定符号系统来表示,如三维空间的地貌可用等高线显示在平面上,还有一些看不见的事物和现象,如矿藏、流速、高程等可用符号表示出来,一些地物可用符号来区别等。可以说地图符号就是地图的语言。

(三) 地图的作用

地图是区域性科学调查研究成果的良好表达形式,又是许多部门和科学分析研究的重要手段。其应用范围广泛,如地理学、地质学、地震学、水文学、土壤学等都离不开地图。在国民经济建设中,各种矿产资源的勘探、设计和开发,城镇、工业、农业、交通等的规划、设计、施工等,地图都是不可缺少的,离开它都无法进行工作;飞行、航海、军事中"地图就好比指挥员的眼睛";教学上许多课程都要用地图,由此可见,地图的重要性,切不可忽视。

(四) 比例尺及其表示形式

1. 比例尺的定义

地图上某线段的长度与地面上相应距离的水平长度之比,称为比例尺,即

$$比例尺 = \frac{地图上线段长度(l)}{地面上相应距离的水平长度(L)}$$

比例尺是一种比值，比值不带单位。但在相比时，两个量的单位必须相同。

例如，1:50000 的地图，地图上两点间长度为 2cm，则地面上相应距离水平长度为

$$2cm \times 50000 = 100000cm = 1000m$$

又如，地面上两点间的水平长度为 1180m，缩绘在 1:50000 地图上的相应长度为

$$\frac{1180m}{50000} = 0.0236m = 2.36cm$$

上例可知，若知道比例尺，就可将图上长度换算为地面相应距离的水平长度；反之，也可将地面直线长度换算为图上相应长度。

2. 比例尺的表示形式

在地图类或地质图件中，比例尺的表示形式常有以下几种。

文字说明式：即用汉文文字说明比例尺，如一万分之一、五万分之一等。

比例式（分数式）：即比例尺（1:50000）、分数式$\left(\frac{1}{50000}\right)$。

等号式：直接说明 1cm 所代表的实际水平距离，例如 1cm=100m。

图解式：用图形方式表示地图上长度与地面相应距离的水平长度的比例关系。图解式包括直线比例尺、复式比例尺与投影比例尺三种。后两种用于测图和绘图，地图上一般不用。直线比例尺是在图上适当位置上先绘一条直线，以 2cm（或 1cm）为基本单位等分后，再将左端一个基本单元 10 等分。然后，以左端基本单位的右端分划为 0，在每一分划线上面，分别注出它们所代表的地面水平长度即成，如图 2-1 所示。

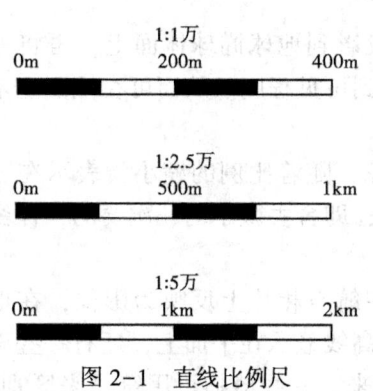

图 2-1 直线比例尺

3. 比例尺的大小

比例尺的大小是按比值大小来衡量的。比值大则比例尺大，比值小则比例尺小。比例尺的大小可以决定：（1）地图图形的大小，如同一地区，比例尺越大，地图图形就越大，反之则小。（2）地图测绘制的转变（肉眼只能在图上辨出 0.1mm 点的距离即为比例尺转变）。如 1:10000 地形图，实际水平长度测量精度只有 1m，再如要在图上显示出地面 0.5m 的精度，所采用的比例尺不应小于 0.1mm/0.5m=1/5000。所以比例尺越大，图上的精度越高。（3）地图内容的详细程度，即比例尺越大，地图的内容越详细。

地图按比例尺分为：

（1）大比例尺的地图：指比例尺大于和等于 1:10 万的地图；
（2）中比例尺的地图：指比例尺小于 1:10 万，而大于或等于 1:100 万的地图；
（3）小比例尺的地图：指比例尺小于 1:100 万的地图。

石油地质使用的地质图类比例尺分为：

（1）大比例尺：指比例尺在 1:5000～1:500 等之间；
（2）中比例尺：指比例尺在 1:1 万～1:5 万之间；
（3）小比例尺：指比例尺在 1:10 万～1:100 万之间。

两者划分不同，主要是图的类型、表示对象要求不同，以及在应用上的习惯规定。

二、地图的表示方法

地图反映地面高低起伏形态，应能确定地面各点的高度，能判断地面的坡向、坡形和坡度，能正确地显示各种地貌形态和分布特点。要想科学地、准确地将三维空间形态表示在平面上，人们经历了长期实践，总结出如下几种方法。

（1）写景法：以绘景的形式概括地表示地貌起伏的方法，虽通俗明了，易绘易懂，但无一定几何学法则，不能量测地貌元素，所以在地图上不能使用。

（2）晕瀹法：以光线投射在地面上的强弱为依据，利用粗细、长短不同的晕线和间隔不等的空白来表示地貌起伏。缺点是绘画费工，坡高、高度不能精确量算，晕线密集并掩盖其他内容，很少使用。

（3）晕渲法：用深度不同色调表示起伏形态。它与晕瀹法原理相同，不过前者是线条粗细，后者是黑色浓淡之别而已。

（4）分层设色法：在相邻地形等高线间涂以深浅或不同色调的颜色，表示地面起伏。

（5）等高线法：利用地面上相同高程点的连线在水平面上的投影，表示地面起伏形态。它可以判断地貌形态特征，量算各点高度、坡向、坡度，具较多优越性，被广泛认为是一种比较理想的表示地面起伏的好方法。下面就重点介绍此种方法。

（一）等高线

1. 等高线的定义

等高线是地面上高程相同的各点连成的闭合曲线（不在图区内闭合就在图外形成闭合的曲线），也就是水平面与地面的交线（图2-2）。

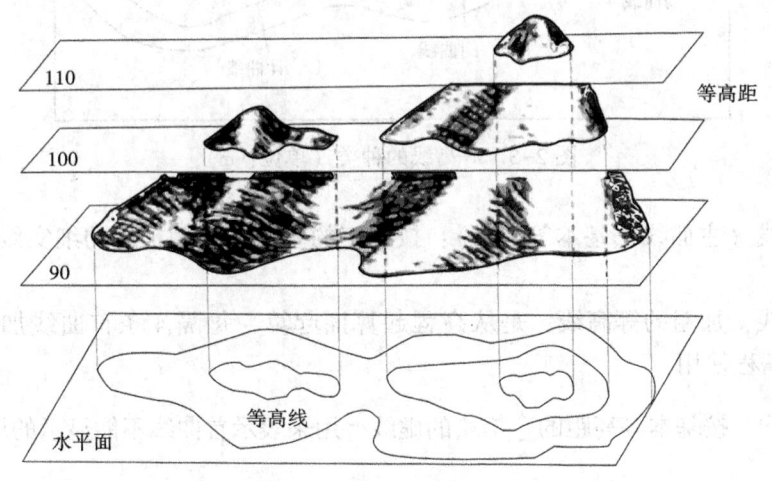

图2-2 等高线显示地貌的原理（单位：m）

2. 等高距

相邻等高线的高差称为等高距。等高距是根据地图比例尺、地面起伏状况及地貌要求来决定的。我国根据平原、丘陵、山区等实际情况规定基本比例尺的地形图等高距，见表2-1（不同地区规定不同）。

表 2-1　我国地形图等高距的规定

地图比例尺	1:1 万	1:2.5 万	1:5 万	1:10 万	1:20 万	1:50 万	1:100 万
基本等高距，m	1, 2.5	5	10	20	40	50, 100	50, 200, 250

注：在地形复杂、等高线过密地区，经批准，可将基本等高距放大一倍。

3. 等高线的特征

①同一条等高线上各点高程相等，并各自闭合。
②同一幅地形图上等高线密集，反映坡度大；等高线稀疏，反映坡度小。
③等高线不能相交，也不能终止或呈螺旋形。个别情况例外，如等高线重合，则表示为陡崖；如地形是一个陡崖，等高线则产生相交现象。
④垂直两条等高线的线段方向是地面上最大的坡度线
⑤等高线与集水线、分水线均垂直相交。等高线通过河谷时尖端指向上游。
⑥等高线依次升高，并圈闭为规则或不规则圆圈时，表示为一山丘，反之则为凹地。

4. 等高线的种类

等高线分为首曲线（主曲线）、计曲线、间曲线和助曲线四种（图 2-3）。

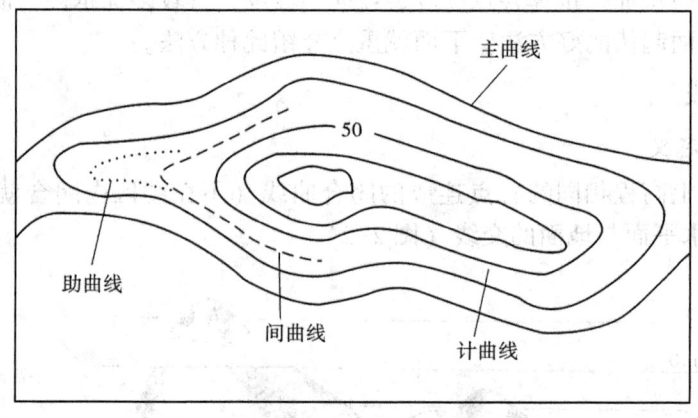

图 2-3　等高线的种类（单位：m）

（1）首曲线（主曲线、基本等高线）：按规定的基本等高距描绘的细实线，用以表示地势的基本形态。

（2）计曲线：加粗的等高线，是从高程起算面起算，每隔 4 条首曲线加粗描绘的粗曲线，便于计算高程使用。

（3）间曲线：按基本等高距的 $\frac{1}{2}$ 描绘的虚线，用来表示首曲线不能显示的局部地势特征。

（4）助曲线：按照基本等高距的 $\frac{1}{4}$ 描绘的点线，用以表示间曲线仍不能显示的地势特征。

（二）地形等高线图

地表高低起伏千变万化，类型繁多，但不外乎是由山顶、凹地、山脊、山谷、鞍部、山岭、斜坡等基本要素组成（图 2-4）。

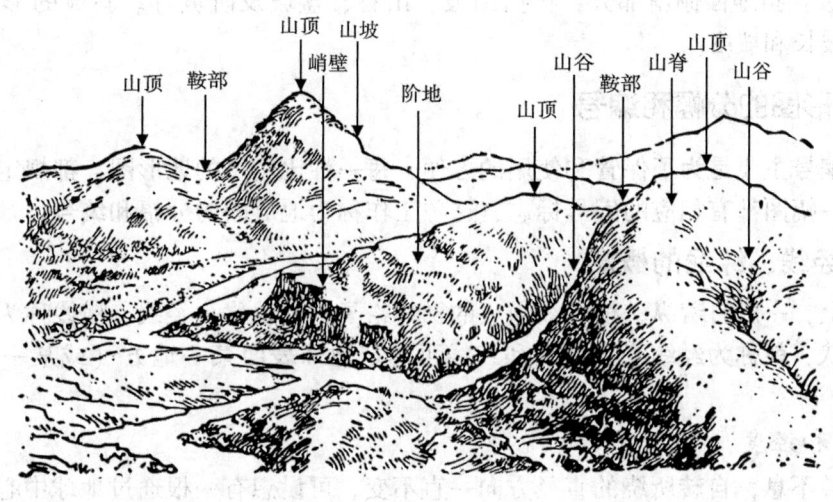

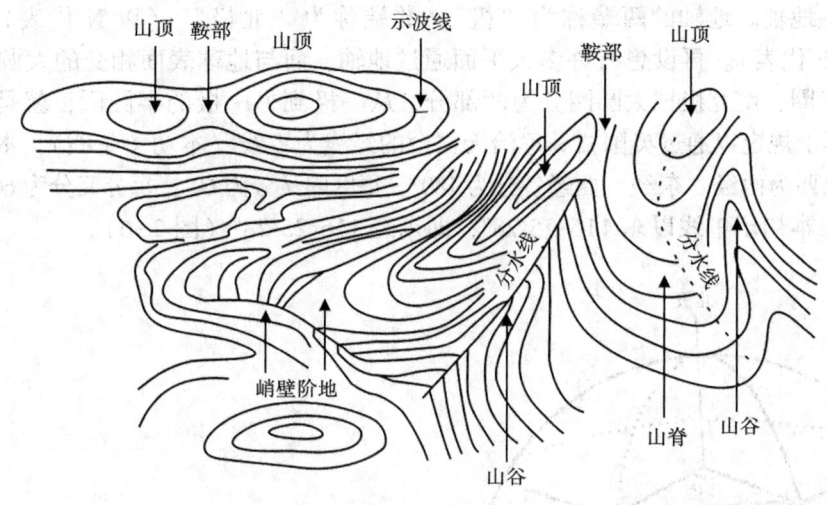

图 2-4 各种基本地貌的组合及其等高线

（1）山顶：山的最高部分，对周围地形有很好的控制作用和方位意义。山顶等高线均是闭合形式。山顶按形状可分为尖山顶、圆山顶和平山顶三种。

（2）凹地：比周围地面低洼，是经常无水的低地。大而深的凹地称为盆地。地形等高线特征与山顶相似，但高低相反，即外圈等高线高于内圈等高线。

（3）山脊：指由山顶到山脚的凸起部分。其等高线图形特点是一组由山顶向山脚凸出、两侧对称的曲线。山脊可分为尖山脊、圆山脊和平山脊。

（4）山谷：指两山脊间的低凹部分，其等高线特征与山脊等高线正好相反。山谷形状有尖形谷、圆形谷和椭形谷。

（5）鞍部：两个山顶之间的低凹部分，形似马鞍。鞍部由两组等高线组成，一组是山脊的，一组是山谷的，其凸形共同指向鞍部中心。鞍部按谷地形状可分为窄短鞍部、窄长鞍部和平宽鞍部。

（6）山岭：由许多山顶、山脊、鞍部连接形成，具有陡峭的山坡和明显分水线的绵延较长的高地。其等高线特征是由一组大的闭合曲线内套许多小的闭合曲线。

（7）斜坡：指地面倾斜部分，包括山坡、山谷、盆坡及阶坡等。斜坡的形态特征有坡向、坡形、坡长和坡度。

三、地形图的分幅和编号

分幅和编号主要是为了保管和使用的方便，每一种比例尺的地形图，都规定有一定大小的图廓，每一幅图都有相应的编号标志，这项工作称为地形图的分幅和编号。

（一）经线、纬线的概念

地形图上，一般打着纵、横细线组成的梯形格子，纵线称为经线，横线称为纬线，它们交织成网格状，就称为经纬线。经线和纬线可确定地球表面某一地方（或某一点）位置的坐标。

1. 经线和经度

地球自转不息，自转所绕的直径方向一直不变，可设想有一根通过地球中心为地球围绕旋转的轴——地轴。地轴的两端称为"极"，北端称为"北极"（以 N 代表），南端称为"南极"（以 S 代表）。再设想有许多大平面通过地轴，而与地球表面相交的大圆圈，就称为经线圈式子午圈，南北极把大圆圈分为两部分，从一极到另一极的半圆圈，就是经线，或称子午线。国际上规定以通过英国格林尼治天文台的经线为零线（本初子午线），本初子午线以东为东经，以西为西经。东经、西经各分为180°，每度内又分为60′，每分又分为60″（图2-5）。

如北京在本初子午线以东 116°25′28″，即东经 116°25′28″（图2-6）。

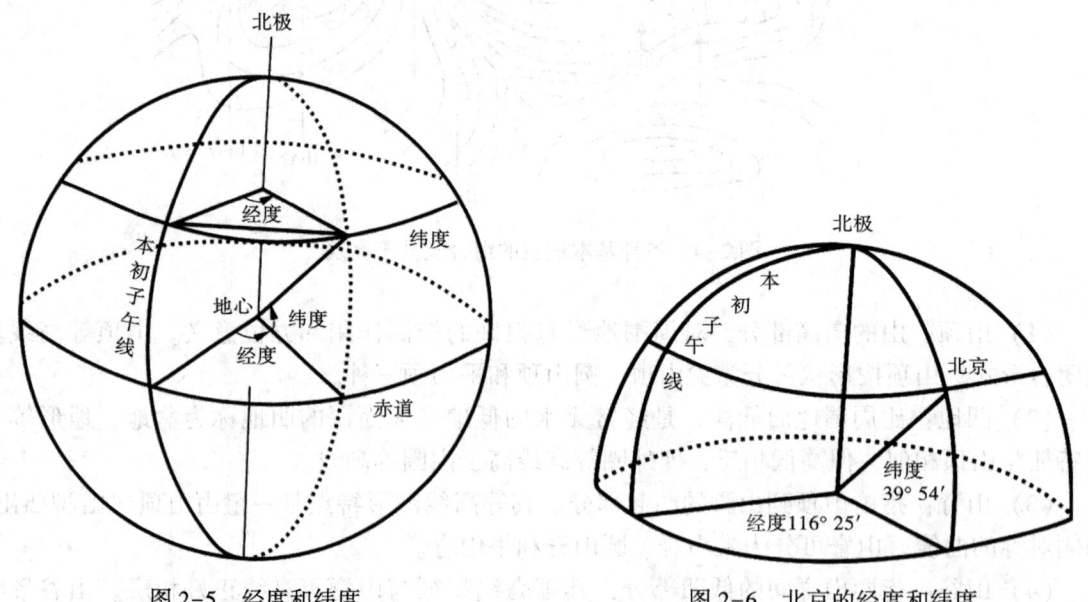

图2-5 经度和纬度　　　　　　图2-6 北京的经度和纬度

2. 纬线和纬度

设想有一个大平面通过地心并垂直地轴，这个大平面，就称作赤道面。这个大平面与地球表面相交的大圆圈，称作赤道。赤道以北为北半球，以南为南半球。在地球面上与赤道平行的圆圈称作纬线圈，赤道以北称北纬，以南称南纬。纬度就是垂直该地平面的直线与赤道面相交的角度（图2-5），以赤道作为纬度0°，向北极、南极各分为90°。如北京的纬度是北纬39°54′23″（图2-6）。

可见地球表面有了经纬线，任何一点的位置就可用经纬度来表示。北京在东经116°25′28″、北纬39°54′23″，它们所相交的点，即是北京在地球表面的位置。

(二) 地形图的分幅和编号

地形图的分幅和编号是以1:100万地形图为基础，延伸出1:50万、1:10万等（图2-7）。基本分幅编号的方法如图2-8所示。

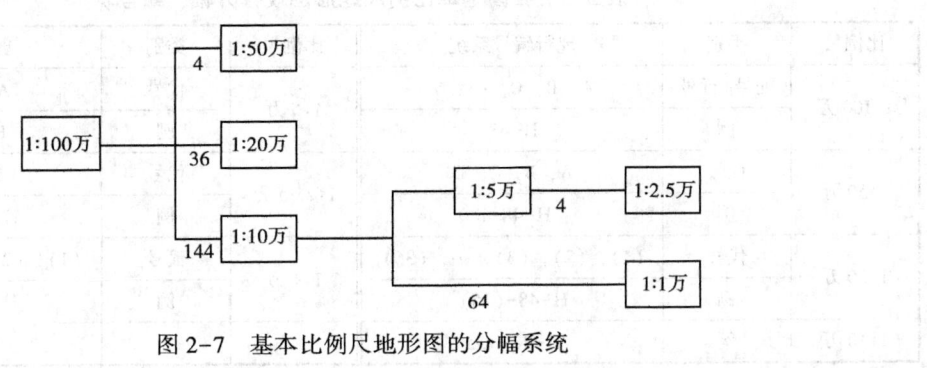

图2-7 基本比例尺地形图的分幅系统

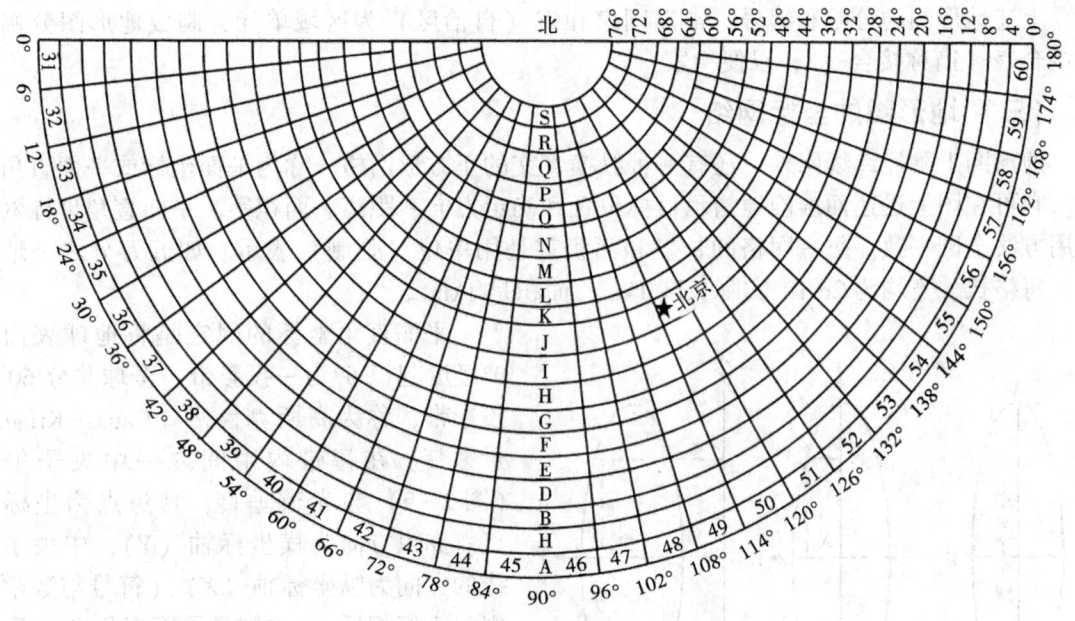

图2-8 1:100万地形图的分幅和编号

1:100万地形图的分幅和编号是国际上统一规定的，从赤道向两极以纬度差4°为一列，依次用A、B、C……表示；由经度180°起，从西向东每经度差6°为一行，依次以1、2、3……表示。每幅1:100万地形图编号为J-50。

1:50万地形图是以纬度差2°、经度差3°构成的，即一幅1:100万地形图分为4幅1:50万地形图。代号是在1:100万地形图图号后面，分别加上A、B、C、D字母。如北京所在1:50万地形图的编号为J-50-A。

1:20万地形图是以纬度差40′、经度差1°，将1:100万地形图划分为36幅。其代号是在1:100万地形图图号后面，分别加上带括号的阿拉伯数字而成，如J-50-(3)。

1:10万地形图是以纬度差20′，经度差30′，将一幅1:100万地形图划分为144幅。其代号在1:100万地形图图号后面，分别加上阿拉伯数字1至144而成，如J-50-5。

1:5万地形图，是以纬度差10′，经度差15′，将1:10万地形图划分为4幅，编号是在1:10万地形图图号后面加上A、B、C、D而成（有时用俄文А、Б、В、Г表示）。

我国地形分幅、编号有过几次变革，可参照表2-2进行对照。

表2-2 我国基本比例尺地形图现行分幅、编号表

比例尺	类别	现行编号系统	比例尺	类别	现行编号系统
1:100万	列号+行号	A，B，C，…，V	1:5万	代号	A，B，C，D
	例	H-48		例	H-48-79-A
1:50万	代号	A，B，C，D	1:2.5万	代号	1，2，3，4
	例	H-48-B		例	H-48-79-A-1
1:20万	代号	(1)，(2)，(3)，…，(36)	1:1万	代号	(1)，(2)，(3)，…，(64)
	例	H-48-(16)		例	H-48-79-(1)
1:10万	例	H-48-135			

上述地形图的分幅和编号，常以国家和省（自治区）为区域单元，制成地形图分幅编号接合表（简称接合表），以便检索。

（三）地形图的坐标网络

地形图上除经纬线网外，还有一种纵横直交的正方形网格，称为平面坐标或平面直角坐标。它可在图上迅速而准确地指示目标位置和确定方向、距离、面积等。平面直角坐标网格使用方法全国一致。每一网格的长度和面积都是用单位（公制）表示。如五万分之一地形图，每格长、宽均为2cm，实际长度1km，面积是1km²。

平面直角坐标的规定是将地球表面自0°经度起以6°为一投影带，全球共分60个投影带，称为高斯克鲁格（Gauss-Kruger）投影带。在每带内中间取一中央子午线（图2-9）与赤道垂直，其焦点为坐标原点。赤道方向为横坐标轴（Y），中央子午线的方向为纵坐标轴（X）（符号与数学上规定正好相反），这就是平面直角坐标系。

每一个6°的投影带正好与国际百分之一地形图分幅的每一"纵行"相吻合。但纵行的顺序是从180°经线算起，而投影带的顺序是从0°经线算起。就是把第31纵行

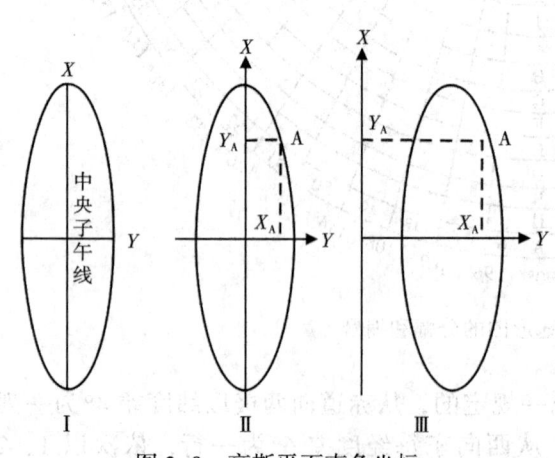

图2-9 高斯平面直角坐标

作为第一投影带，第32纵行作为第二投影带，依次类推。

投影带内，所有的坐标都应以中央子午线为0算起，以东为正，以西为负，但因坐标数有正有负，不便于使用。所以规定凡横坐标值均加500km（即等于坐标轴向西移500km，横坐标从此纵轴算起，则都成了正值。或者说把坐标原点的位置向西移了500km。因为经度差

3°，经距约为 333.963km。中央子午线以西横坐标在 500km 以下，以东在 500km 以上，这样就避免了负值。纵坐标则以赤道（横轴）为 0 算起，北半球为正，南半球为负。

例如五万分之一地形图（图 2-10 中 A 点），除注有经纬网格外，图上有平面直角坐标的数字。横坐标 5 个数字为 18646，前两个代表投影带的号次，后 3 个数字就是以投影带内的中央子午线作为 500km 算，即在中央子午线以东 646－500＝146km。具体来说，前面 18 为在 18 投影带内（即也是在地图分幅的 18＋30＝48 纵行内），后面 3 个数 646 就是在中央子午线以东 146km 处。纵坐标有 4 个数字，如 3266，就是以赤道为 0，在赤道以北 3266km 处。

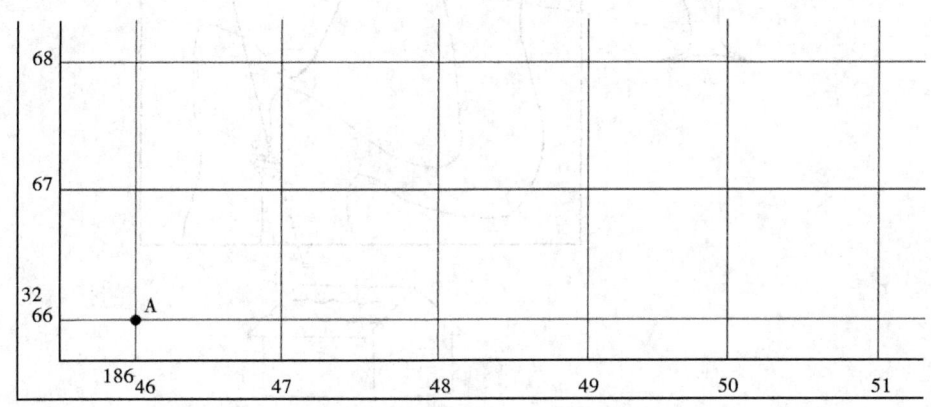

图 2-10　磁北与地理坐标北之间的关系图

四、地形图的野外应用方法

地形图在野外地质工作上的应用包括：地形图的定向，在地形图上确定站立点的位置、站立点位的高程确定、地形剖面图切制法等。

（一）地形图的定向

野外使用地形图时，首先要使地形图的方向与实际方向一致，即使图上的地物、地貌与实地位置一一对应。一是利用罗盘定向，就是罗盘指北针的方向与图的北方一致，这样对应的景物与图符合，便于读图分析。二是根据地物、地貌定向，即根据周围明显的地物、地貌定图，当图上地物、地貌与实地对应的地物、地貌位置关系完全一致，才算定向完成。

（二）在地形图上确定站立点的位置

地形图定向之后，接着就是确定自己站立点在图上的位置，由于地物、地貌明显程度的不同其方法也不同。

(1) 实地对照：根据站立点周围地貌、地物的符号，找到实地相应的地貌和地物。一般采用的是目估法，由右至左，由近及远，由易到难，即先识别主要的明显的地貌、地物，再按关系位置认识其他地貌、地物。这一方法是对地形图有一定熟悉程度者所采用；不十分熟悉者应多练，以便积累经验，提高读图水平。

(2) 后方交会法：在无法依靠相关景物找到站立点位置时，可先将地形图定向后，找出实地上两个或两个以上且图上也有方位意义的景物，用罗盘测出其方位，进行交会，找出人在图上站立点的位置。

如图 2-11 所示，独立树 A、房屋点 B 为实地地物，a、b 为图上对应点，测量出方向，或标定图版后,用三棱尺的一边经过图上 a,瞄准地面景物 A,并沿尺边绘一方向线,再用同一方法瞄准 B,画出方向线,所得交点 c 即为站立点在图上的位置。后方交会法,交会的角度应在 30°~150°之间,并可用第三点进行验核。

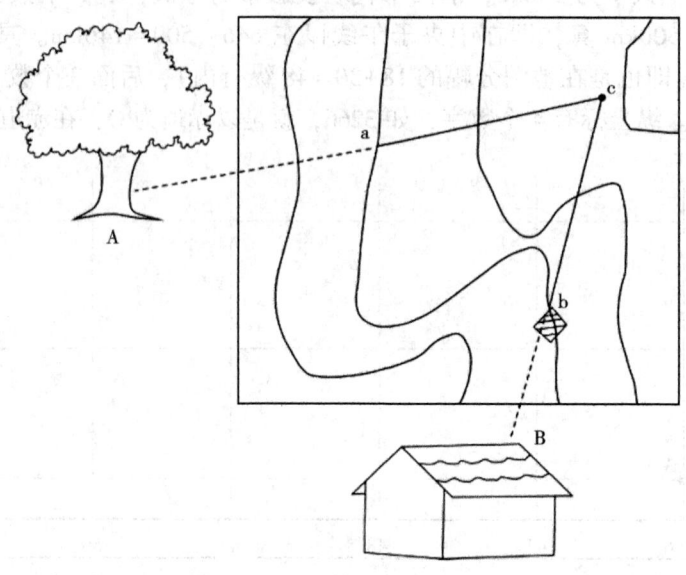

图 2-11　用后方交会法确定站立点

各种地质点在图上的确定方法与上述相同,只要会确定站立点的位置,各种地质现象就可表示在地形图上了。

(三) 站立点位的高程确定

可以根据地形图上的等高线确定点位在某一等高线上,该等高线标高即为站立点高程,不在等高线上的点,可以用插入法求得,或用比例法求得。

如图 2-12 所示,B、C 两点高程已知,A 点高程求法如下:

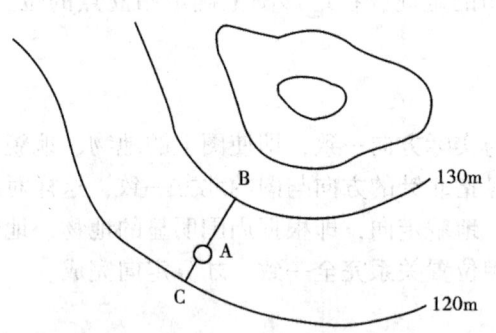

图 2-12　地形图上确定站立点高程

$$\frac{BC}{AC} = \frac{h}{x}$$

式中,BC、AC 的平距可在图上量得;h 为等高线间距(等高差);x 为 C 点与 A 点之间高程差。

若量得 AC=2mm,BC=5mm,h 为 10m,则

$$x = \frac{AC \cdot h}{BC} = \frac{0.02 \times 10}{0.005} = 4(m)$$

即 A 点的高程为 120+4=124(m)。

(四) 地形剖面图切制法

地形剖面图能更直观地了解某一区间地面起伏大小和坡度的陡缓,判断各点地势情况。

地质工作者则以地形剖面图作为地质剖面图的基础图件,地形剖面图的精确程度直接影响着地质构造的形态,以及岩层的厚度等问题,必须学会切好制准。切制方法如下:

(1) 选好剖面线,分析剖面上地形起伏情况。

(2) 确定水平比例尺和垂直比例尺:一般要求水平比例尺和垂直比例尺相同,并与地形比例尺相同。如果地面起伏不大,或地质构造十分平缓,也可将垂直比例尺放大。

(3) 剖面基线确定:基线应比剖面切过的最低等高线低2~3条等高线,平行基线的平行线条应比切过的最高等高线多2~3m。

(4) 投点:将剖面线与等高线的各个交点,按其高度一一投到剖面上相应高程位置(图2-13)。

(5) 连点:将剖面上的投影点,用圆滑曲线连接起来即成剖面图。

(6) 整饰地形剖面图。

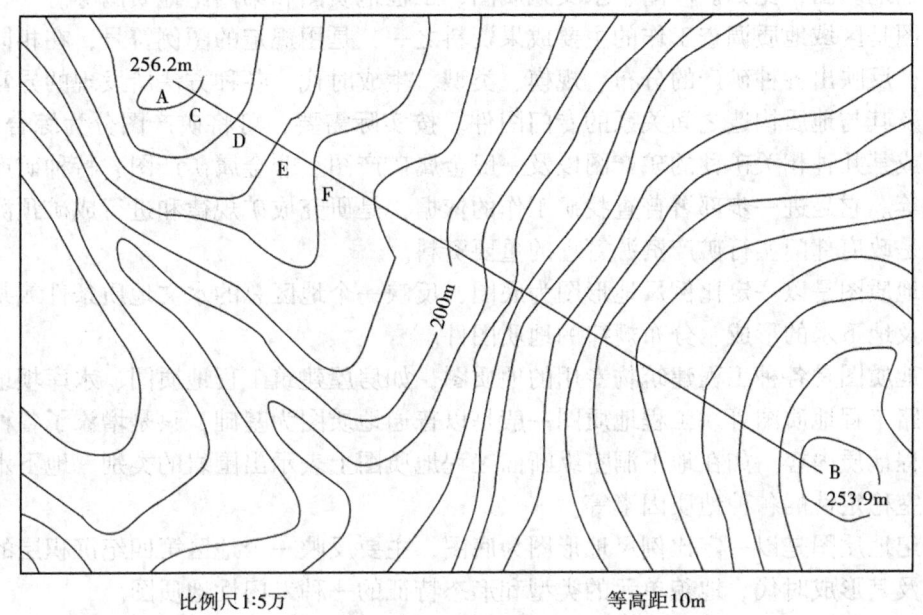

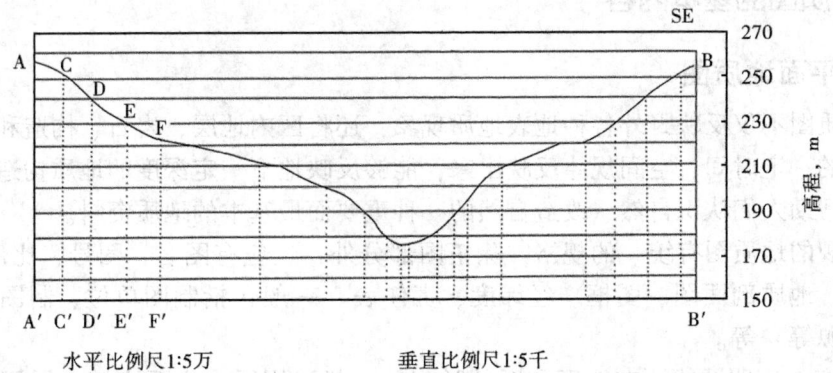

图2-13 根据地形图绘制剖面图

第二节 地质图的基本知识

一、地质图的概念

将一定范围内地壳的地质内容（包括不同时代的地层、岩系、地质构造单元及矿产等）在地面上的分布情况，按一定的比例尺缩小，投影到平面图（通常带有地形等高线，即地形图）上，并用规定的符号、色谱、花纹予以表示的图件就是地质图。

地质图是具体反映某一地区各地质体和地质现象的形态、产状、规模、时代及其分布和相互关系的一种图件。然而一张地质图是不可能把某一地区所有的地质现象都表示出来的，除用来反映某地区的地层、岩石和地质构造现象的普通地质图外，还有一些为了某种要求而编制的专题地质图，比如矿产图、水文地质图、工程地质图和第四纪地质图等。

矿产图是区域地质调查工作的主要成果资料之一，是用规定的图例符号，在相同比例尺地质图上，反映出各种矿产的分布、规模、类型、生成时代、各种方法所发现的异常、有关找矿标志及其与地质构造之间关系的专门图件。按实际需要，可将矿产图分为综合矿产图、单一矿种或某几种相关矿种的矿产图以及一般金属矿产图、非金属矿产图、特种矿产图、能源矿产图等。它是进一步部署普查找矿工作的依据，是研究成矿规律和进行成矿预测的基础资料，也是政府部门实行矿产资源管理的重要资料。

水文地质图是以一定比例尺地形图为底图，反映一个地区总的水文地质条件或某个水文地质条件及地下水的形成、分布规律的地质图件。

工程地质图是各种工程建筑物专用的地质图，如房屋建筑工程地质图、水库坝址工程地质图、铁路工程地质图等。工程地质图一般是以普通地质图为基础，只是增添了各种与工程有关的工程地质内容。如在地下洞室纵断面工程地质图上表示出围岩的类别、地下水量、影响地下洞室稳定性的各种地质因素等。

第四纪地质图是以一定比例尺地形图为底图，主要反映一个地区第四纪沉积层的成因类型、岩性及其形成时代、地貌单元的类型和形态特征的一种专门性地质图。

二、地质图的基本内容

（一）平面地质图

平面地质图不仅反映野外各种地表地质现象，还将区内地层、岩石、构造和矿产等方面形成、发展的一定时间、空间规律反映出来，能够反映地下一定深度的地质构造。因此，平面地质图是帮助人们认识自然、改造自然的一种重要而最基本的地质资料。

一幅正规的地质图有统一的规格，除正图部分外，还应有图名、图号、比例尺、图例、柱状剖面图、地质剖面图、图框、经纬度、责任表（一般包括制图单位、制图人、制图日期和资料来源等）等。

(1) 图名：表明图幅所在地区和图的类型。一般采用图内主要市镇、居民点及主要山岭、河流等命名。如果比例尺较大，图幅面积较小，地名不为人们所知，则在地名前要写上所属省（区）、市或县名，如新疆维吾尔自治区地质图、独山子油田地形地质图。图名通常用端正美观的字体书写于图幅上端的正中部位。

（2）图号：为了图件的保存、整理、查找方便起见而统一规定，一般都是用地形图的国际统一分幅和编号。

（3）比例尺：又称缩尺，用以表明该图的缩小程度和精度。比例尺是图中的一段线长与其实地相应的一段水平距离的比。地质图的比例尺与地形图或地图的比例尺一样，有数字比例尺和线条比例尺。数字比例尺用分数表示图上长度与实地长度的比例（如1:50000，即图上1cm相当于地上50000cm或500m或0.5km），分子规定用1。因此，分母越大，表明图缩小得越厉害。线条比例尺是在图上绘一条直线如尺状，在该直线上截取若干段，每段标出所代表的实地长度（米或千米）。比例尺一般放在图名下方或图框下方正中位置。

地质图按比例尺大小可分为：小比例尺地质图（比例尺<1:50万）、中比例尺地质图（比例尺1:20万~1:10万）和大比例尺地质图（比例尺>1:5万）。

（4）图例：一张地质图不可缺少的部分。图例是地质图上各地质现象的符号和标记，用各种规定的符号和色调来表明地层、岩体的时代和性质。图例通常放在图框外的右边或下边，也可放在图框内足够安排图例的空白处。图例要按一定顺序排列，一般按地层、岩石和构造这样的顺序排列，并在它们前面写上"图例"二字。

地层图例如果放在图的右侧，通常是从上到下由新到老排列；如放在图的下方，一般由左向右从新到老排列。图例格子的长宽比一般为1.2:0.8或1.5:1，方格内注明地层代号，涂上颜色，右边注明岩性，左边写地层或时代名称。已确定时代的岩浆岩、变质岩要按时代顺序排列在地层图例中，没有确定时代的岩浆岩要按酸性程度、变质岩按变质程度深浅排列在地层图例之后。

图例中的构造符号放在所有地层、岩石符号的后面，其顺序是：地质界线、产状要素、断层、褶曲轴、节理以及层理、劈理、片理、流线、流面和线理产状要素等。实测的与推断的地层界线或断层线应分别表示，推测的界线通常用虚线表示，而且要保持图例与图中符号一致。各种符号和颜色也是有规定的，除不同的地层填充不同的颜色色谱外，地层界线一般用黑色，断层线一般用鲜红色，地形等高线一般用棕色，河流一般用浅蓝色，城镇和交通网一般用黑色。

图例是指示读图的基础，从图例可以了解图区出露的地层及其时代、顺序，地层间有无间断，以及岩石类型、时代等。

凡是图内表示出的地层、岩石、构造及其他地质现象就应无遗漏地在图例中列出，图内没有的符号就不应列入图例。地形图的图例一般不标注在地质图图例中。

（5）图框：一般分为内框和外框。外框用粗实线，内框用细实线。两框之间用数字注明经纬度或大地坐标，并按规定画出经纬线格或千米网格。图框外左上侧注明编图单位，右上侧写明编图日期；下方左侧注明编图单位、技术负责人及编图人；右侧注上引用资料（如图件）单位、编制者及编制日期。也可以将上述内容绘成"责任表"，放在图框外右下方，或图框内空白处。

（二）地质剖面图

正规地质图均附有一幅或几幅切过图区主要地层、构造的剖面图。它有代表性地和最醒目地概略揭示了本区的地质构造特征。这种图通常是地质人员根据所掌握的资料以及自己对该地区的认识，在室内根据地形地质图编绘成的。地质剖面图是以地形图切制成的地形起伏剖面为基础，按地质界线位置及地层产状绘上相应的地质内容。地质剖面图通常附在地质图的下方或单独成图。

如单独绘地质剖面图时，则要标明剖面图图名，如周口店（指图幅所在地区）太平山—升平山地质剖面图，并且要标明剖面线的方位；如果附在地质图下面，则以剖面标号表示，如Ⅰ—Ⅰ′地质剖面图或A—A′地质剖面图。剖面在地质图上的位置用细线标出，两端标注剖面代号，如Ⅰ—Ⅰ′或A—A′等。在相应剖面图的两端也相应标注同一代号。

地质剖面图的比例尺应与地质图的比例尺一致，如地质剖面图附在地质图的下方，可不再注明水平比例尺，但垂直比例尺应表示在剖面两端竖立的直线上，按海拔标高标示。通常情况下，地质剖面图垂直比例尺与水平比例尺应保持一致；如果有特殊要求需要放大垂向比例尺，则应特别注明垂向比例尺的大小。

地质剖面图一端或两端的同一高度上注明剖面方向（用方位角表示）。剖面所经过的山岭、河流、城镇等地名应在剖面上方相应位置注明。为醒目美观，最好把方向、地名摆放在同一水平位置上。

地质剖面图的放置一般由西到东、由北到南摆放，即剖面右方方位通常小于180°方位。

地质剖面图与地质图所用的地层符号、色谱应保持一致。如地质剖面图与地质图在一幅图上，则地质剖面图与地质图可共用一个图例。

地质剖面图内一般不要留有空白。地下的地层分布、构造形态应该根据该处地层厚度、层序、构造特征适当推断绘出，但不宜推断过深。

（三）地层柱状图

地层柱状图也称作综合地层柱状图，它是按工作区所出露的地层新老叠置关系综合出来的、具代表性的柱状剖面图。地层柱状图中地层按自上而下、由新到老顺序排列，各地层的岩性用规定的花纹表示，另栏注明各地层单位的厚度和相邻地层的接触关系；喷出岩或侵入岩按其时代与围岩接触关系绘在柱状图里。正式的地质图或地质报告中常附有工作区的地层柱状图。地层柱状图可以附在地质图的左边，也可以单独绘成一幅图。柱状图比例尺可根据反映地层详细程度的要求和地层总厚度而定。图名书写于图的上方，一般标为"××地区综合地层柱状图"。

地层柱状图中一般只绘地层（包括喷出岩），不绘侵入体。也有将侵入体按其时代与围岩接触关系绘在柱状图里。用岩石花纹表示地层岩性柱子的宽度，可根据所绘柱状图的长度而定，使之宽窄适度，美观大方，一般以2~4cm为宜。

三、地质图上不同类型的地质特征的表示

（一）地层岩性的表示

地层岩性在地质图上是通过地层分界线、地层年代代号、岩性符号和颜色，并配合图例说明来表示的。

1. 第四系松散沉积层

第四系松散沉积物形状不规则，但有一定的规律性，大多在河谷斜坡、盆地边缘、平原与山地交界处，大致沿山麓等高线延伸。

2. 岩浆侵入的界线

岩浆侵入的界线形状最不规则，也无规律可循，需根据实地情况测绘。

3. 层状岩层界线特征

地形地质图中，根据岩层界线与地形等高线的关系判断岩层的产出状态。

（1）水平岩层：岩层界线（岩层与地表的交线）与地形等高线平行或重合。

（2）直立岩层：岩层界线不受地形的影响，呈直线沿岩层的走向延伸，并与地层等高线斜交。

（3）倾斜岩层：岩层界线呈弯曲状，并与地形等高线相交。倾斜岩层在地形地质图上的表现特征，有以下三种不同的情况：

①岩层倾向与地形坡向相反时，地层界线的弯曲方向和地形等高线的弯曲方向相同，但地层界线的弯曲程度比地形等高线的弯曲程度小。

②岩层倾向与地形坡向相同，且倾角大于地面坡角时，地层分界线的弯曲方向与地形等高线的弯曲方向相反。

③岩层倾向与地形坡向相同，且倾角小于地面坡角时，地层分界线的弯曲方向与地形等高线的弯曲方向相同，但地层界线的弯曲度比地形等高线的弯曲度大。

（二）岩层产状的表示

（1）水平岩层：用两个等长且相互垂直的直线符号来表示［图2-14（a）］。

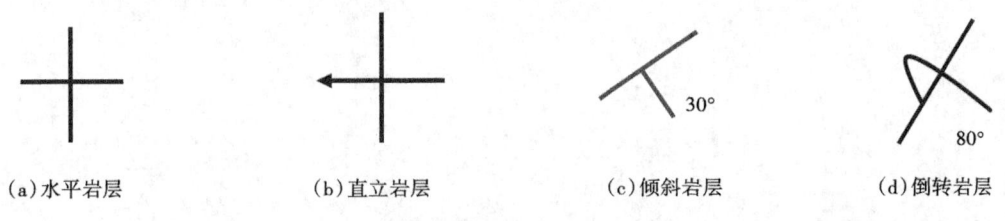

(a) 水平岩层　　　(b) 直立岩层　　　(c) 倾斜岩层　　　(d) 倒转岩层

图2-14　不同类型层状岩层产状表示方法

（2）直立岩层：用一个箭头和一条垂直直线的符号表示，箭头指向新地层［图2-14（b）］。

（3）倾斜岩层：长线代表走向，短线代表倾向，数字代表倾角的度数［图2-14（c）］。

（4）倒转岩层：长线代表走向，弯线代表倒转后岩层倾向，数字代表倾角的度数［图2-14（d）］。

（三）层状地层间接触关系的表示

（1）整合接触：在地质图上表现为两套地层的界线大体平行，较新的地层只与一个较老的地层相邻接触，且地层年代连续。

（2）平行不整合接触：在地质图上表现为两套地层的界线大体平行，较新的地层也只与一个较老地层相邻接触，但地层年代不连续。

（3）角度不整合接触：在地质图上表现为两套地层的界线不平行，呈角度截交，一种较新的地层同多个较老地层相邻接触，产状不同，地层年代不连续。

（四）岩浆岩侵入体与围岩接触关系的表示

（1）侵入接触：在地质图上表现为沉积岩的界线被岩浆岩界线截断。

（2）沉积接触：在地质图上表现为岩浆岩的界线被沉积岩界线截断。

（五）褶皱的类型及表示

褶皱在地质图上主要通过地层的分布规律、时代新老关系和岩层产状综合表示出来。若核部地层较老，两翼对称出露较新地层，构成背斜；当核部地层较新，两翼对称出现较老地层时，即为向斜。

（六）断层及表示

断层在地质图上常用红色断层符号表示，箭头方向代表断层的倾向，数字为断层的倾角，双短线所在的一盘为断层的下降盘。

（七）第四系的表示

第四系为松散的沉积层，形状不规则，大多沿河谷、盆地边缘及山麓分布。

第三章 野外地质工作基本技能简介

第一节 野外地质记录方法

一、野外地质记录要求

野外地质记录是地质工作者在野外地质调查中，为获取地质信息而进行的记录工作。它是一切地质工作的基础成果，是第一手资料，也是地质工作一切结论的基础。

野外地质记录的质量直接关系到地质工作的质量，它反映了地质人员的工作作风和科学态度。因此，要求记录认真、态度严谨、格式通用、术语准确、字迹清楚，在内容上必须保证真实、客观、详尽，即对地质资料取全取准。

野外地质记录本基本要求为：

(1) 编号（序列编号）、负责人、单位、联系电话、目录、工作起始时间、工作地区等基本信息齐全。

(2) 编号（按专业需求和格式）、日期、天气、点性、自然地理位置、GPS点位（可选用）等记录要点齐全，记录内容根据专业特点应尽量记录或阐述详尽，层次分明。野外地质记录应尽量附素描图或信手剖面，但各类地质要素量测、标注齐全，照片及采样位置、序号记录准确、清楚，并且文图对应。

(3) 素描图不要遗漏图名、比例尺、方位、产状要素（按专业需求量测）、图例说明，务必文图对应。

(4) 野外地质记录本应有当天或阶段性小结，定期对数字部分进行着墨，采样测试或鉴定完成后进行批注。

(5) 自查、互查记录（可单独记录，但应有参加者签名），记录本上应保留互检和整改记录。

(6) 阶段性（或日）小结（工作进展和存在问题、下步工作建议或工作、生活见闻、花絮等）。

(7) 野外地质记录应能体现或回溯整个野外工作进程和内容，包括无专业工作内容，如路途中或进行看护、施工等也应有相应记录和说明。

二、地质调查野外原始记录格式

在野外工作过程中，应将观察到的各种地质现象记录在专用的野外地质记录簿（简称野簿）上。其使用要求是：右页做文字使用记录描述，记录项目有日期、天气、观察路线编号、路线的起迄和经由地点、观察点编号及位置、地质观察内容和各种测量数据、标本样品编号、照片编号，以及路线小结等。观察路线、观察点编号及标本样品编号应做到统一、按顺序编录，并与手图、实际材料图一致。记录本左页方格纸，供做信手剖面图或地质素描图之用。每册记录本都应在封面上贴上编录标签,并编制内容目录。

(一) 野外地质记录格式

日期:×年×月×日 天气:×(如晴、阴、小雨等)地点:×

路线:(如自×××经×××至×××)

任务:[如×××岩区(或地层分布区)主干(或一般)穿越(或追索)路线地质调查;追索×××断层(或×××层)]

人员:×××

点号:(如0066)

点位:坐标X:××× Y:×××;
　　　GPS(如经度×××纬度×××高程×××)

位置:[如×××村(或高地)NE35° 460m处小路东侧]

露头:[如人工采场(或天然),良好(或一般、差等)]

点性:(如地层界线点、构造观察点、化石点、岩性岩相观察点等)

描述:(如点E为×××,点W为×××,接触关系为×××)

标本:(如于900m处采同位素年龄测试样一件,样号为0066-1,样品岩性为……)

照相:(记录照相序号、位置、照片内容简述等)

点间:[如:(1) No0066SE+650m, 650m,沿途为×××;(2) 650m+S850m, 1500m,沿途为×××;(3) 1500m+SSW900m, 2400m, No0067,沿途为×××]

路线小结:[当日路线结束后必须认真撰写小结,小结含三项基本内容:一是当日路线工作量统计(路线总长、地质点个数、素描图个数、照相数量、各类标本采集数量);二是对当日路线的地质认识;三是存在问题及对相邻工作路线的工作建议。]

注意:所有主干穿越路线必须有信手剖面,1/3的点须野外素描或照相;所有的一般穿越路线1/5的点须野外素描或照相;追索路线视情况而定。

(二) 野外记录格式说明

(1) 所有的观察点都要连续编号。

(2) 每个观察点位置可以根据地质图、附近标志明显的地貌或人工参照物来确定,像山峰、垭口、沟口、小路分岔、路标、桥梁等都可以用来做参照物。每个观察点的位置和编号都需要在地质图上表示出来。

(3) 观察点的布置一般选择重要的地质界线,如地层单元内部或彼此之间的接触界线、侵入体与围岩的接触界线、侵入体内部的岩相分界、断层等,也可以是构造如褶皱转折端和节理统计处、化石、矿化点等。点性就是描述观察点的类型。

(4) 观察点上,要尽可能地详细观察和描述地质现象,内容包括地质现象的组成、岩石学特征、地质时代、形状和规模等多方面。此外,还要测量地质体的产状和尺度,画地质素描图或照相,采集岩石或化石标本。所采集的岩石和化石标本也要分别统一编号,将编号登记在每个观察点描述的后面,并且用记号笔或红蓝铅笔在标本上表示出来。

(5) 文字记录必须在野外当场完成,不能在室内想象和追忆记录。记录内容必须是自己观察到的地质现象,绝对不许抄别人野簿的内容。

(6) 记录要认真,文字清晰,条理清楚,格式正确。

(7) 只能用铅笔(最好2H),不能其他笔记录。

(8) 记错的地方可用铅笔删掉和改正,不能撕掉废页。上交野簿时,页码齐全,不能缺失。

(9) 每天开始一页应记录日期、工作区、天气状况,其中工作区记录工作站或填图地区。

(10) 点位应以观察点附近的高程点、村庄或其他固定地物作标志。

(11) 记录本的右面做文字记录,左面作素描图、路线剖面或附贴照片,必要时也可作简要文字批注或补充记录。摄影资料记在相应地质观察记录之后,应注意数码照相编号或底片编号,摄像对象、内容及方位,凡图上有路线通过的地点必须有文字记录。

(12) 工作小结应另起一页。记录本内不得记与野外地质调查无关的内容。

(13) 产状标记方法(记录或信手剖面):层理 $140°\angle 30°$;次生面理 $50°\angle 40°$,可在产状前注明 S0、S1、S2……或糜棱片理等;断层 $120°\angle 45°$;节理 $320°\angle 70°$;轴面 $40°\angle 50°$;枢纽 $30°\angle 60°$;线理 $300°\angle 10°$。

(14) 野簿是专供记录野外地质现象之用,除记录与地质有关的内容外,不得记录任何其他内容。

(15) 野簿用毕(工作结束),应上交所在单位或主管部门作为重要技术资料档案保管,不能遗失。

(三) 野外图件记录内容及说明

野外地质考察中,对于用文字叙述不便准确表达的地质现象,如断层、地层接触关系、沉积构造、古生物化石等,应用图件记录的方式完成。图件是一种非常实用、形象直观的记录方式,与文字描述相辅相成,通常置于野簿的左边,与右边的文字配合,起图文并茂的作用。图件具有各种各样的形式和内容,包括地质素描图、剖面图和平面图、示意图、地貌图等。图件记录必须是明确和完整的,除了图件本身外,还要有图名、图例、方向、比例尺和可能的简单说明。

在所有的图件中,野外记录最经常使用的就是地质素描图。它所描绘的对象可以是露头上的断层、褶皱、地层接触关系、化石、沉积构造等。地质素描图不同于美术上的素描图,它不是简单的重复、所画即所见,而是要求通过细致观察和地质现象分析,抓住本质特征,用简洁的线条表示出所要揭示的地质现象。因此,地质素描图的制作往往超出了描绘本身的内涵,带有不同程度的地质分析和解释。

野外图件记录必须标记和勾绘如下内容:

(1) 地质点(直径 1mm 的小圆)及点号(一般标记在地质点的右下方);
(2) 地质点上所观测到的岩层产状和各种面理产状;
(3) 地质界线(地层单位之间的分界线、断层线、岩性岩相分界线、侵入体侵入界线、含矿层界线、地貌单元之间分界线等,勾绘时需遵循 V 字形法则及野外实际展布情况);
(4) 地质体填图单位(各种正式和各种非正式填图单位)代号及岩性岩相代号或花纹;
(5) 各类样品采集点及编号;
(6) 地质路线(用绿色虚线标绘)、实测剖面线(用黑色实线标绘)及剖面代号。

第二节 普通地质仪器的使用方法

野外地质工作中使用的工具有"老三件"和"新三件"。老三件是地质锤、放大镜和地质罗盘；新三件是掌上电脑、GPS和数码相机。

一、地质锤的使用

地质锤是地质工作的基本工具之一，选用优质钢材或钢头木柄制成。地质锤头一端呈长方形或正方形，另一端呈尖棱形或扁楔形（图3-1）。使用时，一般用方头一端敲击岩石，使之破碎成块；用尖棱或扁楔形一端沿岩层层面敲击，可进行岩层剥离，有利于寻找化石和采样，也用于整修岩石、矿石等标本，使之规格化，便于包装。在完整岩石露头上，用尖棱或扁楔形一端为楔，用另一把地质锤敲击，可在岩石表面开凿成槽，便于采取岩矿、化石样品。此外，还可利用尖棱或扁楔形一端进行浅处挖掘，除去表面风化物、浮土等。

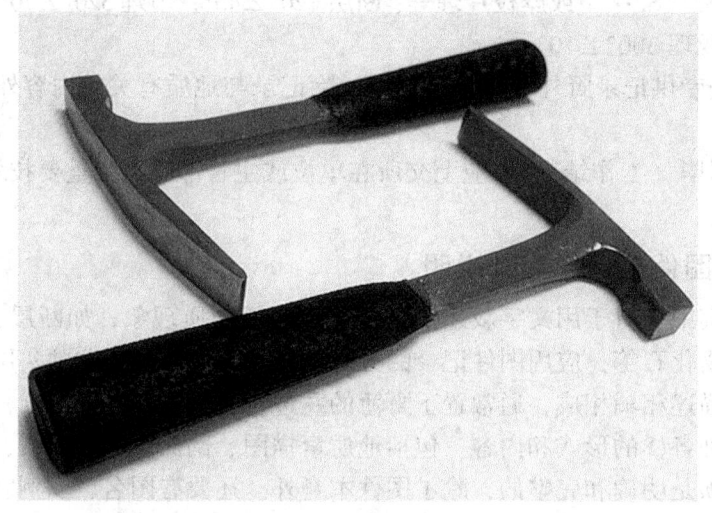

图3-1　地质锤

二、放大镜的使用

野外用放大镜是简便易带的小型放大仪器，它的主要部件是一个两面凸透镜（图3-2）。一般的放大镜能够将物体放大5倍、10倍，也有能放大20倍或以上的，用于观察岩石、矿物及化石标本。

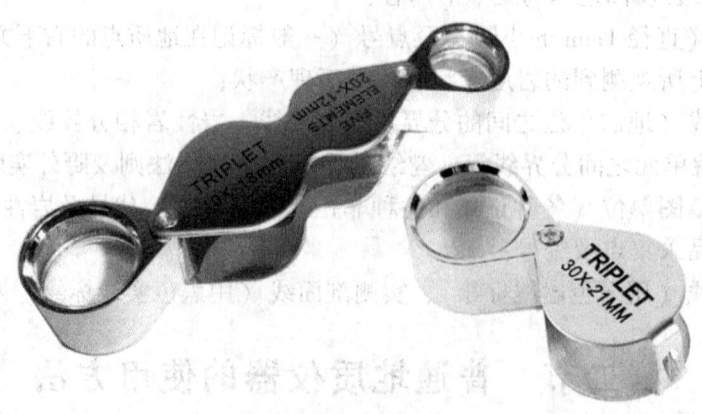

图3-2　地质放大镜

放大镜正确的使用方法是：左手持被观察样品，右手大拇指和食指夹持打开的放大镜，右手中指轻轻压在样品表面，左右同时配合移动，调整眼睛（靠近放大镜）、放大镜、观察物的光学视线和焦距，直至看清楚放大的图像为止。

三、地质罗盘的使用

罗盘是野外地质工作中必不可少的工具，借助它可以确定方位、测量地形坡度、测量各种面状要素（如岩层层面、褶皱轴面、断层面、节理面）和线状要素（如褶皱枢纽、线理、断层擦痕等）的产状等，以确定各种构造面和构造线的空间位置。因此，必须学会使用地质罗盘。

（一）地质罗盘的结构

目前野外地质工作中常用的地质罗盘（袖珍经纬仪）呈多边形，可分为底座和上盖两大组件（图3-3）。上盖含有反光镜、椭圆透视孔、反光镜中分线、小照准合页等部件。底座含有磁针、磁针制动器、方位刻度盘、长照准合页、圆水准器、倾角刻度盘、倾角度数器、垂直角调节把手（背面）等部件。其中，上盖、小照准合页、长照准合页、垂直角调节把手和磁针均可绕各自的轴转动。

罗盘是一种便携式精密仪器，手持操作时，测角误差小于1°，当有支架时误差小于0.5°。各部件之间经专门校验，具有准确的几何关系。使用时须倍加小心爱护，以保持罗盘性能良好，保证测量数据准确可靠。为此应做到：水平角测量结束，要用磁针制动器将磁针锁住；上盖、合页、把手等部件只能轻轻地顺向开合转动，不得使用强力超限扳扭；各螺钉及其他紧固件不得自行松动；更不能摔打或敲击罗盘。

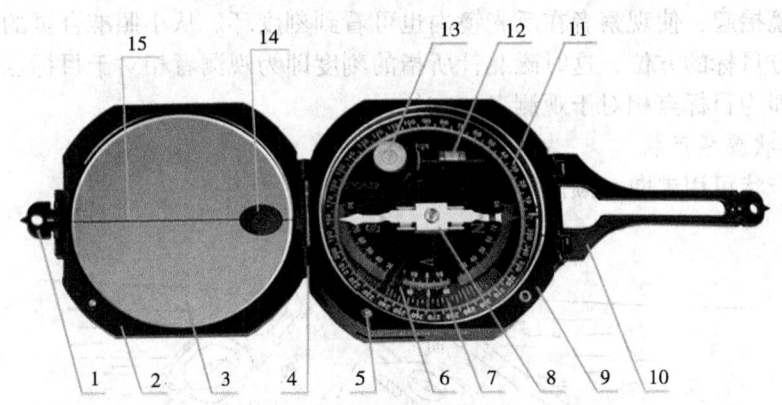

图3-3 罗盘构造简图

1—小照准合页；2—上盖；3—反光镜；4—链接合页；5—磁针制动器；6—倾角度数器；
7—倾角刻度盘；8—磁针；9—底盘；10—长照准合页；11—方位刻度盘；12—长水准器；
13—圆水准器；14—椭圆透视孔；15—反光镜中分线

（二）罗盘的使用方法

1. 罗盘的校正

因为地磁的南北两极与地理上的南北两极位置不完全相符，即磁子午线与地理子午线不相重合，地球上任一点的磁北方向与该点的正北方向不一致，这两方向间的夹角称为磁偏角。地球上某点磁针北端偏于正北方向的东边称为东偏,偏于西边称为西偏。东偏为(+),西偏为(-)。用罗盘测出的方位角为磁方位角,而地形图采用的是地理坐标。为了能够从罗盘上直接读出地理方位角,在野外工作前先要根据地形图提供的磁偏角对罗盘进行校正,使其读数值能直接代表地理方位。地球上各地的磁偏角都按期计算、公布以备查用,通常在罗盘使用说明书中均附有各地的磁偏角。校正罗盘时,可旋动罗盘的刻度螺旋(通常位于罗盘底座的侧面),使水平刻度盘向左或向右转动(磁偏角东偏则向右,西偏则向左),使罗盘底盘的南北刻度线与水平刻度盘0°~180°连线间夹角等于磁偏角。

2. 地质罗盘的用途

野外地质工作中,地层产状的测量、断层和裂隙产状的确定、岩层厚度的丈量、地层剖面的实测、地形图方位的标定、野外地质填图中路线和地质点的展绘等诸多任务均要凭借罗盘来完成。

1) 测量方位

测量方位是测定目标物与测量者间的相对位置关系,也就是测定目标物的方位角(方位角是指从子午线顺时针方向到该测线的夹角)。对于观测者而言,方位有两个,一是观测点(未知点)相对于某一点(已知点)的方位,另一个是某一点(未知点)相对于观测者点(已知点)的方位,二者相差180°。

当被测目标高于观测者时,观测者可将长照准合页指向目标,并略向上抬起,保持罗盘底盘水平(圆水准器水泡居中),将反光镜向上抬起,使目标通过长照准合页中线投影到反光镜中线上。磁北针所指的刻度总是长照准合页所指的方位,这时应为目标点相对于观测者的方位;磁南针所指的刻度总是反光镜所指的方位,这时应为观测者相对于目标点的方位。

当被测目标低于观测者时,观测者可将长照准合页指向自己,并略向上抬起,保持罗盘水平,将反光镜抬起,使观察者在反光镜内也可看到刻度环。从小照准合页的中孔,通过椭圆孔,看到远方目标的方位,这时磁北针所指的刻度即为观测者相对于目标点的方位,磁南针所指的刻度即为目标点相对于观测者的方位。

2) 测量面状要素产状

面状要素产状可用走向、倾向和倾角三要素表示(图3-4)。

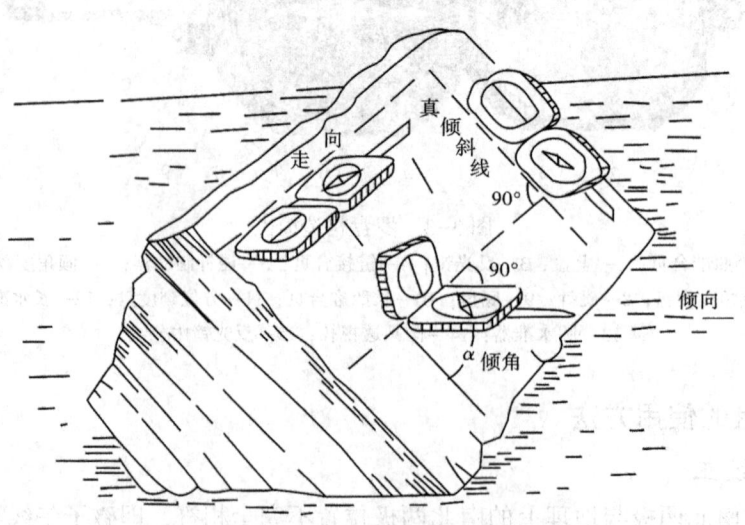

图3-4 测量面状构造产状示意图

走向是指待测面与水平面的交线方向。测量时将罗盘的长边与构造面紧贴，然后转动罗盘，使底盘圆水准器水泡居中，读取指针所指示的刻度即为走向（走向为一条直线的延伸方向，因此指北针或指南针所指示的读数，均为走向，二者相差180°）。

倾向是指待测面向下最大倾斜方向线在水平面上投影的方位，常与走向垂直。测量时，将罗盘盖（带反光镜一侧）紧贴于待测面上，长照准器指向待测面下倾方向，转动罗盘，使罗盘底盘圆水准器水泡居中，读取指北针所指示的刻度，即为所测面的倾向。如果在待测面顶面上测量有困难，也可以在底面上测量，方法同上，但此时应读取指南针所指示的刻度。

倾角是指待测面与假想水平面间的最大夹角，即真倾角，是沿待测面的真倾斜方向测量得到的。测量时，将罗盘上盖打开至极限，使罗盘底座内有倾角刻度的一侧在下方，以长边紧贴待测面，并平行（或重合）于真倾斜线，保持罗盘直立，调节罗盘底部的活动扳手，使长水准器水泡居中，读取倾角读数器所指示的刻度，即为倾角。

3）测量线状构造的产状

线状构造的产状要素是用倾伏向和倾伏角或侧伏向和侧伏角来表示。

线状构造的倾伏向是指在通过该线状构造的铅直平面内，该线向下倾斜的水平投影方向。该线与其水平投影之间的夹角 γ 即为倾伏角（图3-5）。

线状构造的侧伏向是指该线与其所在的平面内走向线夹角较小的一侧平面的走向方向。侧伏角为线状构造与其所在平面走向线的锐夹角 θ（图3-5）。

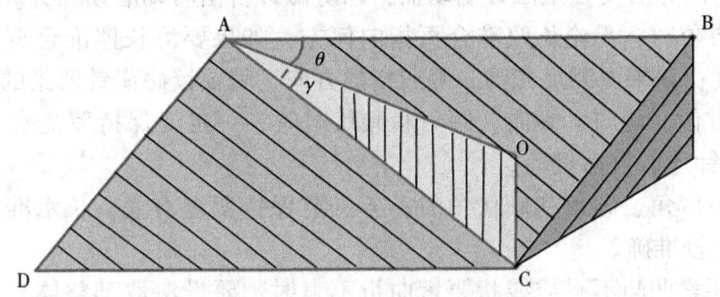

图3-5 线状构造产状要素示意图

AC—线状构造；AB、AO—水平线；AOC—铅直平面；ABCD—倾斜平面；
AO—AC在铅直平面中的水平投影；AO—倾伏向；γ—倾伏角；AB—侧伏向；θ—侧伏角

野外工作中，通常测量线状构造的倾伏向和倾伏角。线状构造的倾伏向和倾伏角要在铅直面内测量。实际测量方法是借助野外记录本，将记录本的长边紧贴于线状构造上，然后使记录本铅直。测量倾伏向时，将罗盘侧面（长边）紧贴于记录本的一侧面上，使长照准合页指向线状构造的下倾方向，调节罗盘使之水平（即圆水准器水泡居中），读取磁北针所指的刻度，即为倾伏向（图3-6）。测量倾伏角时，将罗盘侧面（长边）紧贴于记录本的上边，并使罗盘直立，调节罗盘底部的活动扳手，使长水准器水泡居中，读取倾角读数器所指示的刻度，即为倾伏角（图3-6）。

4）测量坡度角

观测者手持罗盘，并使底盘处于直立状态（罗盘底盘与地面垂直），打开长照准合页，使其与底盘平行，并使小照准合页与其垂直，转动反光镜，使其与底盘大致呈45°夹角，在远处选一个高度与观测者眼睛高度基本一致的目标，视线通过小照准合页，再穿过椭圆孔观

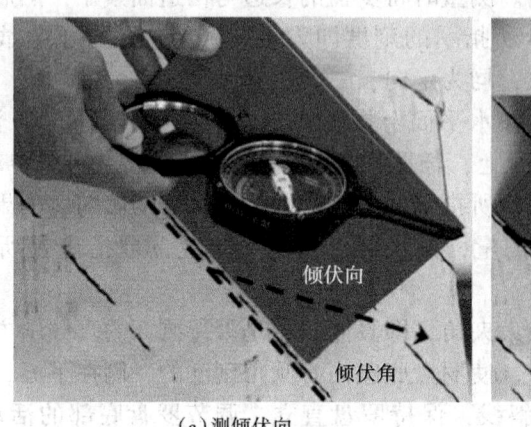

(a) 测倾伏向　　　　　　　　　　　(b) 测倾伏角

图 3-6　测量倾伏向和倾伏角的方法示意图

测目标，同时转动长水准器使水泡居中（在反光镜中观察）。此时，倾角读数器所指的角度即为坡度角。读数时，如果指示线在 0 刻度的右边，则所测角度为仰角；反之，则为俯角。

（三）使用地质罗盘的注意事项

（1）避免地质罗盘与铁制品接触，以免磁针失去磁性；不能受潮，以防磁针或顶针生锈不能灵活转动；用完后要锁定磁针制动器，以防磁针自由转动磨损顶针。

（2）在测量方位时，无论长照准合页指向何方，如果要测长照准合页所指的方向，就读磁北针所指刻度；如果要测反光镜一侧所指的方向，就要读磁南针所指的刻度。

（3）在测量方位、走向、倾向、倾角和倾伏向时，一定要保持罗盘水平（圆水准器水泡居中），这样磁针才能自由摆动。

（4）在测量坡度角、倾角和倾伏角时，务必要保持罗盘直立，长水准器水泡居中，这样测量的角度才比较准确。

（5）当面状要素凹凸不平或线状要素曲折不直时，要设法取其整体真正的方位，而不要受局部所干扰，这时记录本是常用的借助工具。

第三节　数字化填图仪器的使用方法

一、GPS 手持仪及其应用

GPS 是 global position system（全球定位系统）的简称，该系统由美国政府建立，向全球用户提供免费服务。自从美国 1994 年全面建成 GPS 以来，由于 GPS 所特有的精度高、速度快、全球性、全天候、实时性、测站间无须通视以及操作简便等诸多优点，GPS 已经被广泛应用于地质调查、石油开采、水利勘察、灾害监测、林业调查以及交通、电力、农业、国防和城市建设等多个领域。随着体积小、功耗低、携带方便、存点快捷、捕捉卫星信号的灵敏度高、定位速度快、单点实时定位精度高的 GPS 手持机的出现，它受到了广大从事地质调查工作的野外工作者的欢迎，并被广泛应用于地球物理勘探、地震勘探、铁路勘测和林业调查等方面的野外工作中。

野外地质工作中，GPS手持机的用途主要有标定点位、导航、计算多边形面积和补点4个方面。

(一) 标定点位

野外地质工作中的一项重要内容就是在地形图上标定地质点，如岩性分界点、地层分界点和构造分界点等。传统地质填图一般是根据地形图上的特征点如建筑物、采石坑、道路、高压线以及山顶、山脊和山谷等地形线判断地质点的位置，然后将其标定在图上。然而当地形图上特征点较少或所在位置远离特征点时，如果使用这种方法标定地质点，就很容易产生较大的误差，给室内资料整理和数据处理带来很大的困难。相对于传统的利用地形图特征点或结合地形图特征点和航片标定地质点的方法，利用GPS手持机标定地质点不仅精度高，而且速度快，大大地提高了地质填图的工作效率。如果再结合航片、地形图上的特征点以及特征线标定地质点，会进一步提高标定点位的精度。

为了提高GPS手持机单点绝对定位的精度，有的GPS接收机生产厂商专门为GPS手持机设置了数据平滑功能，即在一个测点上进行多次定位，然后求取数据的平均值作为最终的定位结果。如果用户使用的GPS手持机没有这种数据平滑功能，用户在进行定位时可以手动使GPS接收机进行3次以上的定位，并记录相应的定位结果。在进行室内资料整理和数据处理时，将GPS测点的多次测量结果进行平均，作为该测点最终的点位位置。通过多次定位求取平均值，可以提高单点定位的精度，最大限度地缩小误差值。以GARM IN 12XLC型GPS手持机（美国GARM IN公司生产）为例，生产商的精度规格表明，在采用平滑技术处理后，多数情况下GPS手持机的平面定位精度可以达到1~5m。由于GPS卫星的分布位置，GPS测量高程的误差一般较大，为水平误差的2~3倍，也就是说GPS手持机测定高程精度为10~20m。由于捕捉卫星信号的灵敏度高，GPS手持机单点定位的速度非常快，一般在15s左右即可捕获4颗以上卫星，从而快速地实现3D导航和定位。

在描述点位的时候，常用的方法就是经纬度坐标。经纬度坐标系是以英国格林尼治和赤道分别作为经度和纬度的零度点。在GPS系统内，经纬度的显示方式一般都可以根据自己的爱好选择，一般有"hddd.ddddd"（度.度），"hdddmm.mmm"（度分.分），"hdddmmss"（度分秒）。度、分、秒的进制是60进制，但是度.度，分.分的进制是100进制，这一点在换算的时候要特别注意。

(二) 导航

(1) 单点导航及点位校正。根据地形图上的特征地物点或者结合航片在地形图上标定出第一个地质点后，利用手持GPS接收机，对该点进行定位，并将其存储到航点表中。以后再标定地质点时，就可以利用手持GPS的单点导航功能了。根据其导航功能，既可以找到现在所处的位置距离上一个地质点（航点）的距离和方位，又可以确定出该点到航点表中任何一个航点（已经在地形图上精确标定过的地质点）的距离和方位。这样就可以比较准确地在地形图上标定出任何一个地质点。

(2) 航线导航。当前进中需要经过多个航点时，如果仍然采用单一航点导航，由于终点的改变而需要不断地进行单点导航，输入新的航点名，这样将会极其烦琐。但如果把这些航点按一定的顺序编制成一条航线，采用航线导航，那么就不需要多次输入新航点名以进行多次单点导航。比如，要由航点NAV01出发，去往航点NAV05，通过将NAV01~NAV05等5个航点编制成为一条航线，5个航点的顺序分别为NAV01、NAV04、NAV02、NAV03和

NAV05。编制完航线后，就可以按照如下方式进行航线导航：先由 NAV01 到达 NAV04 后，导航画面自动转向 NAV04 航点进行导航，显示下一航点 NAV02 距离该航点的方位和距离，到达 NAV03 后，会显示下一航点 NAV05 距离该航点的方位和距离，最后到达 NAV05。

（三）计算多边形面积

有关规划设计单位在利用地质填图成果时，往往需要知道图上某一片某种岩性岩石的实际面积，以做出相应的规划和设计。现在许多 GPS 手持机都具有计算多边形面积的功能，利用其存储在航点表中的航点，可以非常容易地计算出某个多边形范围内某种岩石的面积。GPS 手持机中计算多边形面积的计算公式如式（3-1）所示：

$$S = \frac{1}{2}\sum_{i=1}^{n}(x_i y_{i+1} - x_{i+1} y_i) \tag{3-1}$$

式中　S——多边形面积；

　　　x_i、y_i、x_{i+1}、y_{i+1}——多边形的第 i 和 $i+1$ 个航点的平面坐标。

这种计算多边形面积方法的精度取决于组成该多边形的航点数目，航点数目越多，所计算出的多边形面积越精确。

（四）补点

在主要的地质填图工作结束后，通常根据填图的要求对地形图进行检查，对那些点位密度没有满足填图要求的区域要进行补点。利用手持 GPS 接收机可以非常容易地实现密度稀疏区的补点工作。

手持 GPS 接收机中通常都有一个"最近航点"的导航功能，利用这个功能，可以迅速地找到距离当前位置最近的已进行过 GPS 定位的地质点，再查看一下地形图，看看目前位置地质点的密度是否满足填图的要求，如果所在区域地质点的密度比较稀疏，就可以在目前位置进行 GPS 定位，并在地形图上标定出该地质点。以 1:1 万地质填图为例，要求在地形图上 2~3cm 就要有一个地质点，即实地距离为 200~300m 就需要有一个地质点。这样，当发现某个区域标定过的地质点相对较少，需要补点时，根据手持 GPS 接收机单点导航功能中的"最近航点"导航功能，看看距离当前航点最近的地质点是否超过了 200~300m，如果超过了这个距离，说明在当前位置有必要进行补点。依靠传统的人工判读方法进行补点，可能会产生补点过多现象，容易造成时间和人力的浪费。

与常规地质填图常用的工具（罗盘和皮尺）相比，在野外区调地质填图中使用 GPS，不仅能够快速而高效地确定地质点的精确坐标，将地质点准确地标定在地形图上，完成各种地质点的标定，而且还可以利用其求取多边形面积的功能，确定某种岩性岩石或地层的分布范围，完成地层界线或岩体范围的勾绘。手持 GPS 接收机辅助地质填图方法减少了很多人为主观判断的因素，大大提高了标定地质点的精度和工作效率，节省了大量的人力、物力和时间，因此，它已成为快速而高效地完成野外地质填图的最有力工具之一。

二、PDA 掌上电脑的功能及应用

（一）PDA 掌上电脑的功能

PDA（personal digital assistant），又称为掌上电脑，其最大的特点是具有开放式的操作系统，支持软硬件升级，集信息的输入、存储、管理和传递于一体，具备常用的办公、娱乐、移动通信等强大功能。因此，PDA完全可以称作一个移动办公室。一般情况下，掌上电脑是指带有Palm OS、Windows CE或者其他开放式操作系统，具有网络功能，并且可以由用户自由进行软硬件升级的微型掌上计算机。也就是说，用户除了扩展硬件以外，还可以加装软件，甚至可以自己开发程序在它上面运行。在使用上，它比台式电脑操作简单、移动方便、功能实用，消除了台式电脑的五大限制，即移动的限制性、使用的复杂性、移动联网的困难性、价格的昂贵性、用途的闲置性。

由于掌上电脑具有独立的操作系统，可以安装第三方软件和外接或内嵌GPS，可以与PC、GPS接收仪进行数据交换，为描述与管理复杂的地理、地质信息，为与GPS相结合的相关软件的开发提供了可能。例如，地图导航软件OziExplorer就是PC、PDA、GPS三者应用的经典结合。OziExplorer软件分为PC版与CE版（针对掌上设备如PDA等），操作简单，只要在PC机上将带有经纬度信息的图件扫描、校正，利用OziExplorer PC版赋予地理信息、标准，转换成PDA能够使用的数据，拷贝到PDA上就可以用OziExplorer CE软件进行导航，并可进行定点、导航和保存航迹、添加说明等，OziExplorer CE软件采集的数据也可以导入到PC机上进行编辑。20世纪80年代初至今，随着计算机软硬件技术的进步，各国不断探索开发能够应用于PDA之上的数字化地质填图软件，国外开发的软件如AGSOFieldPad、GSMCAD、Fieldlog、ArcPad等；国内的软件如GEOGIS、RGMAP等。RGMAP现在已成为数字化区域地质填图的行业软件。

（二）PDA掌上电脑在地质中的应用

传统的区域地质调查一直采用野外记录簿手写记录的工作方式，使用地质锤、罗盘、放大镜进行野外观察和研究。数据采集所涉及的信息种类多、内容复杂、信息量大，导致区域地质调查工作的传统方式越来越不适合当今信息时代的要求，极大地影响了地学数据采集的效率和精度。

针对地质行业野外工作时间长、地质数据量大、自然条件恶劣、需要野外标定地质点的特点，随身携带到野外的掌上电脑要求能够描述与管理复杂的信息，具有足够存储容量、体积小、质量轻、功耗低、待机时间长、抗震性能强、内嵌GPS的PDA掌上电脑（也可以外接GPS）。满足这种要求的设备构成最终实现野外地质数据采集信息化的硬件基础。

经过近几年的发展，可用于野外数据采集的掌上电脑，无论其物理性能，还是数据管理、处理与接口等性能，已经基本可以满足野外数据采集的要求。用于获取野外地质调查各类数据的小型手持式计算机装置，采用嵌入（或外接）GPS，可以运行Palm OS或Windows CE，并装入野外调查数据采集系统和数字地形图的掌上或平板电脑作为野外数据采集器。

随着计算机技术的快速发展，野外区调填图现已完全实现数字化，称为数字化地质填图。数字化地质填图是指在区域地质调查或科学研究中，应用GIS、GPS、RS等技术，结合计算机软硬件进行野外数据采集、建库、成图、管理和分析一体化数字作业。中国地质调查局从1999年开始，历时5年，于2004年开发的数字区域地质调查系统（RGMAP）主要针对野外数据采集、室内资料整理、成图、空间数据库，现已作为中国区域地质调查的行业软件推广使用，并取得了大量成果。目前把装有专门软件的掌上电脑、GPS和数码照相机合称为野外填图工作的新三件，从而实现野外数据采集的数字化。

采用野外数据采集器（PDA或平板电脑、照相机、录相机、GPS接收仪），直接在野外获取各类数字化的原始地质资料，与相配套的桌面系统一并，建立野外调查和室内鉴定、测试等手段形成的原始调查资料数据库,并通过室内资料综合整理,对地质、地理、地球物理、地球化学和遥感等多源地学数据进行综合分析和地质制图,形成地质调查的各类成果数据库和通用的数据库,可实现数字区域地质调查中的数据库共享。

第四节 野外地层的观察与描述

一、地层层序及地层划分

地层是与时间有成因联系的岩层。沉积岩的地层,由老至新,叠置有序,即地层层序。地层层序是在构造变动不强的地区,依据野外地层剖面观察研究和测量对比建立起来的。

显然地层的岩性组合和变化是复杂的,为了详细反映其特征,也为了与邻区对比,常将地层划分为不同类型和级别的部分,这些部分即地层单位,常见的地层单位有年代地层单位和岩性地层单位,前者分为宇、界、系、统、阶、时、带,后者分为群、组、段、层;此外还有生物地层单位。

年代地层单位是以地层年代为划分标准,其各级单位与地质年代完全对应,如三叠纪形成的地层称三叠系,余者类推。年代地层单位可以全球对比,其界面是等时的。

岩性地层单位是以岩性为依据划分的,其中组是基本单位。组可由单一岩性组成,也可由不同岩性规律组合而成,其特征是上下界面明确,易于辨认,在一定范围内相对稳定,可追索对比,有一定厚度,适宜于填图应用。群比组大一级,是指在成因上有联系的几个组的组合。比组小一级的单位称段。群和段的划分有时必要,但不是普遍要求的,也就是说,有时只划分出组,而不再划分群和段,当组的厚度不大、岩性单一、变化不大时,往往如此。组、群以及段往往依最初研究地点而命名,如嘉陵江组、雷口坡组。

层(或岩层)是最小的岩石地层单位,是野外观察描述的基本对象,也就是说,组(或者段)被进一步划分为若干层;相反,若干具有某些共同特征的层组合成组(或段)。

层的划分一般取决于剖面观察研究的精细程度(路线观察的详细程度或剖面测量比例尺的大小),同时,还遵从聚类原则。研究详尽,则比例尺大,分层厚度小;反之,比例尺小,分层厚度大。一般图上1mm所代表的厚度应分层观察描述。如剖面丈量的比例尺是1:5000,则5m厚度岩层应划分出描述。聚类原则是指同层内的差异尽可能小,不同层之间差异尽可能大。因此,岩性单一时分层厚度往往远大于比例尺规定的最小厚度;而遇重要岩层(如矿层、标志层)时,即使厚度小于比例尺的规定,也应单独划分,详细描述并在图上夸大表示;当比例尺很小且概略研究地层时,可将一个段或一个组,甚至一个统作为一个层来描述。在沉积相研究时,分层应充分考虑地层的成因,应将同一成因的岩石划在同一层内。

近年来出现过不遵从聚类原则而按一定的相同厚度划分层的报道,比如一个组,按10m或20m的厚度划分为若干层。此种等厚分层方法,也许更适于计算机处理,不过此方法现今在生产中尚未获得较多应用。

一个岩性地层单位也代表一段地质时代,不过其起讫没有严格要求,也就是说,岩石地层单位往往是穿时的,其界面不是等时面。

岩性的特征和差异,易于观察对比。岩性与石油、天然气、煤和石膏等矿产息息相关。某些岩层本身即是矿产资源。因此,岩石地层单位的划分与对比,是地质工作中最基础且必不可少的工作项目。

二、研究地层的主要方法和步骤

对地表地层的研究，主要采用剖面测量的方法。当概略了解地层特征和层序时或了解地层在平面上的变化时，也可采用路线剖面观察的方法。二者实质相同，唯精细程度有异。二者都要进行分层，并逐层观察描述、采样。但剖面测量时，分层细、观察详、样品多，厚度用尺子或仪器测量计算确定；路线剖面分层粗且少，厚度用目测或计步或图解法确定，因而效率高费时少。实际生产和科学研究时，常将二者结合起来，即布置测量剖面一条（或二、三条），再安排若干路线剖面，将精细观察同概略了解结合起来，以达省费高效的目的。

在地层被掩盖的地区，以钻井剖面和测井曲线为研究对象。一个钻孔，相当于一条垂向剖面。在掩盖地区，还常凭借地震曲线剖面来研究地层的特征和纵横变化规律，这恰是物探工作的重要内容之一。

生产中往往将地表实际测量剖面与钻井剖面和地震剖面结合起来研究地层，以相互补充、相互印证，提高地层研究程度，指导生产。

依据剖面测量工作条件和特色，地层研究可分为野外作业和室内整理研究两个阶段。

野外作业包括剖面踏勘选择、剖面布置、剖面分层、观察描述和厚度丈量、标本样品的采集等工作。

室内整理研究包括样品和化石鉴定、地层厚度的计算、文字资料整理、地层单位的划分、地层特征和层序剖面的归纳总结、地层柱状图的编绘、地层剖面总结的编写与邻区剖面对比等工作。

剖面测量的工作内容、方法、步骤、人员组织、注意事项等见第四章有关部分叙述。

三、野外地层的观察与描述方法

野外地层的观察与描述是以层为基本单位进行的。层是由岩石组合而成的地质实体，具有一定的岩性、岩性组合、生物化石（哪怕数量极少）、厚度、接触关系、出露地点、产出状态、展布方向、纵横变化等特征。这些均是观察描述地层的内容。显然，地层与岩石不同，岩石的描述内容只是地层描述内容的一部分，地层的描述内容比岩石的描述内容丰富得多、全面得多。具体说来，地层的描述可按以下顺序观察记录。

（一）剖面位置（实际测量剖面或路线剖面的位置）

剖面位置含剖面起点、剖面方向、经由地点、终点位置，可依据实际地名从地形图上确定。精确研究时，还应确定起、讫点的坐标，附剖面位置平面图。剖面方向一般由老至新，尽可能垂直地层走向。此外，剖面观察（或测量）的日期、天气、观察记录人员也应逐一记录。

（二）分层及丈量厚度

可根据岩石的性质，以及颜色、成分、结构、构造、生物化石、缝洞、含油气水情况，进行分层描述，并丈量厚度。

分层的详细程度应与地质调查的目的相适应，原则上，按规定交出地层柱状剖面图的比例尺，凡在图上达到1mm以上厚度的岩性等有显著变化的地层，就应单独分层描述、丈量厚度。例如，规定交出的地层柱状剖面图的比例尺为1:1000，则厚度达到1m的岩性等有显著变化的地层应单独分层描述、丈量厚度。

有特殊意义的层段根据需要可更细分。

在细分层描述的基础上，可根据岩性变化及沉积特点，把小层合并成大层进行综合描述。当两种岩层相间出现时，根据其间互层情况，可用下列名称表示：

(1) 等厚互层：厚度比为 1/1~1/2；
(2) 约等厚互层：厚度比为 1/2~1/3；
(3) 不等厚互层：厚度比小于 1/3；
(4) 夹层：以一种岩层为主，另一种岩层夹于其中，次岩类的厚度小于主岩类厚度的 1/4。

(三) 地层描述

地层描述的内容要有顺序，为了收集资料齐全、整理资料方便，常根据调查目的拟定描述提纲和次序。在开始描述之前，一定要注明描述方向，是从新至老或从老至新。地层描述顺序如下：

(1) 岩石名称；
(2) 颜色；
(3) 层状；
(4) 岩石成分；
(5) 岩石的组织结构；
(6) 岩石的物性；
(7) 岩石的构造；
(8) 与上下岩层的接触关系；
(9) 岩体的形态及变化；
(10) 动植物化石。

此外，还有空隙及缝洞特征，含油气水情况等也应描述。

应逐层观察描述组成层的岩石类型、组合和分布特征，所含化石种属、丰度及保存情况，接触关系及其变化规律，测量产状，采集标本，素描，照相，并做相应记录。尤其应注意采集生物化石，以便可靠地划分地层时代。

(四) 厚度及变化

与岩性特征一样，沉积岩地层的厚度也是地层观察描述的重要指标，是图件制作的重要依据。因此，对每一层段描述完成后应标注厚度，以示重视和醒目。用目测法或用仪器、半仪器法测量确定厚度，依观测精度而定。同时对地层厚度进行一定范围内观察，了解其厚度变化情况并做记录。

(五) 附随手剖面图

精确测量时附实测剖面图，以直观表明地层层序及关系，随手剖面图应该在野外进行，应包括地层产状、地层岩性、剖面方位等（图3-7）。

地层描述务必客观准确、全面详尽，同时力求文字简练、形象生动。在一条剖面中已描述过的地层，再次重复出现，可以仅描述其差异，无差异时，记录"同××层"即可，观察描述一般记录于野外地质记录簿中，剖面结束应有文字小结。

地层的观察记录也可按构造地质填图时地质路线和地质点的方式记录，例如：

×××年×月×日　星期×　天气晴转阴

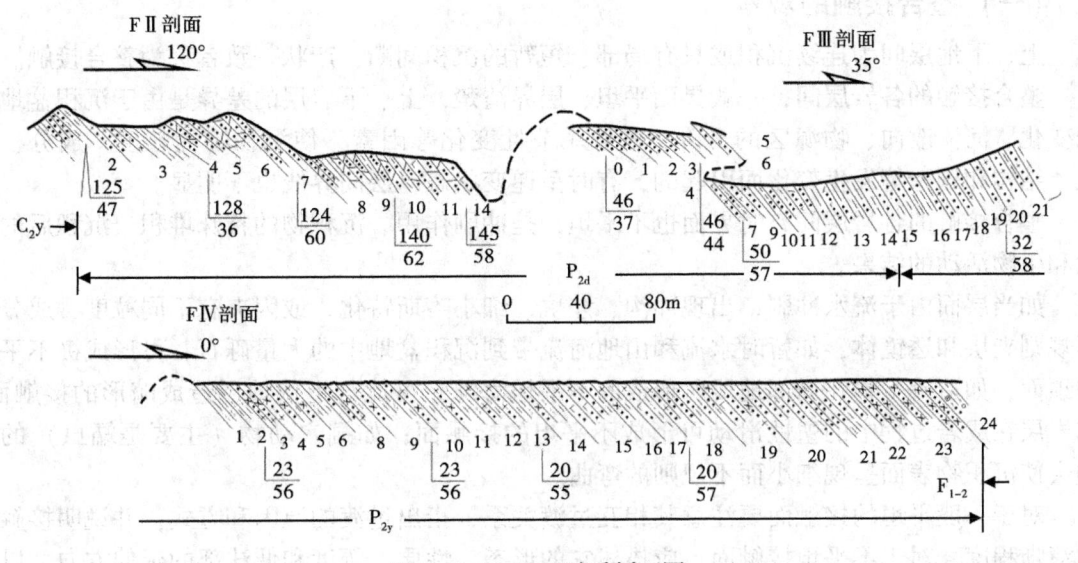

图 3-7 ××地区随手剖面图

描述人：××××××
路线剖面位置：起点——××县××乡向阳村南 80m
沿北西 320°方向小路
终点——××县××乡马王店北 100m
……

3 层，浅褐灰色薄至中层状细粒砂岩夹同色薄层粉砂质泥岩（层）。中细粒砂岩含量约 80%，单层厚 5~40cm；以石英（屑）为主，粒径 0.2~0.6 mm，分选中等至好，次圆状，长石（屑）和岩屑少量；可见板状斜层理，层系厚 5~10cm，层系界面平直，细层平直，倾向 270°~300°，倾角 38°~47°。粉砂质泥岩，单层厚度数厘米，下部居多，向上减少，显示向上变粗变厚的层序。厚 35m，基本稳定，与下伏地层整合接触，分界清楚。产状 315°∠30°。标本，R18，砂岩，具斜层理，采自本层上部。

……

10 层，同前述 3 层。砂岩与泥岩比例为 7:3。下部泥岩中偶见瓣鳃类化石时，微碎状。厚 20m，产状 310°∠28°。

……

13 层，浅褐黄色薄层夹中层砂岩（层）。细砂岩含量为 95%，单层厚 5~12cm，以石英（屑）为主，含少量长石，粒径 0.1~0.2mm，分选好至中等；沙纹层理发育，层系厚 2~5cm。含少量泥质粉砂岩，单层厚 1cm 左右，局部显示水平层理，二者渐变过渡。厚 30m。产状 320°∠30°。

……

四、野外地层接触关系的观察

野外地层接触关系是重要的地质现象，它对于地层对比，研究地质构造发展史、油气运移等均有重要意义，应当重视。

（一）整合接触的观察

上、下地层间为连续沉积或只有局部、短暂的沉积间断，产状一致者称为整合接触。

整合接触的各岩层间，一般界面平坦、层界清楚，上、下岩层的差异是由于沉积盆地深浅变化、河流改向、物源区的升降、气候季节性变化等因素，使沉积物的粒度、成分、颜色、结构和构造等发生变化而引起的，有时呈递变状态，层间界线也不明显。

整合接触的各岩层间有时界面也不平坦，是冲刷作用、沉积物的特殊堆积、沉积后的变化和生物活动的结果。

如当层面由于流水冲刷，出现冲沟、洼坑、细小喀斯特化，或因夹有不同粒度、成分的不规则夹层和透镜体；如暂时水流和山地河流带到沉积盆地中的大量砾石，可形成极不平坦的顶面；如造礁生物在局部地段所形成的不平坦海滩，可能与上伏地层造成畸形的接触面；如岩层在成岩过程中的塑性滑动可形成不平坦的接触面；如掘穴动物（主要是蠕虫）的活动会使沉积物表面呈现细小而不规则的弯曲。

对于一般平坦的接触面要注意其相互过渡关系，指出过渡的原因和方式，并说明接触面的清晰程度。对于不平坦接触面，应描述它的形态、性质、幅度和低洼部的延伸方向，以及不平坦接触面上物质的分布情况并判断其成因。

（二）不整合接触的观察

在大区域内，上、下地层之间有长期的沉积间断称为不整合接触。

上、下地层产状一致的不整合称为平行不整合（或假整合）；上、下地层产状不同的不整合称为角度不整合。

野外鉴别不整合的主要标志有以下几种：

(1) 不整合面之下的临近地层有缺失（非构造因素），残存厚度不等。
(2) 不整合面上、下地层的沉积相发生突变。
(3) 接触面上、下化石群突变或生物演化过程发生间断。
(4) 接触面上、下地层中的矿物组合、含量以及其他岩性特征发生突变。
(5) 有明显起伏不平的风化剥蚀面。
(6) 有风化壳、残积层、燧石风化带及底砾岩的存在。
(7) 接触面上、下地层的断裂发育强度不同，接触面以下地层中的断裂不切穿接触面以上的地层。
(8) 接触面下有被剥蚀的岩浆岩侵入体，而上伏岩层又无热变质现象。
(9) 角度不整合面上、下地层的产状不同。

野外描述不整合时应说明不整合面的明显程度，上、下地层的岩性和时代，有无风化壳和风化矿产的形成，不整合的分布范围，测量侵蚀幅度和上、下岩层的产状，确定其性质和间断时间，并分析产生的原因。

区域上，不整合面下伏地层的残存厚度不一，是不整合接触的有力证据。

本区地层茅口组与龙潭组第一段以及雷口坡组与须家河组第一段为假整合接触。

雷口坡组与须家河组的假整合接触表现为：不整合面下伏雷口坡组残存厚度在西南地区各地不等。在华蓥山地区雷口坡组残存厚度为66m，而在川西北厚达150m，重庆中梁山为50m，南温泉为0m，不整合面上、下地层的产状一致。

五、实习区内常见地层

要求熟悉实习地区内出露地层的主要地层单位的名称、基本特征、时代及其层序，通过地层路线观察，学会观察描述地层的基本特征，学习绘制随手剖面图。

实习区内主要出现二叠系上统龙潭组、长兴组地层；三叠系下统飞仙关组、嘉陵江组，中统雷口坡组，上统须家河组地层；侏罗系自流井组、沙溪庙组地层（表3-1）。

表3-1 实习地区地层简表

界	系	统	组	段	厚度 m	岩 性
中生界	侏罗系（J）	中统（J_2）		上沙溪庙组（J_2s^2）	>790	紫红泥岩、砂质泥岩与紫灰绿长砂岩不等厚互层
				下沙溪庙组（J_2s^1）	386	紫红色泥岩与青灰色、黄灰色长石砂岩不等厚互层
		中下统（J_{1-2}）	自流井组（$J_{1-2}z$）	凉高山段（$J_{1-2}z^5$）	120.9	灰绿色粉砂质泥岩夹泥质粉砂岩、石英砂岩、上部夹石灰岩
				大安寨段（$J_{1-2}z^4$）	51.6	灰色介壳灰岩与灰绿色页岩不等厚互层
				马鞍山段（$J_{1-2}z^3$）	123.3	紫红色灰质泥岩夹粉砂岩及细粉石英砂岩
				东岳庙段（$J_{1-2}z^2$）	52.8	深灰色页岩、杂色泥岩夹薄层介质灰岩
				珍珠冲段（$J_{1-2}z^1$）	145.7	紫红色泥岩夹灰色粉砂岩及细粉石英砂岩
	三叠系（T）	上统（T_3）	须家河组（T_3x）	第六段（T_3x^6）	147.8	浅灰色细—中粒长石石英砂岩
				第五段（T_3x^5）	71.1	杂色泥岩、页岩夹细、粉砂岩及煤线
				第四段（T_3x^4）	102.7	灰色中粒岩屑石英砂岩
				第三段（T_3x^3）	11.4	页岩、粉砂质页岩夹泥质粉砂岩及薄煤层
				第二段（T_3x^2）	27.3	浅灰色中粒岩屑长石石英砂岩
				第一段（T_3x^1）	102.4	灰褐色泥、页岩夹砂岩及煤线
		中统（T_2）	雷口坡组（T_2l）	第一段（T_2l^1）	66.6	灰色砾屑灰岩、泥晶白云岩夹溶塌角砾岩，底部为水云母黏土岩（绿豆岩）
		下统（T_1）	嘉陵江组（T_1j）	第四段（T_1j^4）	116.9	灰白色泥晶白云岩，石灰岩夹溶塌角砾岩
				第三段（T_1j^3）	143.4	灰色泥晶灰岩、泥纹泥晶灰岩夹少许砾屑灰岩
				第二段（T_1j^2）	79.4	白云质灰岩、白云岩夹溶塌角砾岩及少许页岩、泥岩
				第一段（T_1j^1）	244.1	泥纹泥晶灰岩、泥晶灰岩夹少许砾屑灰岩、砂屑灰岩
			飞仙关组（T_1f）	第五段（T_1f^5）	46.5	紫红色泥灰岩、页岩夹薄纹层灰岩、砂屑灰岩、泥晶灰岩
				第四段（T_1f^4）	144.0	泥晶灰岩砂屑灰岩、鲕粒灰岩不等厚互层
				第三段（T_1f^3）	209.0	紫红色钙质泥、页岩夹砂屑灰岩、生屑灰岩
				第二段（T_1f^2）	32.0	灰色细粒鲕粒灰岩及深纹层灰岩
				第一段（T_1f^1）	74.2	紫红色钙质泥、页岩夹砂屑灰岩、生屑灰岩

续表

界	系	统	地层系统 组	段	厚度 m	岩性
古生界	二叠系 (P)	上统 (P_3)	长兴组 (P_3ch)		105.3	深灰色泥晶灰岩、生物泥晶灰岩、局部夹生物礁灰岩
			龙潭组 (P_3l)	第五段 (P_3l^5)	90.5	页岩、泥质粉砂岩不等厚互层,类菱铁矿结核
				第四段 (P_3l^4)	10.1	灰黑色白云岩硅质生物灰岩类硅质层
				第三段 (P_3l^3)	28.2	页岩、泥质粉砂岩互层类煤层
				第二段 (P_3l^2)	4.3	硅质、钙质生物白云岩、白云质灰岩
				第一段 (P_3l^1)	65.7	页岩、泥岩、粉砂岩夹煤,底部为玄武黏土岩
		中统 (P_2)	茅口组 (P_2m)		187.7	含燧石团块生物泥晶灰岩、生物灰岩、洞缝发育
			栖霞组 (P_2q)		155.6	深灰色石灰岩夹沥青质页岩
		下统 (P_1)	梁山组 (P_1l)		3.2	灰绿色黏土岩、钙质泥岩夹页岩和煤
	石炭系 (C)	上统 (C_2)	威宁组 (C_2w)		5.6	黄至浅黄色含钙白云岩、角砾状白云岩
	志留系 (S)	中统 (S_2)	韩家店组 (S_2h)		54.8	灰绿、紫红色细砂岩、粉砂岩、泥质灰岩、局部礁灰岩
		下统 (S_1)	小河坝组 (S_1x)		358.0	灰绿色砂质页岩夹粉砂岩
			龙马溪组 (S_1l)		66.0	灰绿色页岩,下部夹黑色页岩
	奥陶系 (O)	上统 (O_3)	五峰组 (O_3w)		5.8	黑色页岩及薄层硅质岩,含笔石
			临湘组 (O_3y)		3.0	浅灰色中厚层状泥灰岩,含星散状黄铁矿
		中统 (O_2)	宝塔组 (O_2b)		50.2	灰色石灰岩、龟裂纹
			十字铺组 (O_2s)		27.7	泥灰岩夹薄层砂岩及页岩
		下统 (O_1)	临潭组 (O_1l)		179.1	页岩夹少许薄层砂岩
			红花园组 (O_1h)		16.1	石灰岩及生物碎屑灰岩
			桐梓组 (O_1t)		103.7	页岩与白云岩、泥灰岩不等厚互层
	寒武系	中上统	洗象池群 ($\epsilon_{2-3}xx$)		>358.0	浅灰、灰白色中—厚层白云岩

第五节 野外地质构造观察与描述

野外地质现象很多，第四节中详细讲述了与沉积岩和沉积地层有关的众多地质现象的观察与描述。本节着重讲述对野外地质构造的研究步骤和观察要点。

本次实习要求学生了解并熟悉野外地质填图的主要程序及观察与描述内容；熟悉常见地质构造的野外识别标志。

一、野外地质填图

野外路线观测是研究地质构造的主要途径，而地质填图是研究地质构造的基本方法。为保证地质图质量、提高填图效率，常常需充分利用航空照片、卫星照片图像解译成果，充分利用钻井、槽探等地质勘探手段取得资料。野外地质填图的工作程序大致分为：

(1) 野外踏勘；
(2) 实测地层剖面；
(3) 填绘地质图；
(4) 室内资料整理及地质图报告编写。

关于野外踏勘、实测地层剖面见第五章；填绘地质图及室内资料整理详见第六章第一节至第七节；基本文字报告编写见第六章第八节。

二、常见地质构造观察与描述

（一）褶皱

为查明工作区域褶皱的特征，应着重以下内容的观测与描述记录：

(1) 注意每条穿越褶皱的路线上，两翼出露地层的顺序、岩性、厚度及产状。

(2) 尤其注意褶皱转折端（核部部位）的岩层岩性及产状，因为转折端处的层序总是正常的，据此可以确定两翼层序是正常的还是倒转的，进而正确判断褶皱的类型与形态。

(3) 在穿越褶皱的路线上，注意不同层位及不同高度岩层倾角的变化，结合同一岩层厚度在褶皱不同部位的变化特征，确定褶皱中各地层的几何关系，判断褶皱的类型（平行褶皱、相似褶皱、顶薄褶皱）。

(4) 深入观察、测量褶皱内部的小型构造（如小褶曲、小断裂、小节理、小型层间滑动等），为解决褶皱形成时间、褶皱形成的应力特征等问题提供资料、素材。

(5) 辅以追索法，对褶皱枢纽产状进行分析观测。某些露头良好的小型褶皱，常常可以从露头直接测量褶皱枢纽的位置和产状。对露头不完全、规模较大的褶皱，往往需要系统地测量两翼对应岩层的产状，通过几何作图或赤平投影的方法来确定枢纽的位置及产状。

(6) 注意褶皱出露形态轴线（轴迹）在地表上展布特征的观测。褶皱在地面的出露形状和轴线位置，与褶皱本身的形态、产状和规模有关，还与地面的坡向、坡度有关，即褶皱在地面上的出露形状，是褶皱与地面交线的"形态"，这个形态常常是不完整的，甚至是被歪曲的形象。因此，必须通过褶皱不同位置、不同方向出露形象的综合分析，结合赤平投影和几何作图法，方可揭示褶皱真实的空间形态和产状。

(7) 绘制褶皱横剖面图和横剖面图系列。利用剖面图来表示褶皱的特征，是常用的重要方法。不过，一个横剖面图只反映该剖面上的褶皱形态和特征，用此，常将褶皱分为若干个不同区段，分区段绘制横剖面图，组成横剖面图系列，再结合地质图及路线观测资料综合研究，就能了解褶皱在三维空间的整体形态及在不同区段内形态的变化特征和变化规律，也能了解褶皱枢纽在空间上的变化规律。

野外教学中，由于手段及时间的限制，上述内容可依据情况作适当取舍。

（二）断层

断层观测的内容有断层的识别标志、断层产状等其他特征的观测及确定断层形成的时代和演化过程。进而探讨断层的组合、形成机制及产生的地质背景和物理环境。

1. 断层的识别标志

断层的识别标志为地层分界线或褶皱轴线不连续，即褶皱轴线、地层界线的错断或突然中断。

地层的重复与缺失，注意与不整合的缺失、褶皱的对称重复相区别。

断层伴生构造标志包括：（1）擦痕，利用擦痕判断两盘相对运动方向是靠手的感觉。手摸其光滑方向即为对盘的运动方向。有些擦痕，可形成较深的刻槽，在垂直刻槽的方向上形成一道道的"梯坎"，称为阶步。阶步由陡至缓的方向，指示对盘的运动方向。（2）构造岩，常见的有断层角砾石、糜棱岩、碎裂岩等类型，主要分布于断裂带内，因此其出现通常是断层形成的证据。（3）牵引褶曲，是在断层两盘相对错动时，断层面两侧岩层发生韧性弯曲的结果，通常弧凸方向指向本盘的运动方向。（4）羽状张裂隙，是发育在断层上、下盘内的斜列式张性裂隙，靠断层面的一端撕开距离较大，而远离断层面一端呈闭合，由于两盘错动，使张裂隙斜交于断层面或断层带的方向，且锐交角指向本盘运动方向。（5）脉状矿体，是由于断层（断裂带）被强烈挤压、揉搓产生局部高热，致使某些矿液（常见有方解石、石英等）在断层破碎带中局部聚集结晶沉淀，形成的脉状矿物集合体，它的延伸方向往往与羽状裂隙一致，有时形成规则排列的脉状雁列带。其他标志，主要是指与断层有关的地貌、水文方面的标志，如断层泉、三角断裂层面、断层陡崖等。

2. 断层产状等其他特征的观测

断层的产状是指断层面或断层破碎带的走向、倾向、倾角等数据，进而确定断层的上盘和下盘，同时尽可能测量断层擦痕的产状，确定断层面的滑动方向与侧伏角。

在查明断层产状及上盘与下盘的前提下，观察上盘与下盘出露地层的岩性与层位，分析两盘的相对运动方向，确定断层的性质（正断层、逆断层与平移断层），找出上、下盘的对应层面及对应点，测量地层断距及滑移距离，进而分析其水平断距及垂直断距。

通过路线观测，同时辅以追索法，查明断层线在地表的延伸及展布情况、所切穿断开的地层、出露长度、消失点的地层层位及岩性等特征。同时了解断层在不同地段的产状、断距、上下盘出露地层的变化情况。一些大型断层的产状、断距、切穿及出露地层常常随地段的不同而异，甚至断层的性质也会有巨大的改变，了解这些变化是断层研究的主要内容之一。还需全面了解断层与褶皱的关系，确定断层属于纵、横断层，还是斜断层；观察相邻断层之间的交切及组合关系，分析和判断断层的力学性质、形成机理及组合规律。

总之，断层是研究观测地层构造中最重要的内容之一，必须给予高度重视。

第六节 野外岩石及化石标本和样品的采集方法

野外岩石及化石标本和样品的采集，是野外现场的一项重要工作。标本和样品供室内陈列和进一步研究分析鉴定之用，以弥补野外观察的不足。在岩石观察研究时，主要采集供磨制岩石薄片的标本和样品。

在路线地质、剖面测量等野外工作中，也要采集相应的标本和样本，本次实习仅练习采集方法而不收集标本。

一、标本和样品的采集原则

（1）标本和样品的采集必须首先明确目的和任务。对要解决的地质问题，从需要与可能出发，以最少的工作量、最小的投资，取得较多和必不可少的成果，达到较好的实际效果。

（2）采集的各类标本、样品必须具有代表性。采集对象准确，数量恰当合理。

（3）采集的标本、样品应尽可能新鲜和有代表性，并要及时做好编录描述及整理。

二、标本和样品的采集方法

（1）采集标本的规格以能反映实际情况和满足切制光片、薄片及手标本观察需要为原则。代表测区岩石、地层单位的实测剖面上的陈列展示标本一般要求 $3 \times 6 \times 9 cm^3$。岩矿鉴定标本可适当减小。对于矿物晶体、化石、反映特殊地质构造现象的标本，可视具体情况而定。

（2）定向标本：要求在露头上选择一定的平面，用记号笔画上产状要素符号（如→125°），然后再打下标本。为保证标本上有定向线，可在定向面上多画几条平行的走向线，以便敲上标本后，据以描绘产状符号。定向标本一般不必整修，用记号笔标注定向线后，编上号码，填上标签，并用麻纸（一种软而韧的包装用纸）包好，包装纸外也注明号码。

（3）岩石全分析样品：应选择新鲜、无风化、无污染的岩石露头采集，可采用捡块法。对侵入岩可根据不同单元采集；对沉积地层，应垂直地层、厚度连续打块，或按一定网络打块，然后合并为一个样。样品重量一般不少于2000g。采集全分析样品应同时采集岩石标本、薄片、微量元素样和稀土元素样。

（4）微量元素样、稀土元素样等应采集新鲜、无风化、无污染、有代表性的岩石作为样品。

（5）其他样品采集：需根据设计和相应样品的测试要求，按照一定的规格、数量和方法，采集符合要求的样品进行测试鉴定。

三、标本和样品的编录和整理

（1）采集各种标本和样品均应有原始记录资料，同时在相应的图件文字登记表格上注明采样位置、编号，并填写标签包装，按类别、系统分别装箱，放入清单、送样单，及时送出。

（2）作岩矿鉴定的标本要涂漆上墨编号。切记因在样品、标本上涂漆上墨，造成人为污染。

(3) 对返回的测试鉴定报告，应及时整理、编录、分类清理，决定采纳取舍，并反馈到相应的样品标本登记表、送样单、野外记录、样品分布的各种实际材料图、剖面图、柱状图上。

(4) 对于与野外认识有较大分歧的分析鉴定结果，室内也无法协调统一时，应及时向有关负责人汇报，研究处理，复查原因。

(5) 送出分析鉴定及磨片加工的标本、样品，都要分类填写送样单，一式3份，其中1份自留，作编录底稿；1份送分析及加工单位；1份随样品标本箱。

(6) 对制作薄片、光片、定向切片的标本，需在标本上画上切制部位和方向；送出鉴定和加工的片子，必须在送样单上逐项填写要求和鉴定加工项目。

(7) 要及时对标本、样品的鉴定测试结果进行分析研究，与野外观察描述、各种图表及编录登记进行核对。

第七节　野外地质现象素描及野外照相方法

一、野外地质现象素描

在野外地质考察和野外地质填图时，除文字描述外，必须要求测绘路线随手剖面图和各种地质素描图，以准确生动地表达地质现象，并与文字描述相互印证。用素描图表达的地质现象通常有地层的接触关系、古生物化石、沉积构造、褶皱构造、断裂构造、地貌等。

野外地质现象素描要求重点突出，各类地质体的接触关系清楚，地质要素齐全，标绘准确、整洁。一幅素描图要有比例尺、作图方位、岩性、产状等内容，并尽可能真实地反映地貌、地物特征。地质素描还应进行统一编号。

在野外填图过程中，野外地质现象素描是一项有着重要意义的工作内容。它可以准确地、真实地、直观地取得第一手地质资料，可以起到文字描述所不能起到的作用。许多描述不清的问题，只要附上一幅素描插图，事情就一目了然。野外地质现象素描常有两种表达方式：一种是横剖面的简单地质素描或平面素描，突出某一个地质现象（图3-8）这一种缺乏空间感，但花时要少，容易掌握，只需寥寥数笔即可说明问题；另一种是静物写生式的立体素描，其优点是空间形象强（图3-9、图3-10、图3-11、图3-12），但花费时间多。

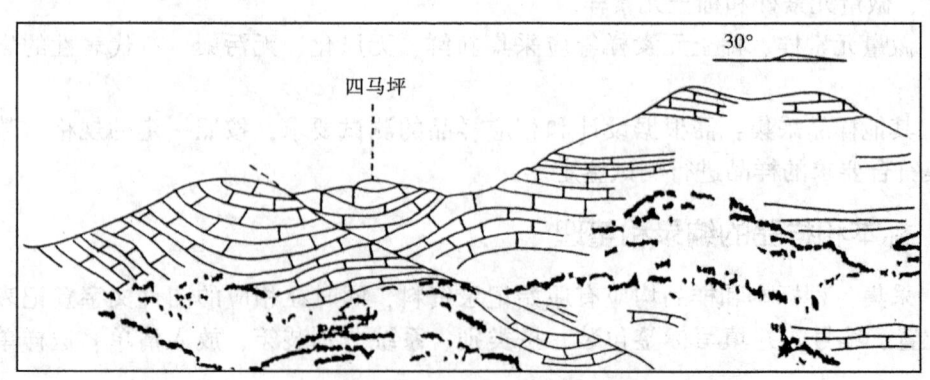

图3-8　石灰岩中发育的逆断层及褶皱

图 3-9 和尚向斜素描（该向斜为圆弧形，核部由下三叠统泥晶灰岩组成）

图 3-10 温塘峡背斜素描（圆弧直立褶曲）

图 3-11 观音峡背斜素描（据乐光禹等，1996，有修改）

二、野外照相方法

野外照相是对地质现象记录的另一种表达方式，具有快速、客观、准确的特点。目前使用的照相机分为光学相机和数码相机两类。

（一）摄影仪器

1. 光学相机

光学相机是通过胶片感光成像的，其成像精度高，能将很细微的地质现象反映出来。比如光学相机在拍摄古植物化石的支脉、盲脉以及纹饰时，只要合理用光会达到非常好的拍摄

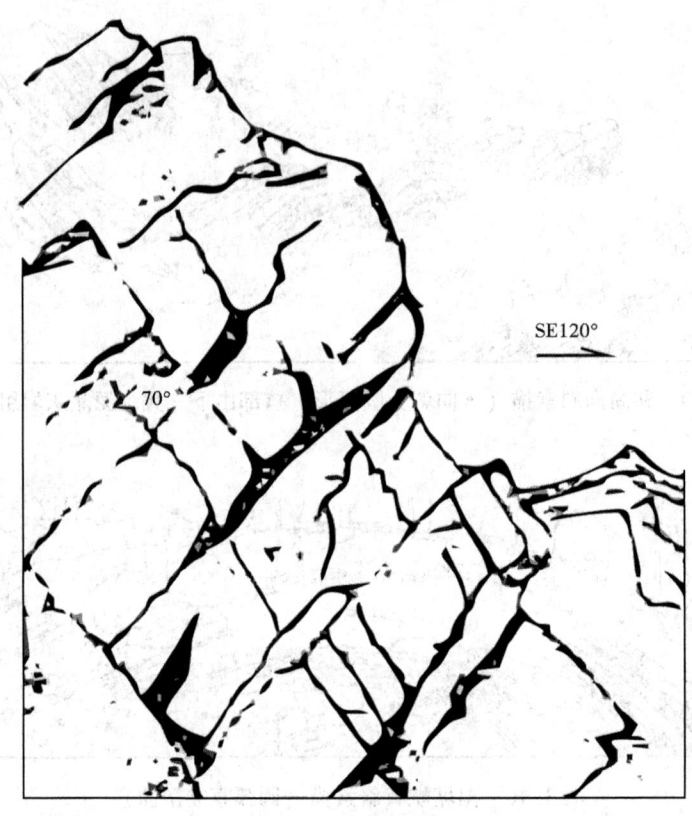

图 3-12 共轭节理系

效果。但掌握技术高、难度大,需要时间、快门、光圈的协调配合,而且拍摄时需要极高的稳定性才能达到满意的效果,通常用于专业摄影中。

光学相机的室内制作技术也较数码相机复杂,需要有目的性地配制相应的冲洗、显定影药水。

2. 数码相机

数码相机是以数字记录形式成像为原理的拍摄仪器,具有快速、准确、高效、拍摄量大和存储量大、价格相对便宜、携带使用方便的优势,深受大众青睐并广泛应用于野外。数码相机在拍摄野外地质信息时,在利用自然光原理方面与光学相机类似。

(二)摄影方法与技巧

(1) 光学相机拍摄古生物化石的摄影技巧主要体现在合理用光上。要注意光的强弱和光源方位,宜将被摄纹饰的平行方向与光源传播方向垂直,避免用顶光照射。

(2) 在野外拍摄岩石照片时,尽量选用清洁的暴露不久的风化面进行。尤其是碳酸盐岩的结构组分最容易在风化面上清楚地暴露出来。

(3) 不能使用逆光拍摄地质信息。

(4) 地质信息摄影,其画面中必须有参照物。参照物用于比对被摄物的大小,起标尺的作用。参照物通常是标尺,也可以是榔头、铅笔、硬币等。对于地貌、大型沉积构造或大型地质体的拍摄,可以人作参照物(图 3-13)。

图 3-13　地质信息摄影示意图

（三）照片制版规则

照片制版的先后排列顺序是，先动物化石后植物化石；先古生物后岩石再构造。在同一版面中地质个体的摆放位置是下大上小，最大者置于左下角或右下角。每一张图片必须配有说明。

第八节　野外地质工作研究的一般步骤

野外地质工作研究的一般步骤为：

（1）明确工作任务、目的和要求。

（2）根据工作的目的与任务收集有关资料，了解过去的研究程度、已取得的成果和存在的问题，编写工作提纲。

（3）剖面的选择和准备。

野外工作开始时，首先应概括了解露头分布、地质构造、岩性变化趋势和地形地貌等特征。在此基础上，选择露头完好、构造简单、地层倾角适中，具有一定代表性的化石，交通方便、地形条件较好的剖面。

（4）分层描述和地层对比。

根据岩性特征、沉积韵律、标准化石或化石组合逐层丈量和单层的细致描述。

若有覆盖，可采用"揭层"或剥土的办法解决。若因断层而使得地层复杂化，必须先搞清构造关系，将各层顺序连接起来后再进行描述。也可以适当采用几个短剖面，用明显的标准层将其连接起来。

（5）建立地层层序。

建立地层层序是研究地层剖面和地质构造的先决条件。鉴别地层层序是否正常，可根据沉积岩的构造、岩性和化石等标志。

岩层层面特征是确定地层顶底面的良好标志，如干裂、动物爬痕、洞穴、雨痕、冰雹痕和流痕等只能形成于地层的顶面，其上覆层的底面形成相应的凸起印模。

动物的钻孔和洞穴中的充填物必然与上覆地层的物质相同，如果发现某层中有被下伏地层物质所充填的孔洞，可判断该层是倒转的。

波痕的波峰朝向地层的顶面。

斜层理的细层的弧形弯曲凸部朝向层的下部，而且底部的物质较粗。斜层理被切割部位朝向层的顶面，其收敛部位指示岩层的底面，即细层与顶面的夹角大于与底面的夹角。

正韵律层中的碎屑物质自下而上由粗变细，韵律层底面总是较顶面清晰，而且往往有侵蚀痕迹。

观察生物化石的埋藏性质和生物遗迹也可以用来确定地层顶底面。通常腕足类、瓣鳃类残壳在流水介质中，往往凸面朝上，并呈定向排列。原地生长的植物根化石，根部指向地层底面。

（6）实测地层剖面。

实测地层剖面的目的是量化确立工作区地层层序，为地质填图、区域地质构造研究、沉积相分析、矿产地质勘探等提供研究依据。确定地层层序和实测地层剖面可以说是一切地质工作的基础，实习中必须认真对待。实测地质剖面的方法详见本章第九节。

（7）地质填图。

地质填图是在实测地层剖面和建立地层层序的基础上，以地形图为底图，将区内所有地质现象用图件语言如实记录于图中的综合性平面图。地形地质图是地质填图的成果，是一切地质工作研究的基本图件，常在地质报告中编排为"1号图件"。实习中应认真对待。地质填图的方法详见第五章。

（8）进入目的工作程序。

地质工作者在确定地层层序、实测地层剖面、地质填图后，对工区地质情况有了总体掌握，继而可根据工作目的进入下步工作程序，如石油地质勘探、煤田及其他矿产、水文地质、工程地质、灾害地质勘查等。对进入具体的勘探程序，也必须按国家矿产资源勘探规范和下达的任务书先作勘探设计、经费预算，经审批后再实施。

（9）提交地质报告。

地质报告是地质工作成果的总结，一个完整的地质报告应由文字报告、图件、附件三大部分构成，均应做到阐述问题真实、客观、正确。提交的内容包括基础内容和目的内容两大部分。基础内容主要有序言、地层及地层对比、构造，参见本书第一章；目的内容要以国家标准条例为依据，围绕这项工作的重心来展开编写，目录编排视不同的地质项目特点而定，目的内容常置于基础内容之后。

第九节　实测地质剖面的目的、要求和方法

一、实测地质剖面的目的

在某一地段内，沿一定方位实际测量和编制地质剖面图是一项重要的基础地质研究工作，也是对工作区内地层时代、层序、岩性特征、厚度、古生物演化特征、含矿层位和接触关系等进行综合研究的手段。在实测剖面工作中，凡是剖面线所经过的所有地质现象都要进

行观察描述；各种地质数据和资料都要进行测量和收集；所涉及的地质问题都要进行详细研究。研究内容包括沿剖面线的地形变化；各时代地层的岩性特征及厚度；古生物化石层位及所含化石的种属特点；地层的接触关系；系统采集岩石标本及化石标本，采集各种分析样品待室内进行分析研究；有时要有专门人员进行地球物理及放射性测量等项工作。在此基础上，进行该区地质发展史的研究，以恢复古地理、古气候的特征，推断地壳运动的时期及特点，通过不同地质剖面的对比，研究同一时期不同地区的地质环境变化等。因此，许多专门性的研究工作也都要通过实测一定数量的地质剖面来完成。

二、实测地质剖面的基本要求

在地质测量工作中，通过实测剖面系统掌握测区内上述资料的基础上，详细而准确地划分地层，确定填图单位，明确分层标志，为顺利开展地质测量做好基础工作。在踏勘测区的基础上，选择几条典型的剖面进行实测和研究，是地质测量工作的重要内容。为了使实测剖面顺利而有效地进行，选择好剖面线的位置是很重要的。地质剖面线的选择及测量，一般有如下要求：

（1）尽量选择在基岩地区露头好、目的层发育完整、地质界线清晰的地段。尽可能选择连续山脊或沟谷。避开障碍物，减少平移。

（2）剖面线要通过区内所有地层，也就是说，在剖面线最短的情况下，通过的地层越全越好。有时一条剖面不能包括所有地层，这时可分几个剖面进行测量，然后综合成一个连续剖面。所测每一时代地层最好要有顶面和底面，选择发育好、厚度最大的地段。以解决地层问题为目的的剖面，最好选择结构比较简单、尽可能不受断层、褶皱及岩体干扰的剖面。如果以解决构造问题为主，所选剖面应反映测区的主要构造特征，剖面线要垂直主要的褶皱轴线和断层走向。

（3）剖面的导线方向，尽量垂直岩层走向或主要构造走向。若导线方向与岩层走向斜交时，要求导线方向与岩层走向间的夹角大于60°，避免增大计算误差。

（4）为使制图整理方便，剖面线尽量取直，避免拐折太多。

（5）剖面测量应从老地层开始逐一向新地层测制。特殊情况也可由新至老进行。常规要求每一导线长度不宜过长，应在30m以内，每一导线内应有产状控制，产状有明显变化时，必须分段测量以确保质量。

（6）当导线上露头不连续或遇障碍物时，可沿岩层走向移位，追层移位，或根据岩性特征对比移位，但必须做到准确并接，防止人为造成地层遗漏和重复。

（7）地层描述全面系统、逐层进行。根据剖面研究的精度要求，确定剖面比例尺，单层厚度在柱状图上达到1mm的岩层均应分层描述。凡是在图上能表示1mm宽度的岩性单位都要划分出来，而有特殊意义的矿层、标志层等，即使在图上表示不足1mm，也应放大至1mm夸大表示，注明实际厚度，对岩性简单的地层，防止分层过粗，应仔细观察划分，避免将几十米、上百米分为一层的现象。

（8）测量的各种数据及原始资料，填表记录无误，有报有答，计算准确，当天整理校核。

三、实测地质剖面的野外工作方法

地质剖面的测量方法有直线法和导线法。如果剖面较短且地形简单，利用直线法便于整理；如果剖面较长且地形变化较复杂时，一般用导线法进行。

(一) 人员分工及职责

野外工作内容有岩性分层、地形及导线测量、岩性描述及样品采集、厚度记录及计算、填写记录表格、绘制野外草图等。一般需要3~5人，最好5~7人共同测制一条剖面，分工合作，互相配合。

岩性分层：1~2人，在剖面线确定后，沿剖面方向，按自然岩性层段进行分层，并用油漆依次标注层号及地层时代符号，描绘随手剖面图，并掌握导线前进方向。

地形及导线测量：2人（前测手、后测手），按分层标志进行测量，前测手站立于所测岩层的顶界线上，后测手站立于底界线上，拉直丈尺，读出两点距离，用罗盘量出导线方向及坡度角（应以前进方向为准，仰角为正，俯角为负）。两人同时测定读数以便校核，报给记录人员。测量时最好用同高度的标杆，或者利用两人相同高度的标志物进行。

岩性描述及样品采集：1~2人，按分层标志负责岩性描述、古生物化石、地层接触关系、油气及其他矿产等描述工作；采集各类标本（岩石、构造、化石等化验鉴定标本），并编号、包装。

厚度记录及计算：1人，按厚度填写剖面测量登记表（表3-2），负责填写测量数据，计算厚度，登记各种数据。

表3-2 剖面测量登记表

点号	地层代号	小层号	皮尺次数	岩性描述	地层		皮尺			剖面与岩层倾向夹角	地层厚度	
					倾向	倾角	方位角	坡度角	斜距		分层厚度	累计厚度

(二) 实测剖面中的数据测量

实测剖面中测量的数据主要包括导线方位、导线斜距、地层产状及地形坡度角等。其中，导线方位、导线斜距和地形坡度角主要由前测手和后测手共同完成。一般选用30m、

50m、100m长的测绳,后测手手持0m的一端,前测手手持另外一端。测量开始时,后测手站定剖面的起点,前测手向剖面终点方向前进,待到地形起伏变化或公路拐弯则停止。两人将测绳拉直,此时,前测手向记录员报告导线斜距。前测手应当注意寻找地形恰当的位置作为导线终点,有时需前后照应,尽量选择地形起伏的部位,如沟底、山顶、公路拐弯处等,使每一导线尽量放长,减少导线次数,加快工作进度,降低整理的工作量。

导线方位是指沿导线前进方向的方位,用方位角记数。前、后测手测量误差小于2°~3°,取其平均值记入记录表。

地形坡度的测量是利用罗盘,前后测手分别瞄准对方相同高度部位,使视线与地面平行一致,多测几次,前后校正,开始读数。以后测手为准,仰角为"+",俯角为"-",测准后将角度连同"+"或"-"号一同报告给记录员,记入表格中。

(三) 观察、描述及分层

分层的详细程度决定于制图比例尺的大小。一般要求在图上1mm厚度的岩层均应单独分层描述。例如制图比例尺为1:2000,那么,实际2m的岩层,在图上就是1mm,就应单独分层描述。对于一些特殊的岩层与矿层,不论厚度大小,均应单独划分。分层是根据岩石的岩性、颜色、成分、结构、构造上的差异性特征,按照比例尺的精度要求,划分出不同的岩石单位,在分层处做好标记(如插上小红旗等),并且将分层的位置在导线上读出,报告给记录员记入表格中。以下简要介绍沉积岩类的野外描述方法。

1. 碎屑岩

1) 颜色

在描述颜色时,以干燥岩石新鲜面的原生色为准,采用以颜色形容颜色,以深浅表示色调的方法,主色列后,次色列前。如深紫红色,表示以红色为主,紫色为次,色调深。如为混合色时,则前面的颜色是次要的,后面的颜色是主要的。例如,灰黑色,则灰色为次,黑色为主。风化剧烈者引起的风化色与原生色差别较大,应在文中说明。沉积岩的颜色是其重要特征之一,能反映沉积时的环境,所以必须认真描写。如一般情况,黑色代表还原环境,红色则代表氧化环境。若为潮湿色或风化带的颜色应加以注明。

2) 层厚

层厚即单个岩层厚度,可分为以下几级。

块状层的单层厚度大于1m;厚层的单层厚度为1~0.5m;中厚层的单层厚度为0.5~0.1m;薄层的单层厚度为0.1~0.01m;微细层或页状层的单层厚度小于0.01m。

3) 层理

岩性沿垂直方向变化而形成的层状原生构造称为层理,它是通过矿物成分、结构和颜色在剖面上突变或渐变所显现出来的一种构造。层理是碎屑岩最典型、最重要的标志之一,基本类型有水平层理和平行层理、波状层理、斜层理及交错斜层理等。

4) 粒度

按颗粒直径大小分为:巨砾,粒径>1000mm;粗砾,粒径为1000~100mm;中砾,粒径为100~10mm;细砾,粒径为10~2mm;巨砂,粒径为2~1mm;粗砂,粒径为1~0.5mm;中砂,粒径为0.5~0.25mm;细砂,粒径为0.25~0.1mm;粗粉砂,粒径为0.1~0.05mm;细粉砂,粒径为0.05~0.01mm;黏土,粒径<0.01mm。以上各种砾岩、砂岩相应的粒级含量应在50%以上;若有含量相近的两种粒级组成的砂岩,则用复合名称,如中—细粒砂岩、

粗—中粒砂岩等；若有三种或三种以上的粒级且含量又都相近时，则称为不等粒砂岩；有砾石或粉砂混入时，则用"含"或"质"来表示，如含砾砂岩、粉砂质砂岩等。

5) 成分与含量

应说明陆源碎屑的主要成分，并大致估计其含量作为定名依据。一般根据矿物成分定名时，矿物百分含量的标准是以碎屑含量为 100% 来估算的，详见表 3-3。

表 3-3 砂岩成分分类表（据朱筱敏，2008）

类别	岩石名称	在全部碎屑组分中			备注
		石英,%	长石,%	岩屑,%	
石英砂岩	石英砂岩	90~100	0~10	0~10	
	长石质石英砂岩	75~90	5~25	<15	长石>岩屑
	岩屑质石英砂岩	75~90	<15	5~25	岩屑>长石
	长石岩屑质石英砂岩	50~70	<25	<25	
长石砂岩	长石砂岩	0~75	>25	<25	长石>岩屑
	岩屑质长石砂岩	0~65	25~75	10~50	
岩屑砂岩	岩屑砂岩	0~75	<25	>25	岩屑>长石
	长石质岩屑砂岩	0~65	10~50	25~75	
	混合砂岩	<50	25~75	25~75	

注：当基质含量>15%时，岩石名称相应改称石英杂砂岩、长石杂砂岩和岩屑杂砂岩等。

6) 胶结物

说明胶结物成分（钙质胶结、硅质胶结、铁质胶结、泥质或黏土胶结等），并说明其胶结程度（致密、坚硬、疏松、松软等）。胶结物含量大于 5% 者，要参加定名，一般作为形容词放于岩石的层厚之后，如灰色中层状钙质中粒长石石英砂岩。

7) 分选性和磨圆度

(1) 分选性。

分选好：当主要粒级大于 75%，或颗粒大小相差不大时，称为分选好。

分选中等：当主要粒级为 75%~50% 时，称为分选中等。

分选差：当没有一种粒级成分含量超过 50%，或碎屑颗粒的大小相差悬殊时，称为分选差。

(2) 磨圆度。

棱角状：矿物颗粒具尖锐的棱角，原始形状基本未变或变化很小，说明碎屑未经较长距离搬运。

次棱角状：矿物颗粒棱角稍有磨蚀，棱角并不十分突出，一般说明碎屑经过了较短距离的搬运。

次圆状：矿物颗粒棱角有显著的磨损，但原始轮廓尚可看出，说明碎屑经过了较长距离的搬运。

圆状：矿物颗粒棱角已全部磨圆，碎屑原始轮廓已消失，说明碎屑经过了长距离搬运和磨损。

8) 层面构造

岩石层面构造很多，包括波痕、冲蚀痕、雨痕、冰雹痕、干裂、虫迹等。

(1) 波痕：当介质（风、流水、海、湖波浪）运动时与沉积物表面相互作用所形成的波状起伏的构造，可分为对称波痕和不对称波痕。工作时应尽量测量出波长、波高、波长指数，以及陡坡倾向、倾角等。

(2) 冲蚀痕：在岩层顶面被水冲刷形成的凹凸不平的坑和受其他外力侵蚀的现象，在此面上常有新的沉积物（黏土、铁质外壳等），其下部有下伏岩层碎块或砾石。它表示在下伏岩层形成之后、上覆岩层沉积之前，曾有过沉积小间断。

9) 其他沉积构造

其他沉积构造有植物根构造、结核、缝合线、滑动变形构造等，着重说明结核及缝合线构造。

(1) 结核：可以形成于沉积岩形成作用的各个阶段。它是在矿物、岩石特征（成分、结构、构造及颜色）上与周围沉积物不同的、规模不大的集合体，常是化学或生物化学作用的产物。

①同生结核：与沉积物同期形成。它与围岩界线清晰，不切穿层理，而层理围绕结核呈弯曲状。

②成岩结核：沉积物在成岩过程中物质重新分配形成的，常呈扁平状，部分切穿层理，部分被围岩掩盖，也见层理围绕结核弯曲。

③后生结核：形成于沉积固结之后，明显地切穿层理，而不见弯曲现象，仅仅分布于裂隙或层面附近。

④假结核：形态外貌上像结核，实际上不是结核。它是沉积岩在表生阶段由风化作用造成的，可能为球状风化或为氢氧化铁溶液沿岩石裂隙流动—交代—沉淀而成，或者是某些胶体溶液在成岩时发生周期性的沉淀而成。

(2) 缝合线：缝合线实际上是缝合面在断面上的表现形式，形如人们头盖骨接缝样子的锯齿状裂缝。一般认为缝合线是岩石后生阶段由压溶作用所产生的，它与层理的关系可以是平行的、斜交的或垂直的。从成因上看，缝合线可分为两种：一是岩石本身自重压溶形成的缝合线，其锥轴垂直层理面，缝合面与层理面基本平行；二是构造应力压溶的结果，缝合面与层理面斜交或垂直，其锥轴方向代表最大主压应力（σ_1）方位。缝合线常见于碳酸盐岩中，石英砂岩、硅质岩、盐岩中也可见到。它是一种微裂缝，对油气储集、运移具重要意义。

10) 含化石情况

野外应尽量采集化石，选择个体完整、纹饰清晰、能定出属种者为好。野外不能定出属种者，也要定出门类；化石丰富程度可分为丰富、较多、较少、罕见等内容描述，保存好、坏以及在岩石中的状态也应描述。

采集化石时，一般在岩石沉积环境突变处易于找到，应小心采集或顺层剥取，以免破损。

11) 油气藏及其他矿产

野外记录应描述清楚是油藏还是气藏、产出情况、构造部位、物理性质等。对气藏应分清是干气还是湿气，同时必须采样。为了综合找矿，对其他矿产也应记录描述。

12) 地层接触关系

地层与地层之间接触关系，是连续沉积，还是间断沉积（是否有侵蚀面、冲刷面、风化壳、上下两套地层产状情况等），要仔细观察、详细描述。

13）其他

在测制剖面时，所遇到的小褶皱小断裂、岩石组成的地貌特征、风化情况等也应进行描述。

碎屑岩定名描述举例如下：

15层，灰黑色中层状钙质中粒岩屑石英砂岩，新鲜面为灰黑色，风化后为灰色、灰黄色，层理清楚、厚度变化不大。岩屑含量约15%，颗粒分选中等，次棱角状。斜层理发育，个别层面上见有不对称波痕。砂岩中偶见铁红色圈层状假结核（直径20cm），与上覆泥质粉砂岩整合接触，该层含较多芦本化石碎片。产状为250°∠39°，厚度为7.8m。

黏土岩和粉砂岩，由于颗粒细，肉眼不易观察，不需描述矿物成分、分选、磨圆等内容，其余按上述要求描述。

2. 黏土岩

首先根据黏土岩在成岩作用中的变化分类，如根据固结程度及沉积构造划分大类，根据页理发育程度分为页岩和泥岩。再进一步按黏土岩的结构、矿物成分及混入物成分细分，野外通常以"少前多后，三级命名"原则进行。

"少前多后，三级命名"原则是：成分含量大于50%者为主要名称；小于10%不参加命名；次要成分含量为10%~25%者称为"含×"，25%~50%者称为"×质"，列于主要名称之前，如含粉砂泥岩、碳质页岩。

对于黏土岩，还应描述岩石的物性特征，如紧密程度、断口特性以及黏土遇水的膨胀性，含有机质黏土岩的沥青臭味等。

3. 碳酸盐岩

碳酸盐岩的岩石命名是根据颗粒类型、大小和数量，加上成分和泥晶基质、亮晶胶结物的量比关系来定，可参照石灰岩分类表（表3-4）。

表3-4 石灰岩分类表（据朱筱敏，2008）

颗粒百分数	主要填隙物	经过波痕及流水搬运沉积的石灰岩					原地生成的石灰岩	
		磨蚀颗粒		加聚—凝聚颗粒			生灰骨架灰岩	化学及生物化学灰岩
		内碎屑	生物碎屑	鲕粒	球粒	团块	三种以上颗粒的混合物	
>50%	亮晶	亮晶砾屑灰岩 亮晶砂屑灰岩	亮晶生物碎屑灰岩	亮晶鲕粒灰岩	亮晶团块灰岩	亮晶团块灰岩	亮晶灰岩	亮晶珊瑚灰岩	石灰化钟乳石钙质层泥晶灰岩
	泥晶	泥晶砂屑灰岩	泥晶生物碎屑灰岩	泥晶鲕粒灰岩	混晶球粒灰岩	混晶团块灰岩	颗粒泥晶灰岩	混晶层孔虫灰岩 混晶苔藓虫灰岩
50%~25%	泥晶	砂屑泥晶灰岩	生物碎屑泥晶灰岩	鲕粒泥晶灰岩	球粒泥晶灰岩	团块混晶灰岩	含颗粒泥晶灰岩	珊瑚泥晶灰岩类泥晶灰岩
25%~10%	泥晶	含砂屑泥晶灰岩	含生物碎屑泥晶灰岩	包粒泥晶灰岩	含球粒泥晶灰岩	含团块泥晶灰岩		含珊瑚泥晶灰岩
<10%	泥晶	泥晶灰岩						
重结晶灰岩，按晶粒大小分		粗晶灰岩、中晶灰岩、细晶灰岩、粉晶灰岩、不等晶灰岩具各种残余颗粒结构						

1) 表 3-4 的几点说明

内碎屑按粒度可分为砾屑、砂屑、粉屑。

生物碎屑按颗粒大小分为砾状生物碎屑、砂状生物碎屑；按生物门类分有孔虫、介形虫、层孔虫、苔藓虫、腕足、瓣鳃、双壳、珊瑚、海百合、海胆、藻类等。

几种粒屑岩石的命名如下：

（1）粒屑总量大于 50%。

①一种粒屑大于 50%，则另一种次要粒屑放在主要粒屑之前，例如鲕粒占 60%，生物碎屑占 25%，泥晶占 15%，定名为泥晶生物碎屑鲕粒灰岩。

②两种或三种粒屑小于 25%，例如生物碎屑占 30%，鲕粒占 25%，球粒占 25%，泥晶占 20%，定名为泥晶球粒—鲕粒—生物碎屑灰岩。

（2）粒屑总量小于 15%。

①某一种粒屑含量 25%~50%，次要粒屑放在主要粒屑前。例如有孔虫占 30%，内碎屑占 15%，泥晶占 55% 时，定名为内碎屑有孔虫泥晶灰岩。

②几种粒屑都在 10%~25% 之间时，采用联合命名。如生物碎屑占 15%，砂屑占 20%，泥晶占 65%，定名为生物碎屑—砂屑泥晶灰岩。

③如果没有含泥晶或稀少，而胶结物又清晰可见时，则适当引用胶结物参加定名，如亮晶鲕粒灰岩、亮晶生物碎屑灰岩。

2) 具体描述步骤

（1）颜色：描述新鲜色，若为风化色，应加以说明。

（2）结构：砂屑、粉屑、鲕粒、球粒、团块生物碎屑、内碎屑团块；球粒分不清时，按内碎屑大小命名。

（3）成分。

①颗粒成分特征及含量：特征包括粒度、分选性、磨圆度、生物完整程度等。

②陆源碎屑（包括黏土）成分及含量、粒度、磨圆度。

③基质（灰泥）含量及特征（如含铁、有机质的情况）。

④胶结物成分含量。

（4）沉积构造。

①层理构造：描述与水动力条件（波浪、潮汐、流水）有关的层理，如交错层理、波状层理、水平层理等。

②层面构造：波痕、干裂、雨痕、槽模、沟模、冲刷—充填构造。

③其他沉积构造：生物成因的生物礁构造；叠层石构造、虫迹等；物理、化学成因的构造，如缝合线、结核、晶簇等，以及变形成因的球状及枕状构造。

（5）孔隙、裂缝的发育情况。

（6）野外能识别的沉积后期的变化，如新生变形亮晶（重结晶）、晶洞、白云化、硅化、黄铁矿化、菱铁矿化及其他次生变化。

（7）表面风化情况，如刀砍纹、溶蚀情况等。

（8）含化石情况、含油气苗情况；岩性在纵、横方向上的变化；接触关系；地貌特征；厚度；产状等内容均同碎屑岩的描述。

（9）含白云质、硅质、灰质、陆源碎屑定名原则：白云质、硅质、灰质、陆源碎屑含量大于 10% 者即应参加定名；含量为 10%~25%，定为含××质△△灰岩，如白云质占 25%~

50%，定为白云质泥晶灰岩。

（10）白云岩的描述方法：按原生晶粒，新生变形重结晶晶粒大小命名为同生白云岩、结晶白云岩、中晶白云岩等。如能分出残余结构者，则按石灰岩定名原则定名。

（11）碳酸盐岩定名描述举例如下：

10层，深灰色泥晶灰岩，深灰色，泥晶结构，中—薄层状，斜层理及缝合线发育，小晶洞（2cm×3cm）顺层分布，上部有星散状立方体黄铁矿晶粒，晶洞部分已充填，表面风化后凹凸不平，与上覆地层整合接触。产瓣鳃类、腕足类及菊石化石较多。厚度12.5m，产状245°∠45°。

（四）导线平面图和剖面图的绘制

首先大体确定剖面的总方位，可在野外大体测量，也可在地形图上用量角器量得设计剖面的总方位。以图纸的横线作为该剖面的总方位线，在图纸的上方标明北（N）的方向。确定合适的比例尺，按导线方位和导线平距顺序画出每一导线，连接始点和终点。若各分导线都分布在此连线的两侧且偏离不大，则可将连线作为总导线，量其方位；即求得总导线方位；若多数分导线在连线一侧且偏离很大时，可选一个接近于各导线的平均方位，以此线作为总导线方位。

在方格纸上以总导线方位为水平线画线，通常使左端为导线北西或南西方位，右端为南东或北东方位。按照上述确定总导线方位的方法准确地绘出导线平面图，注上导线编号、测点（地质点）编号及位置、地层分层界线点位置。将分导线的地层分层界线点垂直投影到总导线上，在其上注上分层号。在总导线的左端画指向箭头，注上总导线方向，此时即完成了导线平面图（图3-14）。

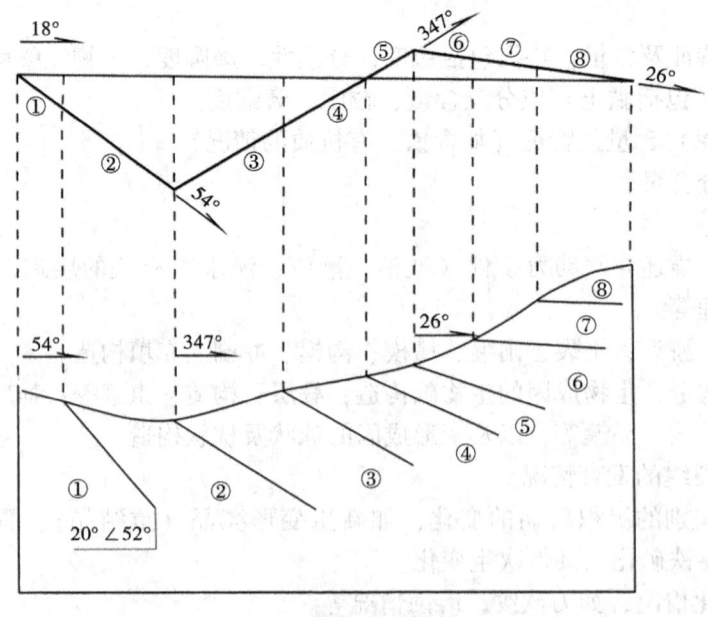

图3-14 导线平面图及剖面图模式图

在总导线之上或之下适当位置用铅笔画水平线作为总导线实测剖面的底线或高程基线，在其两端画垂线，按比例注上高程，然后将各导线点的海拔高程点在方格纸上，参照野外实测剖面草图勾绘出地形线。将总导线上的地层分界点垂直投影到地形线上，按地层视倾角从地形起伏线向下画 2cm 长的斜线，即得到实测地层剖面的轮廓图（图 3-15）。再按各地层单位的岩性组合，画上规定的岩性花纹符号（岩性花纹长 1cm），在岩性花纹下方整齐地标注上代表的岩层产状数值，注上分层号、地层代号，在地形线上标上地质点编号和剖面经过的地名（山名、河名、村名），在剖面线两端或一端注上剖面方位。在图的上方写上图名（自××至××实测地层剖面图）、比例尺（数字或线条比例尺），在图的下方画上地层单位的岩性花纹图例，画上并填好制图责任表，最后着墨或用透明纸清绘即完成了总导线实测剖面图的绘制工作。

（五）数据记录及资料整理

实测剖面的数据，需要在野外填写记录在专用表格中（表 3-2）。

点号：分层过程中确定的地层界线分界点、构造观察点等重要地质观察点，要进行定点和编号，如 G01。

地层代号：实测每套地层的地层代号，如 T_1f^1。

小层号：指同一套地层中根据颜色、岩性、产状、单层厚度、化石、层面构造等分层标志划分的小层进行编号。为了后期资料整理方便，每套地层进行分别编号，即每套地层划分的小层号都从 1 号开始编号，如 1、2、3、……。

皮尺次数：指同一小层内由于厚度过大或者地形起伏变化等原因，无法一次性完成测量，需进行多次分别测量，并记录相应的测量数据，按①②③记录。

岩性描述：对每一个小层岩性特征、沉积构造、化石等方面观察的地质现象进行详细描述。

地层：主要记录地层的产状数据。原则上要求每一次测量均应该测量相应地层产状并记录。

皮尺：每一皮尺的测量均应记录导线方位角（皮尺的方位）、坡度角（皮尺测量范围内的地形坡度）和导线斜距（皮尺的长度）。

剖面与岩层倾向的夹角：由野外测量的数据计算而得。具体计算方法是用导线方位角减去岩层倾向的角度，取绝对值，一般不超过 30°。

地层厚度：根据前述几项测量数据，进行小层厚度和地层厚度的计算。

（1）当剖面方向与岩层走向方向垂直测量时，推算总结公式如下：

如坡度角为仰角，则厚度为

$$h = L\sin(\alpha+\beta)$$

若坡度角为俯角时，则厚度为

$$h = L\sin(\alpha-\beta)$$

上两式可写成

$$h = L\sin(\alpha+\beta)$$

（2）当剖面方向与岩层走向斜交测量时，推算总结公式为

$$h = L(\sin\alpha\cdot\cos\beta\cdot\cos\omega \pm \sin\beta\cdot\cos\alpha)$$

式中　h——岩层厚度；

L——岩层顶、底两点距离；
α——岩层倾角；
β——地形坡度角；
ω——导线方向与岩层倾向之间的夹角。

当岩层倾向与地形坡面方向相反时取"+"，相同时取"-"。

（六）实测剖面提交的成果材料

（1）实测剖面数据记录表。
（2）实测地质剖面平面图及剖面图。
（3）实测综合地层柱状图。
（4）实测剖面小结报告。

第四章 天府地区主要地质实习剖面

第一节 天府地区地层剖面

一、华蓥山李子垭古生界地层剖面

(一) 教学目的和要求

教学目的为认识并描述常见沉积岩和岩浆岩（玄武岩）；认识并描述地层，建立地层层序，了解地层划分的原则与标志；了解并熟悉华蓥山及川东地区古生界的基本特征（含岩性、古生物、厚度、接触关系、沉积相等内容）；学习素描图、随手剖面图、路线地质图的绘制；学习罗盘的使用操作。

要求同学系统观测岩石和地层，认真描述记录，注意岩石组合与层序；注意生物化石、地层厚度与接触关系；测量地层产状、测量路线剖面方向与坡角，绘随手剖面图，依情况选择绘制路线地质图。

(二) 实习内容简介

由于华蓥山大断裂的抬升，在李子垭一带可以看到川东乃至四川盆地内最古老的地层——寒武系。现将寒武系及其以上地层由老至新简述于下。

1. 寒武系中—上统洗象池群（$\epsilon_{2-3}xx$）

寒武系在李子垭至阎王沟一带出露厚度358m，未见底。以浅灰色、灰白色中厚至块状白云岩为主，有时含燧石结核。上部与泥质白云岩呈互层，下部含钙质较多，为钙质白云岩，中部夹细砂岩、页岩。化石稀少，仅中上部含小型腕足类。

2. 奥陶系（O）

奥陶系分布在华蓥山主峰西侧的宝顶背斜轴部溪口至李子垭一带，沿走向长约28km。与下伏寒武系连续沉积。依岩性和生物化石可分为下、中、上三统共七个组，自下而上依次为：

(1) 奥陶系下统桐梓组（O_1t）：钙质白云岩、白云岩、泥灰岩、生物碎屑灰岩与页岩不等厚互层，间夹石英砂岩。底部和顶部以页岩为主。本组厚103.7m。主要化石有 *Tungtzuella*（桐梓虫）和 *Chungkingaspis*（重庆虫）等。

(2) 奥陶系下统红花园组（O_1h）：灰色中至厚层粗晶生物碎屑灰岩、泥灰岩与灰绿色页岩略等厚5层，含大量腕足类、三叶虫碎片，还含细小房角石，顶部有一层石英砂岩。本组厚16.7m。

(3) 奥陶系下统湄潭组（O_1m）：黄绿—灰绿色页岩、砂质页岩，间夹富含云母的泥质砂岩。化石有 *Taihungshania*（大洪山虫），*Didymograptus*（对笔石）以及腕足、海百合、头足、苔藓等。本组厚179.1m。

(4) 奥陶系中统十字铺组（O_2s）：中上部为浅灰色块状泥灰岩及钙质泥岩，含化石，以三叶虫、腕足类为主，其次为头足类、笔石等，厚 20.4m；下部为灰色块状生物碎屑灰岩，含腕足类、头足类，厚 7.3m。本组共厚 27.7m。

(5) 奥陶系中统宝塔组（O_2b）：上部为浅灰色、中下部为紫红色含白云质泥质灰岩，中上部龟裂纹构造发育。含头足为 *Orthoceras*（直角石）、腕足类 *Orthis*（正形贝）、介形类等化石。本组厚 50.2m。

(6) 奥陶系上统临湘组（O_3l）：浅灰色中厚层豆状泥灰岩，富含星散状黄铁矿，局部呈结核，或沿裂隙充填；顶部为厚 0.6m 的灰色页岩及褐黄色黏土岩，含少许钙质页岩。含三叶虫、介形类等。本组厚 3.0m。

(7) 奥陶系上统五峰组（O_3w）：黑色硅质页岩、碳质页岩夹燧石薄层，下部夹灰白色页岩，含黄铁矿。含笔石 *Dicellograptus*（叉笔石）、*Climacograptus*（栅笔石）及头足类 *Orthoceras*（直角石）等化石，保存完好。本组厚 5.8m。

3. 志留系（S）

志留系地层出露于华蓥山西侧背斜核部附近，沿走向长 31km，本区仅发育中、下统，缺失上统。自下而上分述于下：

(1) 志留系下统龙马溪组（S_1l）：灰绿色、黄绿色，下部为灰黑色页岩，常显微细层纹，中上部夹粉砂岩条带，富含笔石，主要有 *Petalolithus*（花瓣笔石）、*Monograptus*（单笔石）、*Glyptograptus*（雕笔石）等，本组厚 66.6m。

(2) 志留系下统小河坝组（S_1x）：灰绿色、黄绿色页岩夹粉砂岩，含笔石、腕足、三叶虫、头足类等化石。本组与龙马溪组不易区分，厚 385.7m。

(3) 志留系中统韩家店组（S_2h）：灰绿—紫红色泥岩及粉砂岩，顶部为泥灰岩。局部地段夹灰色薄层泥灰岩、白云质灰岩、角砾状灰岩，砾岩由含 *Favosites*（蜂巢珊瑚）的石灰岩及泥晶灰岩组成。顶部局部有 10~20cm 的风化壳。化石丰富，主要有 *Pentamerus*（五房贝）、*Eospirifer*（始石燕）、*Favosites*（蜂巢珊瑚）、*Cystiphyllum*（泡沫珊瑚）等。本组厚 54.8cm。

4. 石炭系（C）

石炭系分布于岳池溪口三百梯一带，仅为上石炭统的黄龙组（C_2h），厚 5.6m。

石炭系为黄—浅黄色含钙质白云岩，下部为角砾状白云岩，方解石脉较发育，化石有 *Fusulinella*（小纺锤蜓）、*Tetratazis*（四排虫）。本组与上、下地层的接触关系均为假整合。

5. 二叠系（P）

二叠系在宝顶背斜及龙王洞背斜出露完全，其西南方的实习地区石笋沟、楼梯沟等地也有出露，但仅出露茅口组的顶部。

(1) 二叠系下统梁山组（P_1l）：仅出露于溪口阎王沟一带，为灰绿色黏土岩及灰色钙质黏土岩，其上部为石灰岩夹黑色页岩及煤层，含黄铁矿、菱铁矿及植物碎片，厚 3.20m 左右，植物化石有 *Pecopteris*（栉羊齿）、*Odontopteris*（齿羊齿）、*Taeniopteris*（带羊齿）、*Cordaites*（科达树）。

(2) 二叠系中统栖霞组（P_2q）：灰色、灰黑色石灰岩，夹沥青质页岩，上部的微晶灰岩中含燧石结核，下部为含硅质灰岩及泥灰岩。本组厚 155.6m。化石有 *Stylidophyllum*（多角花珊瑚）、*Hayasakaia*（早板珊瑚）、*Fenestella*（窗格苔藓虫）、*Productus*（长身贝）等。

(3) 二叠系中统茅口组（P_2m）：于华蓥山中段岳池溪口一带出露完全。上段为灰色、灰白色厚层块状灰岩及生物灰岩；下段为灰色、深灰色石灰岩与泥质灰岩互层。本组含化石有：*Chusenella*（朱森蜓）、*Neoschwagerina*（新希瓦格蜓）、*Verbeekina*（费伯克蜓）等、*Ipciphyllum*（伊普雪珊瑚）、*Tachylasma*（速壁珊瑚）、*Tyloplecta*（瘤褶贝）等。此外，该组还含大量有孔虫。本组厚 187.7m。

(4) 二叠系上统峨眉山玄武岩组（$P_3\beta$）：仅断续分布于华蓥山背斜轴部溪口李子垭至邻水之间，南北延长 25km。本组为灰黑色玄武岩，下部常变为辉绿岩，具杏仁状及气孔状构造。底部为灰白色页岩，有时夹两层厚 0.5m 的浅黄色凝灰岩。本组厚 20~70m，多呈透镜状，最长者可达 550~1500m，与下伏茅口组为假整合接触。

(5) 二叠系上统龙潭组（P_3l）：海陆交替相含煤泥、页岩夹含燧石白云质灰岩、白云岩、硅质岩、粉砂岩、砂岩等，含黄铁矿、菱铁矿结核。含化石有：腕足类 *Orthotetina*、*Spinomarginifera*、*Punctospirifer*、*Oldhamina*，蜓 *Codonofusiella* 等，植物 *Gigantopteris* 等，以及瓣鳃类、苔藓类、少量三叶虫等。本组厚 142~180m。龙潭组在实习区代家沟、石笋沟一带出露良好，可细分为五段。

（三）其他地质现象观测

本剖面上可见到著名的华蓥山大断裂，其走向北北东—南南西，总体倾向南东东，倾角大、断距也大，致使地腹深部的下古生界地层抬升出露地表，形成巍峨高耸的华蓥山主峰。各种断层标志，如断层破碎带、断层擦痕、断层三角崖等均十分明显。

奥陶系及志留系黑色泥、页岩，是四川盆地不可忽视的生油层位之一，也是目前页岩气勘探开发的主要层位。

（四）实习作业

完成剖面小结，整饰随手剖面图和路线地质图。

二、石笋沟沟头至金剑山二叠系—三叠系剖面

（一）教学目的和要求

教学目的为认识动力地质作用及地貌特征；认识并熟悉常见的沉积岩（石灰岩、白云岩、粉砂岩、黏土岩等）；认识描述地层，建立地层层序，熟悉地层划分标志；熟悉茅口组至嘉陵江组第三段的基本特征（含岩性、古生物、厚度、接触关系、沉积相等内容），为地质构造的识别与沉积相分析奠定基础；学会使用罗盘测路线（导线）的方位与坡角，测地层的产状；学习绘制素描图、随手剖面图。

要求同学全面观测地形地势与地貌特征，分析地质作用，系统观测岩石和地层，认真描述记录。注意岩石组合与层序，注意生物化石、地层厚度与接触关系，绘随手剖面图，依情况选定路线地质图与素描图。

（二）实习内容简介

本剖面位于观音峡背斜天府段的北西翼，地层沿简易公路出露完全、连续，是观察岩石、描述地层、实测剖面的好地方。现自老而新简述于下。

1. 二叠系（P）

二叠系出露有中、上统的 3 个组。

1) 二叠系中统茅口组（P_2m）

该组仅于背斜核部零星出露，未见底，为浅灰色、灰白色厚层至块状含燧石团块生物泥晶灰岩、浅色灰岩和浅色生物灰岩；灰黑色燧石团块，大小分布不均匀；有时见方解石脉切割穿插；常具缝合线构造，缝合面上有沥青充填；岩石中孔洞发育，多被结晶方解石充填；在岩溶发育处，可形成石林、石芽等岩溶地貌；含 *Neoschwagerina*（新希瓦格蜓）、*Misellina*（米氏蜓）、*Verbeekina*（费伯克蜓）等化石。出露厚度大于 10m。

2) 上二叠统龙潭组（P_3l）

该组为一套海陆交互相含煤沉积，是天府矿区主要产煤地层。依岩性可分为五段。

（1）龙潭组第一段（P_3l^1）：厚 65.73m，底部为 0~2m 厚的玄武质黏土岩，含 0.1~0.3cm 的硅质小砾及星散状、树枝状黄铁矿，为区内硫黄矿矿源。其上为黑色页岩、碳质页岩夹菱铁矿及可采煤两层，菱铁矿呈透镜状分布，工业价值不大。本段岩石松软易碎，风化后呈黄褐色，含植物化石碎片较多。与下伏茅口组假整合接触。

（2）龙潭组第二段（P_3l^2）：厚 4.3m，为灰黑色含硅质灰质泥晶生物白云岩（原岩为生物灰岩，后经硅化和白云岩而形成），主要有 *Squamularia*（鱼鳞贝）、*Edriosteges*（椅腔贝）、*Meekella*（米克贝）等化石。本段岩石坚硬，在煤系中被称作"下铁板"。

（3）龙潭组第三段（P_3l^3）：厚 28.21m，为黑色、灰色页岩与泥质粉砂岩互层，夹 6 层煤层，页岩中有菱铁矿及黄铁矿呈珠状顺层分布，化石以植物碎片居多。

（4）龙潭组第四段（P_3l^4）：厚 10.13m，为灰黑色含白云质硅质泥晶生物灰岩（原岩为泥晶生物灰岩）。越往上硅化作用越强，甚至变成生物硅质岩。化石主要有 *Leptodus*（焦叶贝）、*Oldhamina*（欧姆贝）、珊瑚等。岩石厚层状。致密坚硬，采煤人称其为"上铁板"。

（5）龙潭组第五段（P_3l^5）：厚 90.5m，为灰黑色页岩、褐灰色泥质粉砂岩不等厚互层，夹少量菱铁矿结核。含欧姆贝、*Fenestella*（窗格苔藓虫）、*Derbyia*（德比贝）等化石。

3) 二叠系上统长兴组（P_3ch）

该组厚约 105m。长兴组在本实习区内均有出露，主要出露于背斜核部及向斜两翼（龙潭组外侧），在菠萝山以南倾伏于地下。岩性为浅灰到深灰色中—厚层状含燧石生物灰岩。底部燧石较少，中部最多，燧石一般呈不规则的团块和串珠状、条带状顺层分布。缝合线较常见，其内有沥青充填。缝洞较发育，多为方解石脉充填。本组石灰岩中产大量的 *Palaeofusulina*（古纺锤蜓）、*Nankinella*（南京蜓）、*Reichelina*（拉且尔蜓）以及 *Waagenophyllum*（瓦根珊瑚）等化石。

在此层顶部有时可有灰—灰黑色硅质岩、中层状—透镜状硅质灰岩和泥质灰岩、页岩交替出现。这就是习称的"大隆层"，厚约 0~3m，产 *Leptodus*（焦叶贝）、*Spinomarginifera*（刺围脊贝）、*Waagenites barusiensis*（*Davidson*）（巴鲁斯似瓦岗贝）。有的地方不见此层，则为黑色硅质页岩或为块状灰色含燧石灰岩。同上覆层（下三叠统飞仙关组）之间为假整合接触关系。

1983 年 4 月西南石油大学强子同等在实习区老龙洞发现了长兴期生物礁，以后又相继发现了文星场等多个礁体，呈串珠状分布，单个礁体长约 0.5~1.5km。生物礁主要由骨架岩、粘结岩、障积岩等石灰岩组成，礁核有交代白云岩产出。生物礁灰岩以色浅、质纯、不含燧石团块—条带、块状—厚层、多成"小石林状"地貌为特征。造礁生物有海绵、苔藓、水螅、拟刺毛藻，附礁生物有腕足类、棘皮类、有孔虫、腹足类和钙藻等。礁体的发现，对四川盆地晚二叠世生物礁气藏的勘探起了积极的推动作用。

2. 三叠系（T）

在川东地区三叠系可分为下统的飞仙关组和嘉陵江组、中统的雷口坡组和上统的须家河组。本剖面以下三叠系下统飞仙关组和嘉陵江组连续完好，为主要观测地层。

1) 三叠系下统飞仙关组（T_1f）

在四川西北部以紫红色页岩为主，称为飞仙关组；而在湖北西部—四川东部相同层位的地层，以石灰岩为主或全为石灰岩，称为大冶组；四川中部华山一带则为两者的过渡相区，以紫红色钙质页（泥）岩与石灰岩交互层为特色。为方便起见，通常仍然袭用飞仙关组一名。在本次实习的天府地区飞仙关组为紫色泥岩、页岩、紫红色石灰岩和灰白色石灰岩互层，厚460~520m。根据岩性可分为以下五段：

（1）飞仙关组第一段（T_1f^1）：厚74.2m，为暗紫红色泥灰岩、暗紫色钙质泥—页岩。相对而言，下部和上部多为厚层—块状暗紫色泥灰岩，常显球状风化；中部多为钙质泥岩及页岩。本段底部以灰黄色、黄绿色页岩，薄层状泥灰岩，紫红色页岩等与下伏二叠系硅质岩、灰色硅质灰岩、块状燧石灰岩等相接触，接触面上有时可见到一层灰白、黄白色黏土，因此判断为假整合接触关系。在底部页岩中产生大量 *Claraia*（克氏蛤）、*Claraia griesbachi* (*Bittner*)（格氏克氏蛤）、*Lingula*（舌形贝）、*Hollinella tingi* (*Patte*)（丁氏小荷尔介）。

（2）飞仙关组第二段（T_1f^2）：厚17~32m，为浅灰—灰色厚层状灰岩及细粒亮晶鲕粒灰岩，下部颜色变浅，鲕粒变小。底部为灰色砂屑灰岩，石灰岩中缝合线发育，层面时有波痕。

（3）飞仙关组第三段（T_1f^3）：厚174~209m，以紫色钙质页岩为主，夹紫红色薄层搅动泥纹灰岩及介屑灰岩透镜体，以下部40余米处为多，上部页岩较多，产较多的克氏蛤、正海扇等瓣鳃类化石。

（4）飞仙关组第四段（T_1f^4）：厚92.8~144m，主要由灰色薄—中层状鲕粒灰岩与泥灰岩组成。上部泥灰岩夹介屑灰岩与搅动泥纹泥晶灰岩。介屑灰岩常与腹足灰岩组成韵律层，有时砂屑、砾屑灰岩代替介屑灰岩组成韵律层。中下部以介屑鲕粒灰岩为主，夹砂屑泥纹灰岩及薄层泥灰岩，越向下部鲕粒灰岩越少，厚度变薄，介屑减少，底部泥灰岩偶含瓣鳃类化石。近顶部（距T_1f^4顶部约10~20m）有一层厚约7~8m的灰黄色薄层钙质页岩。

（5）飞仙关组第五段（T_1f^5）：厚46.5~52m，为紫红色泥灰岩与同色灰质页岩，夹灰色泥晶含介屑、砂屑鲕粒灰岩；含瓣鳃类、腕足类、海百合等化石。其中上部为紫色灰质页岩；中部夹泥晶介屑灰岩、砂屑灰岩、鲕粒灰岩薄层；下部夹泥晶灰岩。局部见藻纹层灰岩。

2) 三叠系下统嘉陵江组（T_1j）

本组厚533.8m。据岩性可分为四段，自下而上依次为：

（1）嘉陵江组第一段（T_1j^1）：厚244.1m，主要为灰色泥晶灰岩，夹少量砂屑灰岩、砾屑灰岩薄层或薄透镜体。泥晶灰岩多薄层—中层状，常发育水平纹层和藻纹层（泥纹），层面多虫迹。砂屑灰岩常发育粒序层理，相对而言，下部和上部略多，中部略少。产瓣鳃类、腕足类等化石。

（2）嘉陵江组第二段（T_1j^2）：厚79.4m，以白云岩、灰质白云岩、白云质灰岩为主，夹溶塌角砾岩，局部见豹皮灰岩和钙质泥岩夹层。岩石为灰色、褐灰色，刀砍纹较发育。产瓣鳃类、头足类、腕足类等化石。

（3）嘉陵江组第三段（T_1j^3）：厚143.4m，以灰色薄—中层状泥晶灰岩为主，局部夹砂屑灰岩、砾屑灰岩，顶部白云化作用稍强而显黄灰色。产瓣鳃类、腕足类等化石。

(4) 嘉陵江组第四段（T_1j^4）：厚116.9m，主要为灰色、黄灰色中—薄层状白云质灰岩、白云岩，局部夹石灰岩薄层，上部和顶部见灰色块状溶塌角砾岩夹层。产瓣鳃类、腹足类等化石。

嘉陵江组第三、四段在本剖面掩盖严重，其特征可在三叉口至炸药库剖面观察。

（三）其他地质现象观测

1. 褶皱作用

褶皱作用主要形成背斜和向斜构造，且背斜多形成山峰，向斜多形成沟谷。实习区内观音峡背斜即是褶皱作用的结果，本剖面茅口组和龙潭组位于山脉的主峰，并沿背斜的核部（山脉主峰）断续展布。尤其是龙潭组的泥页岩，抗风化能力弱，之所以分布于海拔600m以上的山岭地带，完全是褶皱作用的结果。

2. 岩溶地貌

长兴组主要为含燧石结核生物泥晶灰岩，抗风化能力较强，多形成陡崖、陡坡、小山脊地貌。飞仙关组一、三、五段主要为泥岩、钙质泥岩及泥灰岩，多具球状风化，多成缓坡、低丘地貌；二、四段石灰岩相对抗风化能力稍强，因此多成陡坎、小山梁。

嘉陵江组石灰岩、白云岩、溶塌角砾岩，抗化学溶蚀能力弱，易被地表水及地下水溶蚀而形成深度不大的沟谷，实习区内"前槽"和"后槽"的展布，大致与嘉陵江组的分布相吻合即是证明。

3. 矿产资源

龙潭组一、三段中的煤层是天府煤矿的主要开采层位，已有200余年的开采历史；龙潭组底部凝灰质黏土岩中的黄铁矿（制硫磺和制硫酸的原料）。嘉陵江组一、三段和飞仙关组第四段的纯净石灰岩（无白云化），是制水泥和烧石灰的主要原料；这些石灰岩及白云岩还是很好的建筑石料。（地腹深处的）嘉陵江组中还出产石膏和石盐。长兴组的生物礁灰岩、飞仙关组第二段的鲕粒灰岩，是川东重要的产气层位。

（四）实习作业

整理岩石地层观察描述记录，编写剖面小结，整饰随手剖面到图。如测剖面时，则整理记录，计算地层厚度，编写剖面小结。

三、代家沟三叉口至炸药库三叠系剖面

（一）教学目的和要求

熟悉常见沉积岩，尤其是碎屑岩；熟悉地层划分与观察描述记录；熟悉三叠系中统及上统的地层层序及特征；熟悉罗盘使用与产状测量；熟悉随手剖面图的绘制；了解有关地质及地质作用，以及有关矿产。本剖面主要位于公路两侧，车辆较多，注意安全！

（二）实习内容简介

本剖面发育地层有三叠系下统嘉陵江组、三叠系中统雷口坡组及三叠系上统须家河组，自下而上依次描述如下。

1. 三叠系下统嘉陵江组（T_1j）

本剖面能见到的最老地层为三叠系下统嘉陵江组第三段和第四段，沿剖面公路两侧的山

坡上尚可见到嘉陵江组第二段。其他层岩性特征如石笋沟剖面中所述。值得一提的是嘉陵江组第四段地层倾角较大，次级小褶皱及节理裂缝较发育，注意观测并绘素描图，多测产状。

2. 三叠系中统雷口坡组（T_2l）

雷口坡组在区域上厚97~470m，可分三段，本剖面所见仅为其第一段的下部层位，为一套黄色—灰色白云质灰岩、白云岩夹溶塌角砾岩，产瓣鳃、腹足等化石，底部为10~15cm厚的区域性标志层，浅绿灰色水云母黏土岩（俗称绿豆岩）与嘉陵江组分界。

雷口坡组顶部起伏不平，为古风化剥蚀面，局部残存有由黏土、菱铁矿组成的风化壳。与上覆须家河组间为假整合接触关系。由于顶部遭受长期剥蚀，本区内雷口坡组的残存厚度为66.6m，多数地段厚度还小于此值。

3. 三叠系上统须家河组（T_3x）

该组为一套泥页岩的交互层，依岩性可分为6段，自下而上依次为：

（1）须家河组第一段（T_3x^1）：与下伏雷口坡组为假整合接触关系，厚度变化不大，区域上可以缺失，本剖面厚102.4m。岩性主要为灰色、褐灰色及灰黑色页岩、粉砂岩，夹薄煤层1~9层，夹砂岩数层，砂岩细至中粒者皆有，斜层理发育，多具有向上变粗变厚的层序。底部起伏不平，局部可见黏土岩、细砾岩及褐铁矿残存，产植物化石碎片。

（2）须家河组第二段（T_3x^2）：厚27.3m，为浅灰色、褐黄色细—中粒石英砂岩及长石质石英砂岩，发育斜层理，多为中层至厚层块状构造。

（3）须家河组第三段（T_3x^3）：厚11.4m，为灰色、黑灰色（风化后多为黄褐色）页岩、粉砂质泥岩，夹煤层1~5层，局部（三汇坝）见石灰岩或砂质页岩夹层。产植物化石碎片。

（4）须家河组第四段（T_3x^4）：102.7m，为灰色、浅黄灰色中至细粒石英砂岩，含少量长石屑及岩屑，中层至块状，斜层理发育。

（5）须家河组第五段（T_3x^5）：厚71.1m，为灰色、黑色砂质泥岩（页岩）、碳质泥岩类薄煤层（局部达4层），并夹长石质石英砂岩。因风化较强烈，地表难以见到煤层。

（6）须家河组第六段（T_3x^6）：与上覆侏罗系假整合接触，由于遭受剥蚀，厚度可有较大变化。本剖面厚147.8m，主要为浅灰色、灰白色（风化表面多呈褐黄色）的厚层块状细至中粒长石石英砂岩，斜层理发育。

（三）其他地质现象观测

1. 地貌及外动力地质作用

本剖面可见到流向北东的刘家沟小河，沟谷底部狭窄，被流水占据，两侧山坡陡峭，属典型的V字形河谷。沟谷底部沿水流方向坡降很大，水流急湍，河流的下切作用和向源侵蚀作用强烈，从而沿北东—南西方向切穿须家河组，进入"前槽"。如前述，"前槽"的展布总体上与嘉陵江组石灰岩、白云岩大致吻合，是地表水与地下水长期侵蚀的结果。"前槽"小溪在本市由北北东向南南西方向流去，刘家沟小河的向源侵蚀进入"前槽"后，沟通了河西洞地下河，使"前槽"小溪的代家沟三叉路口以北段的水流及水量全部改变为沿刘家沟小河方向径流，也使"前槽"小溪成为断头河，这即是地表河流向源侵蚀及袭夺作用的又一例证。

须家河组砂岩厚度大，抗风化能力强，多形成山峰，局部还形成单面山。在风的长期侵蚀下，可形成下小上大的摇摆石，本剖面所见猴儿石即是风蚀作用的例子。

2. 矿产

须家河组第一、三、五段为含煤地层，局部煤层较厚时可供开采。

须家河组第二、四、六段的砂岩是较好的建筑石料，多被当地使用。尤其是第六段灰白色长石质石英砂岩，质地均匀坚固，具有较好的耐火能力，可作高温炉灶的衬砌材料，当地称为白泡石，具有一定的开采加工规模。

须家河组的长石质石英砂岩，其中长石遭风化后变为高岭石，经破碎分离后，可用作陶瓷和玻璃的原料。

雷口坡组的白云岩及须家河组中的砂岩，局部孔隙裂缝发育的地段均可成为石油与天然气的储集层而产油气。

（四）实习作业

整理地层岩石描述记录，编写剖面小结，整饰随手剖面图及素描图。

四、凉水桥至土主场侏罗系剖面

（一）教学目的和要求

本剖面自凉水桥东南 600m 公路拐弯处起，沿公路行进至土主场以西 400m 处结束。

教学目的在于进一步熟悉并掌握地层、岩层的观察描述方法，认识常见的沉积岩；熟悉川中地区侏罗系地层的基本特征；进一步熟悉并掌握罗盘的使用，绘制随手剖面图、路线地质图、素描图。

要求同学独立划分地层，认识常见的古生物化石，准确全面描述记录地层岩石的特征，迅速准确测量地层产状和路线方向，较快地绘制随手剖面图以及路线地质图与素描图。

（二）实习内容简介

本剖面所见最老地层为三叠系上统须家河组第六段。因顶部遭受剥蚀，其厚度有较大变化。须家河组与上覆侏罗系之间为假整合接触关系。本剖面主要观测侏罗系中统及下统。

1. 侏罗系下—中统自流井组（$J_{1-2}z$）

本组依据岩性与沉积特征可分为 5 段，自下而上依次为：

（1）自流井组第一段（又称珍珠冲段，$J_{1-2}z^1$）：厚 145.7m，为紫红—黄绿色泥岩、页岩，夹黄绿—紫红色石英砾岩、粉砾岩。局部地段（重庆江）底部常见黏土岩、赤铁矿层（称綦江式铁矿）及底砾岩等。可有瓣鳃、腹足等化石。本段以泥岩的不含钙质、砂岩夹层较多为特色。

（2）自流井组第二段（又称东岳庙段，$J_{1-2}z^2$）：厚 52.8m，主要为灰色、深灰色及黑色（局部风化后为紫红色）页岩、泥岩，夹深灰色薄层介屑灰岩及粉砂岩。页岩、泥岩中产介形虫及叶肢介，石灰岩中富含瓣鳃类化石。石灰岩相对集中于下部。

（3）自流井第三段（又称马鞍山段，$J_{1-2}z^3$）：厚 123.3m，以紫红色—灰绿色灰质泥岩为主，夹少量同色灰质粉砂岩及浅色长石石英砂岩。泥岩中含灰质小团块，砂岩相对下部较多。本段产瓣鳃类化石。

（4）自流井组第四段（又称大安寨段，$J_{1-2}z^4$）：厚 51.6m，为灰色—深灰色介屑灰岩与灰黑色—灰绿色（风化后呈紫红色）钙质泥岩、页岩的不等厚互层。石灰岩中瓣鳃化石丰富，不含砾石，粒序层理和斜层理发育。

(5) 自流井组第五段（又称凉高山段，$J_{1-2}z^5$）：厚120.9m，为灰黄色、灰色、灰黄绿色泥岩、砂岩泥岩，夹泥质粉砂岩、石英砂岩。局部见介壳灰岩透镜体，砂岩约为8层。

2. 侏罗系中统（J_2）

本剖面侏罗系中统可分为下沙溪庙组（J_2s^1）和上沙溪庙组（J_2s^2），由于剥蚀作用，上沙溪庙组出露不全。

(1) 下沙溪庙组（J_2s^1）：厚386m，为紫红色泥岩，夹同色细—中粒长石石英砂岩。泥岩局部含钙质或含钙质结核—团块。底部砂岩较稳定，局部含细砾岩，是下沙溪庙组与自流井组的分界，常称为关口砂岩。顶部有一层灰绿色—灰黑色页岩，含叶肢介化石（称叶肢介页岩）。

(2) 上沙溪庙组（J_2s^2）：出露厚度790m，分布于北碚向斜的轴部一带，为暗紫红色、棕紫色泥岩，夹杂色砂岩。下部砂岩相对较多，多呈灰绿色，单层厚度较大；上部砂岩多紫红色，厚度较小，呈透镜状。其底部一层砂岩较稳定，可作为底界，称嘉祥寨砂岩。

（三）其他地质现象观测

本剖面横穿北碚向斜的南东翼。可见北碚向斜轴部（枢纽）呈北北东—南南西走向，核部地层新（为上沙溪庙组），两翼地层老（为下沙溪庙组、自流井组）。产状上也是向斜褶皱的佐证为：向斜南东翼自流井组及沙溪庙组均倾向北西，越接近向斜核部，倾角越平缓；过向斜轴部后，相对应的地层均倾向南东。总体上北碚向斜的地层倾角均较小（与观音峡背斜的嘉陵江组、飞仙关组比较），地层出露宽度大，表明向斜宽缓，而观音峡背斜地层陡窄（地势高，海拔高程在700m左右）；因此，观音峡背斜与北碚向斜组成隔挡式组合形态。

石灰岩、砂岩相对于泥岩抗风化能力较强，因此本剖面岩性地貌表现很明显：大安寨段的石灰岩及沙溪庙组中的厚砂岩夹层，往往形成陡坎、小山梁、小山丘；相应的泥、页岩发育地段多形成缓坡及沟谷。

砂岩可作一般民用建筑石料。泥、页岩可作砖瓦等粗陶原料。大安寨段的介壳灰岩是川中重要产油层位。沙溪庙组中砂岩当其孔隙发育时也可成为油气的储集层。

珍珠冲段底部，当铁质富集时，可形成綦江式铁矿类铁矿床。

（四）实习作业

整理笔记，完成剖面小结，整理随手剖面及素描图。

五、北碚施家梁仪表研究所至朝阳桥公路旁新生界剖面

（一）教学目的和要求

观察河流边滩、心滩及河流阶地；观察河流的搬运和沉积作用；观察描述江北砾岩和须家河组底部砾岩，了解其地质意义；掌握东岳庙生物灰岩的鉴定特征；观察描述侏罗系东岳庙段和第四系，并观察其接触关系；观察观音峡背斜核部特征，绘制观音峡背斜核部素描图。本剖面主要位于重庆至北碚公路施家梁—铁路桥一线及观音峡东口嘉陵江南岸。

（二）实习内容简介

本剖面沿嘉陵江南岸，起点为北碚施家梁仪表研究所，终点为朝阳桥公路旁。在剖面起点，面对嘉陵江，眺望观音峡山，河流边滩、心滩及河流阶地尽收眼底，实为天然的地质作

用遗址实验室。在观音峡东口嘉陵江边观察边滩、心滩及河流阶地，并通过观察认识地质作用的性质、特点、规律。以视觉感受水平造山运动对大地格架的塑造，感受外力地质作用对地表的修饰。

1. 观察点之一

在嘉陵江的南岸施家梁段，沿小路斜下嘉陵江边。

1) 观察现代河流沉积

（1）观察河流的搬运—沉积作用。

（2）观察机械沉积分异作用。

母岩风化的碎屑物质在搬运过程中，会按照形态、大小、密度的不同由先至后，依次沉积。在流水搬运中，沉积物大小反映了水动力的强弱程度。例如，河流的主河道，由于流速快，水动力强，可搬运大砾石。

（3）观察现代沙形成的边滩交错层理及边滩、心滩微相特征。

河水流动不是直线水，只要有一个微小的弯曲和转折，就会在惯性力（离心力）的作用下，向圆周运动的弧外方向偏离，即偏向弯道的凹岸，从而产生单向环流，形成边滩。在此地可见一月牙形边滩沉积，它是现代河床以外的谷底沉积，分布于河弯的凸岸，表面微有起伏并微向下游谷坡倾斜，洪水期可淹没于水下。边滩是由于凸岸部分的流速较缓，细粒物质（黏土、粉砂、砂）沉积下来，以及在单向环流影响下，将凹岸侵蚀的物质和河流流水挟带的物质带到凸岸来沉积的产物。

层理是由沉积物的成分、颜色、粒度大小等在纵向上显现出来的成层现象。边滩现代沙形成的单向水流的交错层理由粒度递变显示出来，反映了边滩层理特点。此观察点可见交错层理中有多个层系存在。在同一层系内，细层与层系面斜交，自下而上层系的厚度由厚至薄，细层与层系面的交角由大变小，顶部收敛。由于河床底形不平坦，流水速度会有局部性改变，使得较粗碎屑在河底中部淤积，并在其周围和顶部不断扩大和淤高，转变成心滩。嘉陵江心滩在洪水期被淹没，枯水季节露出水面。

（4）观察河流沉积的粒序特征。

在嘉陵江南岸施家梁的边滩交错层理中，明显可见碎屑粒度递变特征为自下而上由粗变细的正粒序特征。

（5）观察遗迹构造。

在边滩的顶部粉砂岩中有虫迹，多与层面平行或缓斜交。

（6）观察河流的下蚀作用与冲刷面。

此地河流的侵蚀作用强烈，侧蚀与下蚀均明显可见。河流由于顺坡而下，流水具有垂直向下的运动分量，河流在垂向运动分量的作用下冲刷河床底部岩石，使河床不断降低的作用称为河流的下蚀作用。河流在流动过程中，河水及其携带的沙、砾不断撞击、摩擦河床基岩，基岩受侵蚀、磨蚀后而逐渐破坏，河床下切，这是机械的下蚀作用。对可溶性岩石的河床，同时还要进行溶解破坏。当地壳发生上升运动时的河床段，河流的下蚀作用表现更为强烈。

河流下蚀，往往在河床上形成急流，河水湍急，波浪滚滚，水质点的运动表现出复杂的紊流。河流的下蚀作用形成冲刷，在冲刷面上可见上粗下细、硬软相间的特征。

（7）观察河流的侧蚀作用和沉积作用。

河流以自身的动力，并以其携带的泥沙侵蚀河床的两侧或谷坡，促使河床左右迁移或谷坡后退的作用，称河流的侧蚀作用，其结果导致河床左右摆动以至弯曲，从而引起河谷谷底加宽。侧蚀作用包含着机械侵蚀、磨蚀以及化学溶蚀等方式。

(8) 观察河流阶地，分析地壳运动对河流地质作用的影响。

在此观察点，放眼望向河谷两坡，可见到阶地面和阶地斜坡。这是因为已形成河漫滩的河流因去均夷化作用而重新下蚀时，原来的谷底呈阶梯状残留在新的谷坡上，成为在河谷两坡的阶梯状地形。这说明河流曾经历过一次下切能力逐渐衰减的衰老过程，后因影响河流的下蚀因素的改变，河流获得新的能量，使得下蚀复苏。阶地河谷延伸呈条带状，每一个阶地都有一个平坦的阶面和一个陡坡坎，阶面微向下游和河床倾斜。

河流阶地的形成过程，与地壳运动关系密切，地壳上升时，河流进行下蚀作用；若地壳停止上升，或微有下降，则河床纵降比更缓，河流流速减小，下蚀作用随之减弱转而变成侧蚀作用并发生沉积。在侧蚀作用下，河谷拓宽，出现曲流，形成河漫滩。又由于曲流河床的移动，导致漫滩沉积叠置于河床沉积物之上，形成二元结构。此后，若地壳又快速上升，增加了河床纵降比，河流下蚀力增大，河流切入河谷底以下，原来的河漫滩就高出水面，在洪水期也不被河水淹没，从而形成了河流阶地。所以，阶地的发育，必须经历一个地壳由稳定或略微下降的时期转化为上升的过程。这样的过程重复几次，就形成几级阶地。阶地形成时期越早，它在地形上所在的位置就越高，反之就越低。为了研究方便，将阶地按自下而上（由新到老）的顺序进行编号，分别称为一级阶地、二级阶地、三级阶地……。

试分析：此观察点有几级阶地？它们与地壳运动的关系如何？

2) 观察第四系沉积

(1) 江北砾岩：灰色，砾岩一般1cm左右，最大粒径20cm，分选差。砾石成分以灰白色变质石英岩脉为主，黑色燧石及片麻岩少量，混有白垩系砂岩碎块。砾石大者呈椭圆形，直径最大12cm，小者约2~3cm，一般4~5cm。胶结物以铁质、钙质为主，氧化后呈红色，极坚硬，不易击碎，分布于嘉陵江两岸，枯水时极易识别。砾石排列有一定定向性，其最大扁平面的倾向方向指向河流的上游，第四纪形成。

(2) 近代冲积层：沿嘉陵江及支流两岸分布，为灰黄色泥土、细沙、砾石，土质肥美，耕作其上者很多。

3) 观察大安寨段介壳灰岩

侏罗系自流井组大安寨段，形成于据今1亿多年前。该地层最先在四川自流井研究而得名，为深灰色页岩与介壳灰岩交互沉积，其黑色页岩中有机质含量高（生油层）。石灰岩中含完整瓣鳃化石称为介壳灰岩。一般瓣鳃化石为1cm×1.5cm，形似豆瓣，俗称豆瓣石。介壳体腔常被溶蚀，故大安寨介壳灰岩具备自生自储的良好储集条件。

观察介壳的保存状况，种类是否单调？盐度是否正常？分析其环境特征。

4) 地层不整合接触

地层不整合接触为新老地层间产状呈角度相交并缺失一段地层。此观察点可见全新世砾岩与东岳庙黑色页岩呈角度相交，其间缺失东岳庙、马鞍山、凉高山、沙溪庙、白垩系、古近系、新近系、第四系的大部分地层。

分析不整合接触的形成过程及沉积基底的运动特点。

2. 观察点之二

由观察点之一上公路往北碚方向前进，在白庙子正对岸为长兴组浅灰色燧石团块灰岩，位于观音峡背斜核部。

(1) 观察嘉陵江对岸白庙子观音峡背斜倾伏端：观音峡背斜被嘉陵江横切，故剖面清晰。背斜核部地层为长兴组石灰岩顶部，其间有许多小型揉皱并有小型断层伴生。两翼地层为 T_1f、T_1j、T_2l、T_3x 和 J。在背斜西翼近轴部有一逆断层斜切，地层断距约 80m 左右，断面倾向东（图 4-1）。

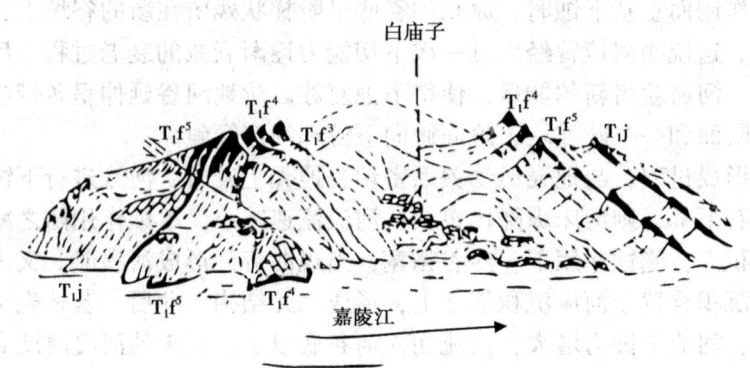

图 4-1　观音峡背斜轴部素描

(2) 观察观音峡背斜核部 P_3ch、T_1f^1、T_1f^2、T_1f^3。

(3) 观察观音峡背斜核部断层及近轴部的小褶皱、断层和构造强化带，找出断层识别依据。

(4) 观察公路往北碚方向左侧 T_1f^4 与 T_1f^5 中的小断层。

3. 观察点之三

沿观察点之二到铁路桥附近：

(1) 观察和描述 T_1j^5。

(2) 观察和描述 T_1j^4，分析膏溶角砾岩、白云岩的成因及环境意义。

(3) 观察 T_2l（雷口坡组）：底部为 0.5m 厚绿豆岩，浅绿色，风化后为浅灰黄色。早三叠世末期，西南地区曾发生过酸性岩浆海底火山喷发，形成广布西南的降落火山灰沉积，由于硅质凝聚形成绿豆岩，中梁山一带变为硅质层。雷口坡组的岩石类型有石灰岩、白云岩、膏溶角砾岩、白云质灰岩等。雷口坡组岩性复杂，是野外学习和描述碳酸盐岩的良好地层。

(4) 观察 T_3x^1 底砾岩：T_3x^1 底砾岩为褐灰色，为单成分砾岩。呈细砾级，砾石成分为石英岩，填隙物以硅质为主，有褐色铁质侵染，分布在 T_3x^1 底部，区域性稳定，厚度小于 10m，是区域性地层对比的良好标志。

(5) 沿途复习须家河组至飞仙关组岩性特征。

（三）实习作业

(1) 整理笔记，完成路线小结，整理随手剖面及素描图。

(2) 什么是河流的侵蚀作用、河流的搬运作用和沉积作用？

(3) 江北砾岩与须家河组底部砾岩有何区别？有何地质意义？

(4) 掌握大安寨生物灰岩的鉴定特征。

(5) 观察描述侏罗系大安寨段和第四系，并观察其接触关系。解释角度不整合接触成因及其与地壳运动的关系。

(6) 观察观音峡背斜核部特征，绘制观音峡背斜核部素描图。

(7) 思考江北砾岩、大安寨段化石层在石油地质中的意义。
(8) 在观音峡东口嘉陵江边观察边滩、心滩及河流阶地，讨论其成因。

第二节　天府地区构造地质实习剖面

一、楼梯沟至双碑垭后槽路线地质剖面

(一) 教学目的和要求

教学目的在于：学会按穿越法观测认识背斜的特征，包括背斜两翼地层岩性、层序及产状，核部地层岩性、产状及平面分布，标志层的产状、位置及分布等；查明断层发育的位置、断层的证据、断层的产状与断距以及断层的延伸方向，了解断层与背斜的关系；学会认识并使用地形地质图，学习地形图的野外定向，学会野外在地形图上定观测点。

要求同学们按规定的剖面线方向观测。在地层分界点的位置定地质点，进行地层岩性、构造、产状的观测，并进行文字描述记录，绘随手剖面图及素描图。当地层厚度大或遇产状突然明显变化时，需增加观测点，即加密观测点的数目。标志层顶、底分界线的观测点位置及产状测定必须观测准确，当标志层层面不平整时，应采用多点测量、取平均值的方法测定。断层面上必须定观测点，准确标定位置，仔细观测断层标志、证据及平面展布情况，测定断层产状，做好观测记录，并绘断层平面或剖面素描图。若剖面上分界点无法到达时，可在附近测产状定点，但应准确确定观测点位置和高程。

(二) 实习内容简介

1. 路线上背斜特征

在楼梯沟路线剖面上，背斜核部位于铁厂沟一线附近，出露最老地层是二叠系中统茅口组（P_2m），两翼依次出露的是二叠系上统龙潭组及长兴组、三叠系下统飞仙关组的 5 个段和嘉陵江组的 4 个段。背斜北西翼地层厚度完整，总体倾向北西、倾角较缓；南东翼断层发育，地层多有缺失而厚度不完全，地层总体倾向南东、倾角较陡。

2. 路线上断层特征

本路线剖面在背斜核部及背斜南东翼发育多条断层，分别描述如下：

(1) 楼梯沟破（背斜）轴逆（冲）断层：分布在背斜轴部铁厂沟至仰天窝一带，即大致沿背斜的轴线展布。在铁矿沟处上盘为茅口组（P_2m）和龙潭组（P_3l），地层产状均倾向北西；下盘为龙潭组第五段（P_3l^5）及长兴组（P_3ch），地层倾向南东。由于断层的作用及后期的剥蚀作用，背斜核部被破坏而失去完整形态（图 4-2）。

断层产状，在铁厂北东侧山坡上为 310°∠70°，地层断距 150m；仰天窝处为 330°∠60°，地层断距 20m 左右。断距有上大下小之势。断层线的南西端消失在麻柳湾山沟中；北东端伸出填图区。由于采煤废石堆积和植物被覆盖，断层面特征难以观察，最明显的标志是地层错动的证据。此外，沿断层有泉水发育，地貌有凹沟是佐证。

该断层是区内仅有的一条（纵向）破轴（核）高角度逆断层，其形成机制可能是，在南东—北西向区域应力的作用下，地层发生变形褶皱，褶皱强烈时，核部龙潭组（P_3l）的泥页岩及煤层（塑性层）将沿着垂直于压应力（近于平行背斜轴面）的方向发生塑性剪切滑动，滑动量超过其极限时发生破裂而形成逆断层。因此，走向和倾向均与背斜轴面近于平

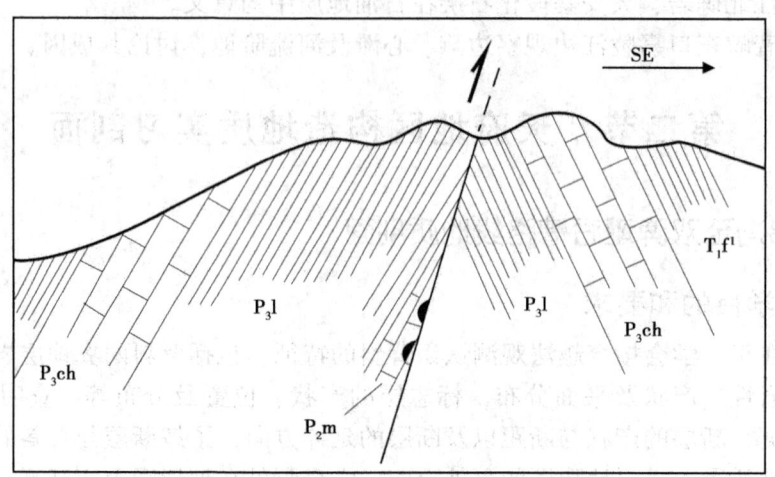

图 4-2 楼梯沟纵向逆断层素描图

行的楼梯沟逆断层是差异塑性剪切滑动导致地层破裂的结果，并非在剖面 X 剪裂缝基础上发展起来的逆断层，这与低角度（纵向）逆断层形成机制有本质的不同。

(2) 小型平移（横）断层：发育于双碑垭垭口以东的飞仙关组第二段鲕粒灰岩层（标志层）中，共 2 条，地面出露长度 60~70m，走向北西—南东，均与背斜枢纽近于垂直，倾角近于 90°，均属右行平移横断层，断距分别为 3m 和 10m。该平移断层规模小，对背斜的形态无明显影响。

(3) 三官殿逆断层：断层面位于双碑垭（路线上）东南侧坡脚的水池边，断层倾向 310°，倾角 34°，上盘飞仙关组第三段（T_1f^3）为紫红色泥岩、页岩及泥灰岩，向东南方向上推抬升，掩盖在下盘的飞仙关组第五段（T_1f^5）紫红色页岩及第四段（T_1f^4）灰色石灰岩之上，断层面清晰可见，地层断距约 80m。

（三）实习作业

整理记录并绘制随手剖面图，进行剖面小结；注意背斜核部地层、两翼地层、两翼地层倾向与倾角的大小、断层证据与特征等内容；注意各地层在本剖面上背斜两翼的变化（含厚度、夹层的有无与多少、颜色等在断层两翼的差异）。

二、纸厂沟至小屋基路线地质剖面

（一）教学目的和要求

教学目的在于：熟悉按穿越法进行路线剖面观测；熟悉并掌握剖面上观音峡背斜的特征（核部地层、两翼地层及产状、标志层位置及产状）；查明断层发育部位及断层特征；进一步熟悉地形地质图的定向、定点及其他应用。

教学要求与楼梯沟剖面相同，并注意地层界线的延伸情况，验证 V 字形法则。

（二）实习内容简介

1. 路线上背斜特征

本路线剖面上，自北西向南东依次可观测到的地层有嘉陵江组第一段（T_1j^1），飞仙关组第五段（T_1f^5）、第四段（T_1f^4）、第三段（T_1f^3）、第二段（T_1f^2）、第一段（T_1f^1）、长兴组（P_3ch）、龙潭组（P_3l）、长兴组（P_3ch）、飞仙关组第一段（T_1f^1）、第二段（T_1f^2）、第三段（T_1f^3）、第四段（T_1f^4）、第五段（T_1f^5），嘉陵江组第一段（T_1j^1）等。龙潭组为背斜核部地层，其余依次为背斜两翼地层。背斜核部位于仰天窝处，与楼梯沟剖面类似，背斜北西翼地层连续完整、倾角较缓，背斜南东翼断层发育，致使地层不全且倾角较陡，并发育次级小褶皱。

2. 路线上的楼梯沟纵向破轴高角度逆断层

本路线剖面可见到楼梯沟断层，断层面位于青杠堡村的北西边缘，上盘龙潭组泥、页岩及煤层推覆在下盘长兴组之上，使长兴组出露宽度与厚度减薄，并有不太明显的破碎带，落水洞的形成可能也与断层有关。断层产状为 330°∠60°，地层断距约 20m。沿断层线追索，楼梯沟断层向东南方向延伸 400m 左右消失于龙潭组之中。

3. 路线上次级小褶皱

次级小褶皱位于背斜南东翼青杠堡与小屋基之间的分水山脊之上。次级小褶皱由飞仙关组第二段（T_1f^2）和飞仙关组第三段（T_1f^3）底部组成，可见到一个向斜接着一个背斜，小褶皱的走向与观音峡背斜走向一致。

4. 路线上的三官殿逆断层

本路线上的三官殿断层，出露于小屋基西 200m 的小路边。断层证据清楚，断层产状 315°∠44°，地层断距 100m。

（三）实习作业

整理记录和图件，完成路线剖面小结。

三、新湾至廖家坡路线地质剖面

（一）教学目的和要求

教学目的有：进一步熟悉穿越法观测地层和构造，同时学习追索法观测断层；熟悉并掌握观音峡背斜在本剖面的特征；认识正断层组合。

要求沿剖面观测地层界线和标志层的准确位置与产状；认识断层及断层组合，分析成因；绘断层素描图；当观测点离开剖面线时，一定准确确定观测点在图上的位置和高程（地形图准确定向，用地形地物法和后方交汇法定站点位置）。

（二）实习内容简介

1. 路线上背斜的特征

本路线剖面上观音峡背斜的特征与纸厂沟剖面及楼梯沟剖面类似，北西翼出露嘉陵江组至长兴组，地层连续完整、倾角较缓；而南东翼断层发育，地层多有缺失。其差异在于核部地层为二叠系长兴组，较纸厂沟及楼梯沟核部地层更新，而各剖面背斜轴线高程相近，由此表明背斜具有向南东方向倾伏的特征，且倾伏角大于地面沿轴线方向的坡度角。

2. 廖家坡正断层与逆断层

廖家坡正断层及逆断层位于本剖面上背斜轴部廖家祠堂至菠萝山一带。经过远观而后沿断层追索近看表明，逆断层上盘为长兴组（P_3ch）石灰岩，下盘为长兴组（P_3ch）石灰岩及飞仙关组第一段（T_1f^1）紫红色泥岩、泥灰岩。明显可见灰白色石灰岩掩盖在紫红色（猪肝色）泥岩、泥灰岩之上；断层带上有构造（压碎）角砾石、碎裂现象，破碎带宽度2m左右，并有大量的方解石（脉）填充；断层面上有擦痕及阶步，侧伏角85°N。断层产状126°∠34°及148°∠45°，地层断距70m（图4-3、图4-4），出露长度大于600m。

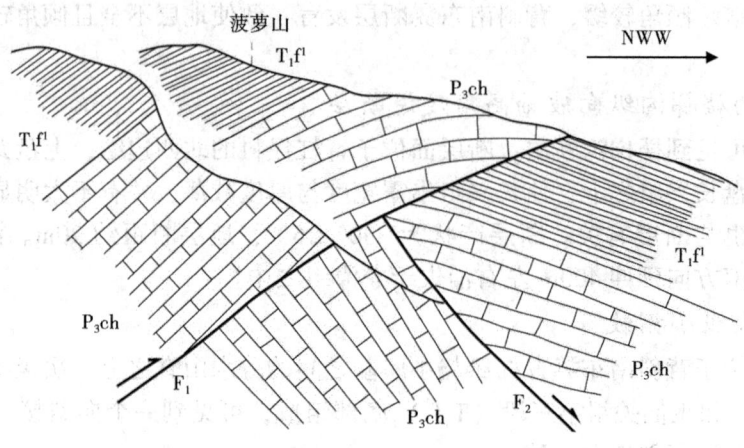

图4-3　廖家坡正断层及逆断层素描图

图4-4　廖家坡正断层及逆断层野外照片

廖家坡正断层发育在长兴组（P_3ch）含燧石石灰岩层中，上盘地层产状264°∠29°，下盘302°∠60°及285°∠58°，地层断距40m，断层上下盘地层产状明显不同，沿断层面岩石有碎裂及次生方解石填充，地貌上表现为溶沟、溶洞沿断层线分布。断层沿背斜枢纽方向展布，出露长度大于300m。

依据正断层、逆断层的组合形式及与背斜的关系，可以推测本剖面岩层是按如下方式形成的。在南东—北西向的区域水平侧向应力的作用下，岩层在初始变形、形成平缓褶皱的同时，剖面上一对共轭剪裂相伴形成［图4-5（a）］。随着应力的持续作用，岩层形变加剧而使背斜北西翼变陡、南东翼变缓，由于边界条件的改变，局部应力场发生了变化，导致倾向南东的一组剪裂缝向张扭性转变［图4-5（b）］。随着裂缝性质的改变，或者暂时侧向挤压力的减弱，加之背斜转折端局部张裂破碎及上覆地层重力等因素的综合影响，促使正断层形成［图4-5（c）］。最后构造应力加强、变形加剧，逆断层沿着先前南东倾向的剪裂缝上冲到断层之上，应力释放消失，形成现今构造面貌［图4-5（d）］。由于断层的破坏，背斜失去了完整形态。

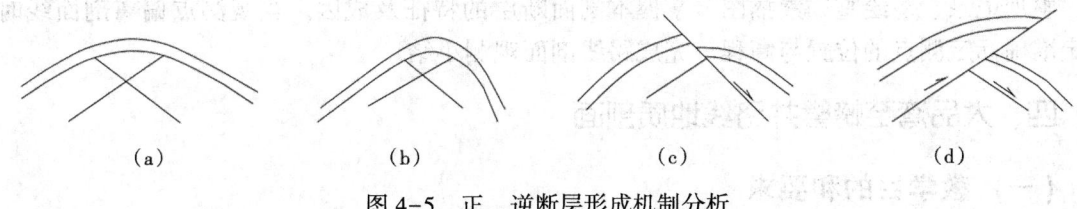

图4-5　正、逆断层形成机制分析

3. 菠萝山背斜转折端特征

本路线剖面于菠萝山处，可以直接观测到背斜转折端（核部）形态呈底丘状，背斜枢纽位于长兴组（P_3ch）的顶界层面（或岩层面）上，由于岩层产状平缓且连续变化，宜采用等间距、多点连续观测岩层产状，再通过做比较，并结合区域构造方向，方能准确确定枢纽位置，确定背斜（枢纽线）的倾伏方向及倾伏角。

4. 天台寺逆断层

天台寺逆断层也通过本路线剖面，其出露位置与走向大致与背斜南东翼飞仙关组第二段（T_1f^2）石灰岩相一致。该断层的证据是：飞仙关组第二段（T_1f^2）石灰岩被上盘遮盖缺失（或上盘的飞仙关组石灰岩被剥蚀缺失）；局部可见十分明显的破碎带。断层产状130°∠30°，地层断距约50m。

5. 三官殿（纵向）逆断层

三官殿逆断层也通过本剖面。断层线在后槽小别墅附近的断层标志清楚；断层面倾向北西，产状318°∠28°，地层断距约80m；下盘地层为飞仙关组第三段（T_1f^3）紫红色钙质泥岩或飞仙关组第四段（T_1f^4）薄层灰岩，上盘为飞仙关组第三段（T_1f^3）紫红色钙质泥岩，明显推覆在下盘的石灰岩之上；可见宽度不大的破碎带，破碎带风化后形成"凹槽"地貌，破碎带有石灰岩碎块及碎裂岩；上、下盘岩层在断层面附近有牵引现象（图4-6）。断层沿北东—南西方向延伸。

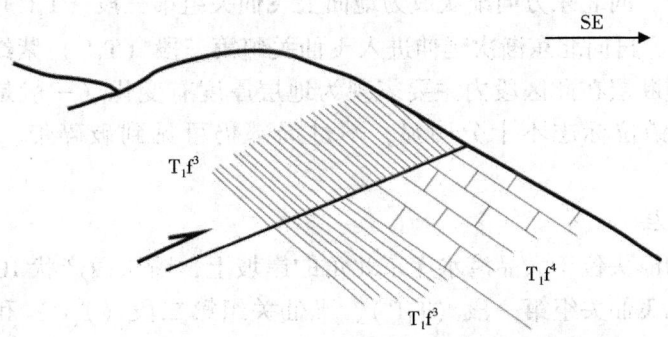

图4-6　三官殿逆断层素描图

6. "后槽"沟谷的岩溶地貌

本路线剖面的"后槽"底部平坦开阔，主要发育飞仙关组第五段（T_1f^5）和嘉陵江组第一段（T_1j^1）石灰岩层。这种平坦开阔的谷地，被称为坡立谷，显然是地表水长期溶蚀与剥蚀的结果。由于溶蚀的不均一性，谷地中残留有一座座相对高耸的"孤峰"。

（三）实习作业

整理记录、清绘整饰素描图，掌握本剖面断层的特征及成因。当观测点偏离剖面线时，一定准确标定测点的位置与高程。完成路线剖面观测小结。

四、大品湾至螃蟹井路线地质剖面

（一）教学目的和要求

教学目的为：进一步熟悉穿越法路线（剖面）观测背斜构造及观测地层的方法；认识并熟悉本路线上观音峡背斜的特点；进一步熟悉断层的观测内容并掌握本剖面上断层的特点。注意本路线剖面上背斜的特征及与上述各剖面背斜特征的差异。

由于本剖面的小道较为弯曲，同时为追索断层，使观测点明显偏离剖面线。在观测时，多用地形特征法和交会法，确定测点（站点）的位置和高程，并标注于地形地质图上。特别注意地层界线和断层线在地面的延伸情况，进一步熟悉 V 字形法则。

（二）实习内容简介

1. 观音峡背斜的特征

在本剖面上，背斜核部地层为飞仙关组第一段（T_1f^1）紫红色钙质泥岩（比上述各路线剖面上背斜核部地层均更新），两翼地层依次为飞仙关组第二段（T_1f^2）、飞仙关组第三段（T_1f^3）、飞仙关组第四段（T_1f^4）、飞仙关组第五段（T_1f^5）和嘉陵江组第一段（T_1j^1）。与新院、纸厂沟和楼梯沟等路线剖面比较表明，自北东至南西，背斜核部地层渐次变新（但背斜轴部轴迹线高程相近），背斜是向南西向倾伏的。在本剖面大品湾水库东侧斜坡上有小面积长兴组（P_3ch）出露，这可能是侵蚀的结果（称侵蚀窗）。

2. 水岚垭（纵向）逆断层

在本剖面大品湾水库堤坝两端附近均可见到水岚垭纵向逆断层出露。断层产状为130°∠40°，地层断距10~20m。堤坝南端附近的断层线，在地面上向飞仙关组第四段（T_1f^4）的石灰岩层内部延伸，向北东方向渐次成为地面上飞仙关组第三段（T_1f^3）与飞仙关组第四段（T_1f^4）的分界线，再向北东渐次延伸进入飞仙关组第三段（T_1f^3）紫红色钙质泥岩内消失。因此，水岚垭逆断层在此区段内主要表现为地层厚度有变化（一般是地层因抬升剥蚀厚度减薄），地层的错位标志不十分明显，不过局部仍可见到破碎带、牵引现象等断层证据。

3. 大品湾逆断层

断层标志清楚的露头位于大品湾水库东北角的岸坡上，断层面产状100°∠42°，地层断距约20m。下盘可见飞仙关组第一段（T_1f^1）、飞仙关组第二段（T_1f^2）和飞仙关组第三段（T_1f^3），上盘可见飞仙关组第一段（T_1f^1）和飞仙关组第二段（T_1f^2），且飞仙关组第一段（T_1f^1）和飞仙关组第二段（T_1f^2）部分推覆于上盘的飞仙关组第二段（T_1f^2）和飞仙关组第三段（T_1f^3）之上，并有破碎带和牵引现象，地面上大品湾断层沿地层走向延伸，长约1100m。

4. 背斜转折端特征

剖面背斜转折端较宽缓，且两翼倾角不一致、不对称。要求加密产状测量点，以准确确定枢纽位置和倾伏向与倾伏角。

5. 天台寺逆断层

该断层在螃蟹井东北方向的天台寺小山峰上有清楚显现（图4-7），F_4逆断层的上盘为飞仙关组第三段（T_1f^3）的紫红色泥岩，被推覆在下盘飞仙关组第二段（T_1f^2）的石灰岩之上，断层面产状135°∠45°，地层断距50m。断层证据有：上下盘产状不一致；有破碎带，宽0.3~1.5m，含压碎角砾岩，构造透镜体等；可见断层擦痕等。因此，断层证据丰富多样。

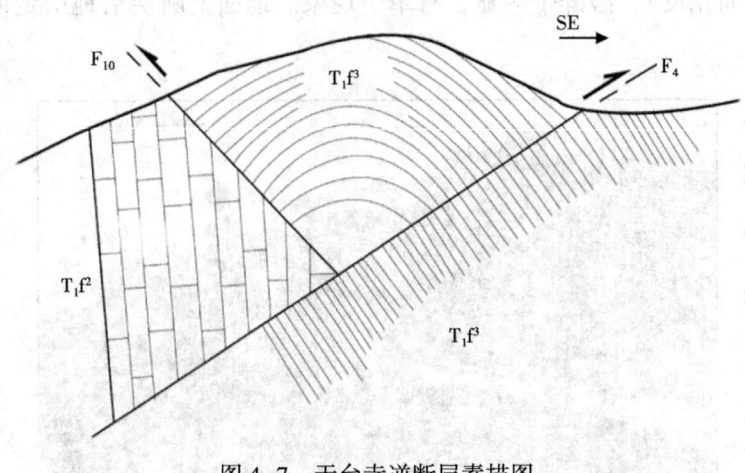

图4-7 天台寺逆断层素描图

逆断层F_{10}形成时间晚于F_4，也由于F_{10}的活动，天台寺逆断层F_4下盘飞仙关组第二段（T_1f^2）石灰岩层的产状更陡，同时使F_4上盘的飞仙关组第三段（T_1f^3）泥岩牵引、挤压褶皱呈圆弧形；F_{10}断层的下盘为飞仙关组第三段（T_1f^3）紫红色泥岩。F_{10}断层产状315°∠41°，地层断距约40~50m。依据F_{10}断层的产状及特征判断F_{10}断层可能是螃蟹井断层的延续部分（图4-8）。

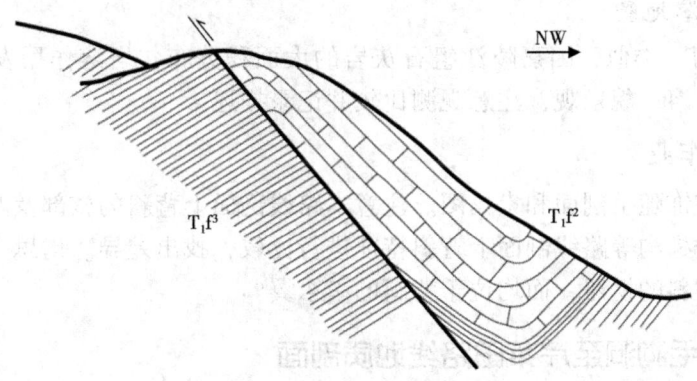

图4-8 螃蟹井逆断层素描图

6. 小型次级褶皱

小型次级褶皱发育于螃蟹井东南侧的小山沟沟口。出露地层为飞仙关组第二段的灰色中—薄层鲕粒灰岩。可明显分辨一个小向斜和一个小背斜。小向斜与小背斜的枢纽走向与区域构造线（观音峡背斜的枢纽）方向一致。小背斜核部有小面积的飞仙关组第一段（T_1f^1）出露。小背斜与螃蟹井断层紧邻，并被断层破坏而不完整。

7. 螃蟹井逆断层

螃蟹井东南小山头侧露头清楚可见逆断层及小型次级褶皱（图4-9）。断层面产状308°∠61°，地层断距约40m。上盘为飞仙关组第二段（T_1f^2）鲕粒灰岩及飞仙关组第一段（T_1f^1）紫红色泥岩，下盘为飞仙关组第三段（T_1f^3）紫红色钙质泥岩，上、下盘地层产状明显不一致（倾向相反），破碎带明显，有牵引现象。地面上断层沿地层走向延伸，出露长400~700m。

图4-9 螃蟹井逆断层及小型次级褶皱照片

8. 三官殿逆断层

三官殿逆断层在本路线剖面上也有出露，其出露位置在螃蟹井与芹菜田之间分水脊线的东南侧山坡上部。三官殿断层线全部发育在飞仙关组第三段（T_1f^3）紫红色钙质泥岩层内，仅有不明显的破碎带、裂隙节理发育带等标志，应仔细追索观察。

9. 后槽的岩溶地貌

与新院"后槽"类似，因嘉陵江组石灰岩的大面积分布，岩溶作用发育，形成宽缓的坡立谷及孤峰等岩溶地貌景观，注意观测比较并记录描述。

（三）实习作业

整理记录，整饰随手剖面和素描图。注意本路线剖面上背斜的核部及两翼的特征，并与新院、纸厂沟、楼梯沟等路线剖面上背斜特征进行比较，找出差异。请思考，为何前槽与后槽的分水岭不是背斜的枢纽，而均位于背斜的南东翼？

五、水岚垭毛狗洞至芹菜田路线地质剖面

（一）教学目的和要求

教学目的为：观测地下水的地质作用；进一步熟悉穿越法及追踪法观测地层和背斜构

造;进一步熟悉地层岩石的观测与描述记录、断层的观测与描述记录、随手剖面图与素描图绘制;认识平移断层。

要求学生半独立或独立进行路线剖面观察并描述,尤其注重地形地质图的应用及各种地质现象的识别,尽可能做出合理解释。

(二) 实习内容简介

1. 落水洞与地下河的观测

落水洞与地下河位于水岚垭村北约 350m 处的嘉陵江组石灰岩及白云岩中。洞口近圆形,直径约 40m,深约 20m。前槽小溪流水全部汇集于此形成瀑布,每当丰水时节,瀑布水面宽达 10 余米,瀑声雷鸣、水花四溅,蔚为壮观。洞底与地下河相连,入洞流水经此地下河排泄。此落水洞与地下河成因可能是:碳酸盐岩层属脆性岩层,易发育节理裂缝,有利于地表水的下渗侵蚀;嘉陵江组碳酸盐岩层及其中所夹膏盐层、白云岩、泥晶灰岩等,均很容易被溶蚀。因此,在一些最初的易溶点,往往发育形成洞、河。

2. 本剖面背斜褶皱特征

本剖面上背斜核部地层为飞仙关组第一段(T_1f^1)紫红色泥岩,两翼依次为飞仙关组第二段(T_1f^2)、飞仙关组第三段(T_1f^3)、飞仙关组第四段(T_1f^4)、飞仙关组第五段(T_1f^5)和嘉陵江组(T_1j)等。注意各段地层界线的确定及产状测量,注意各地层厚度及夹层的变化,特别注意标志层飞仙关组第二段的顶底界线和产状。

3. 水岚垭纵向逆断层

水岚垭纵向逆断层发育于背斜的北西翼,在本剖面是其最佳出露点(图 4-10、图 4-11)。断层上盘地层为飞仙关组第三段(T_1f^3)紫红色钙质泥岩和第四段(T_1f^4)灰色石灰岩,下盘地层为飞仙关组第四段(T_1f^4)灰色石灰岩及第五段(T_1f^5)紫红色钙质泥岩。上、下盘底明显推移错位;破碎带发育,宽 1~2m,其内有压碎角砾岩、碎裂岩,断层透镜体产出;上、下盘还有程度不同的牵引现象。断层产状 135°∠28°,地层断距 140m 左右。

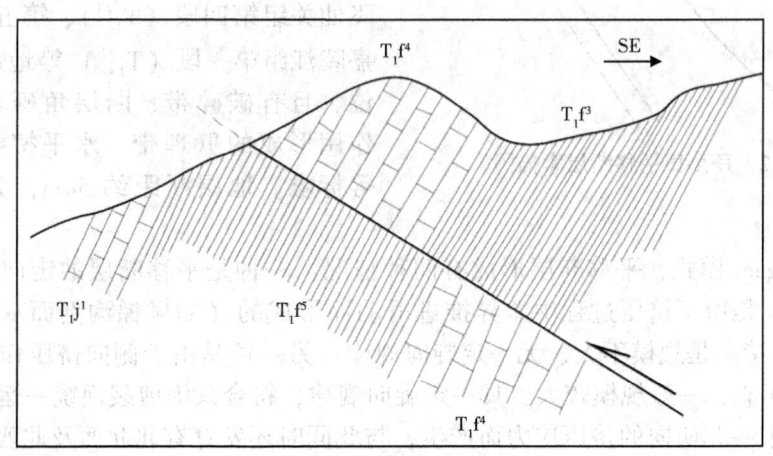

图 4-10 水岚垭纵向逆断层素描图

4. 背斜转折端特征

背斜核部出露于骑龙屋脊至毛狗洞一线,核部地层为飞仙关组第一段(T_1f^1)及第二段

图 4-11　水岚垭纵向逆断层野外照片

(T_1f^2)，并见到地势较高处的飞仙关组第二段（T_1f^2）鲕粒灰岩呈半圆形展布出露，其地势低的中心为飞仙关组第一段（T_1f^1）紫红色钙质泥岩。显然，飞仙关组第一段（T_1f^1）的出露是风化剥蚀的结果，可称为侵蚀窗。

5. 芹菜田平移断层

芹菜田平移断层位于"后槽"芹菜田村南侧，断层走向 280°~100°，产状 190°∠85°，长约 500m，西端消失在飞仙关组第三段（T_1f^3）紫红色页岩中，东端进入嘉陵江组第一段（T_1j^1）地层中消失。断层南北两侧的飞仙关组第四段（T_1f^4）、第五段（T_1f^5）及嘉陵江组第一段（T_1j^1）等地层明显发生错位，且有破碎带、断层角砾岩、构造强化作用形成的劈理带、水平擦痕、落水溶洞等标志。地层断距约 50m，为右行平移断层（图 4-12）。

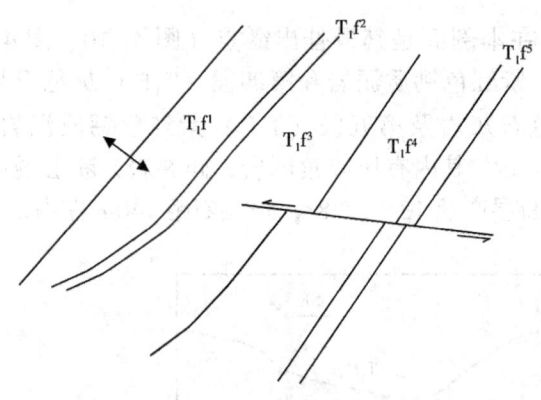

图 4-12　芹菜田平移断层素描图

根据 J. Goguel 模式，平移断层形成有两种情况：一种是平移断层的走向垂直褶皱枢纽或纵向逆断层，是由于挤压过程中差异推进滑动而形成的（如楼梯沟剖面双碑垭东侧的小平移断层），其特点是规模不大、无一定旋向规律；另一种是由于侧向挤压作用产生的平面 X 剪裂面发展而成，一般规模较大，具一定旋向规律，符合共轭剪裂面统一运动方向。观音峡背斜是受南东—北西向的挤压应力而产生，与此同时还发育有北北西及北西西两组平面共轭剪裂缝。芹菜田平移断层是在北西西剪裂面基础上发展起来的右行平移断层。垂直于褶皱枢纽的平移断层，本区也有发现，如上麻柳湾西南 200m 二叠系与三叠系接触处的平移断层、双碑垭东侧飞仙关组第二段中的小平移断层，断层走向基本垂直褶皱枢纽，长约数十米，断距 20~30m，属右行平移断层，均是受力岩层推进程度不同的结果。

(三) 实习作业

整理野外记录，整饰随手剖面图和素描图；小结剖面背斜特征；小结水岚垭逆断层和芹菜田平移断层的特征；通过几条剖面的观测，比较各路线剖面上背斜的差异，小结背斜特征。

六、朝阳桥至长生桥路线地质剖面

(一) 教学目的和要求

教学目的为：进一步熟悉须家河组至长兴组各层段的特征；熟悉并掌握本剖面上观音峡背斜的主要特征，观测本剖面上断层的特征与标志。

要求同学主动认真观测并划分地层；测量产状，与已观测剖面进行比较；认真绘随手剖面图和素描图。

(二) 实习内容简介

本剖面应自背斜的南东翼开始，向北西方向观测。

(1) 南东翼的飞仙关组第二段 (T_1f^2) 鲕粒灰岩出露在长生桥东南20m处，岩性特征易于识别，且岩层连续稳定，产状稳定。

(2) 南东翼的飞仙关组第一段 (T_1f^1) 紫红色钙质泥页岩，位于飞仙关组第二段 (T_1f^2) 鲕粒灰岩之下，二者易于区别。在此飞仙关组第一段 (T_1f^1) 出露宽度很大且多崩塌、滑动，曾多次阻塞公路。

(3) 背斜核部为上二叠统长兴组 (P_3ch) 含燧石团块生物泥晶灰岩。在嘉陵江水面附近，可见长兴组 (P_3ch) 岩层面的倾向呈辐射状分布，应仔细等间距测量产状，以准确确定背斜枢纽的产状（即枢纽的走向与倾斜角）。另在核部有小型逆冲断层发育（于公路护坡石壁上可见），注意收集证据，确定产状。同时向南远眺观测背斜形态，并绘制嘉陵江南岸背斜形态素描图。

(4) 背斜北西翼的飞仙关组第一段 (T_1f^1) 地层产状的倾角很陡，出露宽度远远小于南东翼，且裂隙、后期方解石脉极发育。

(5) 背斜北西翼的飞仙关组第二段 (T_1f^2)，倾角陡，断裂和次级褶皱发育，裂隙和方解石脉常见，断裂系统复杂，并显示多期的特点。其主断裂倾向南东，但断距不大。注意绘素描图，尽可能分析其交切关系及发展过程。

(6) 背斜北西翼的飞仙关组第三段 (T_1f^3)、第四段 (T_1f^4)、第五段 (T_1f^5) 及嘉陵江组第一段 (T_1j^1) 均出露在白庙子大桥与干洞子桥之间，地层连续、产状正常，但其出露宽度及相应的厚度较背斜南东翼及其他剖面小。

(7) 飞仙关组第三段 (T_1f^3) 与飞四段 (T_1f^4) 分界处有逆断层发育，即本路线剖面上飞仙关组第三段 (T_1f^3) 与飞四段 (T_1f^4) 之间为断层接触关系，其地层厚度常有缺失。断层产状130°∠35°，上盘和下盘地层明显错位，并有破碎带、次级裂隙、牵引现象等标志。从诸多特征判断，本断层可能是水岚垭逆断层的延伸部分。

(8) 北西翼嘉陵江组第二段 (T_1j^2)、第三段 (T_1j^3)、第四段 (T_1j^4) 出露在干洞子桥至公路隧道之间。这套地层倾角很陡，变形剧烈，小褶皱常见（图4-13），岩石破碎强烈，多溶洞、溶孔，出露宽度偏小。

图 4-13 嘉陵江边飞仙关组第三段内部复杂小褶皱

(9) 北西翼雷口坡组（T_2l^1）出露在铁路隧道两侧。须家河组出露在朝阳桥桥头一带。注意地层的划分与岩性的观察描述。本剖面须家河组第六段和雷口坡组岩层均有较强的力学性质，因此被选作铁路隧道和索桥锚定基础。

（三）实习作业

整理岩石地层观察描述记录，编写剖面小结，整饰随手剖面图。

第五章 地质填图方法

在野外实地观察研究的基础上，按一定比例尺将各种地质体和地质现象填绘在地理底图上而构成地质图的工作过程，简称填图。它是区域地质调查的一项基本工作，也是研究区域地质矿产情况的一种重要方法。野外地质填图是一切地质工作的基础，野外填绘工作的好坏，直接影响到地质制图的质量高低。

在一张绘好的地质平面图上，不仅可以看到工作区内地质构造的平面形态、地层分布，而且还可以利用岩层和构造线的产状以及地形特征来判断出地质构造在纵横剖面上的总体特征，从这个意义上来讲，地质图是浓缩全部野外工作的结晶。所以，地质图的野外填绘是一项实践性很强的重要工作。

第一节 室内准备

室内准备包括查阅地质资料、综合分析、图件资料准备等系列过程，现扼要介绍如下。

一、查阅地质资料、综合分析

查阅地质资料就是对工作区内以及邻区前人工作成果、资料等进行收集整理，了解区内地层、构造、矿产等的研究程度，并借鉴经验教训，做到心中有数，合理布置工作。综合分析就是对前人工作资料、成果的梳理评价，既不盲目信任，又不轻易否定，经过去粗取精、去伪存真，确定使用价值，找出地质的规律关系，为编写设计书及全面展开工作提供依据。

本过程收集资料内容很多，除地层、构造、矿产等外，对物探、化探、水文以及山川地势、森林、植物、气候、交通、自然经济地理、人文地理等均应结合工作需要进行收集。

二、图件资料准备

除收集前人与工作有关的各类图件以做参考使用外，主要选择工作使用的地形图，一般选择国家测绘机关所测绘的或航空照片调绘的地形图作为成果底图。要求底图比例尺要大于成图比例尺一倍以上，以保证质量。如果要求不高，工作性质不同，也可采用同等大小比例尺成图。

本次实习采用的就是同等大小比例尺，因为是学习性质，侧重方法、技术、实际操作等基本训练，成果质量不按正规要求，但力求准备和规范。

航空照片、卫星照片（图5-1）、遥感图片（图5-2），包括各种比例尺的黑白片、彩色片等均应收集，它可用于填图，又可进行地质现象的解释工作。

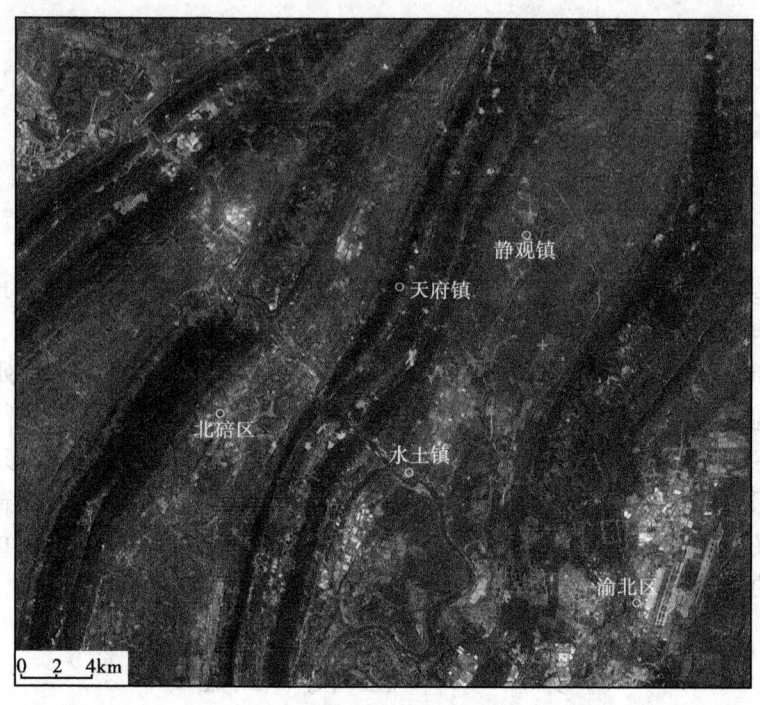

图 5-1 北碚天府地区及周边卫星图

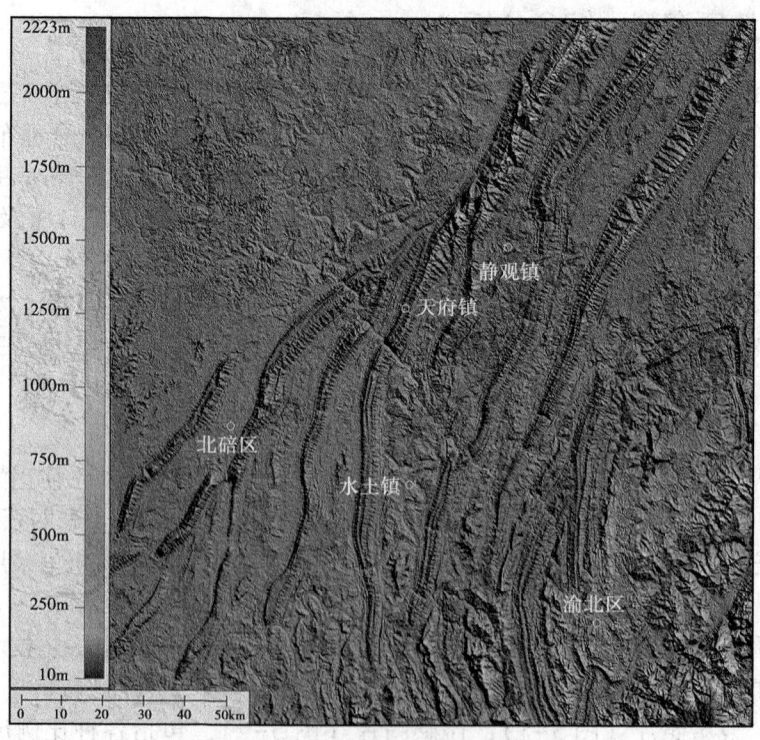

图 5-2 北碚天府地区及周边遥感图

第二节 野外踏勘

野外踏勘实质就是粗略地观察现场。对一个新区开展工作前，首先应实地观察了解并概略地掌握地层层序、主要岩性特征、构造格架以及各方面的情况，这个过程称为野外踏勘，又称为预查。

一、踏勘目的和内容

（1）了解工区地层层序、时代、主要岩性特征、出露情况、分布范围。选定测制地层柱状剖面位置，确定制图标准层。
（2）掌握工区构造轮廓，主要构造线方向、分布、构造之间的关系。
（3）检查地形图精度、航空片解释程度以及前人资料的可信度。
（4）了解工区工作条件，包括山川地势、通行条件、交通运输以及自然地理、人文、经济等情况，并取得当地党委、政府、群众的支持。
（5）根据踏勘结果，修改、补充地质任务设计书。

二、踏勘的方法

野外踏勘的方法，通常使用地面踏勘，有条件可用航空目测踏勘。现介绍地面踏勘方法。

（一）路线穿越法

路线穿越法即横穿岩层走向或构造线走向进行地质现象观察。路线间距自定，但应以能控制主要构造为准。若应用在普查、详查及细测工作上，应遵循技术规范要求。

路线穿越法多用于中、小比例尺填图和地层构造比较简单的地区。按照填图精度要求观察路线距离，垂直（或大致垂直）构造线或岩层走向布置观察路线（图5-3），根据填图精度和基岩出露情况考虑点距和线距。

路线穿越法的优点是能较容易查明地层层序、地层接触关系、岩性特征、厚度以及构造形态，工作量小。不足之处是两条路线间的地质情况及变化不易掌握，易于遗漏构造现象等。

此法适用于构造不很复杂、地层层序清楚、厚度变化不大、标准层易于辨认的地区。

（二）顺层追索法

顺层追索法多用于大比例尺填图或对某一标志层作特殊要求而采用的方法。选择标志层、含矿层或矿体、蚀变带、主要断层（或断裂带）等，采用沿构造线或岩层走向追踪的方法。观察路线一般采用之字形迂回布置，以控制其顶底界线和了解变化情况。追索某一地质界线或构造线时不仅要注意产状、厚度、岩性变化，还要观察上下一定范围内地质现象的变化。追索不是机械地套用，而是大体上顺走向观察。

优点是容易查明岩性、厚度、构造沿走向上的变化。缺点是工作量大，对地层、构造在纵向上的变化了解不够。

此法常用于平缓褶皱区标准层不易辨认或复杂的构造区。

（三）全面踏勘

全面踏勘（综合法）实质上就是把路线穿越法和顺层追索法配合使用，各摒其弊、各取其利。

上述三种方法不能截然分开，主要根据地质实情适当选择。常是以某种方法为主，其他方法配合使用，以取得最佳效果为益。

第三节　观察点的布置原则与方法

一、填图单元的确定

全面收集和研究有关填图区域已有的地质资料，通过实地踏勘，有时还需要进行航空和卫星相片的地质解释，选择和实际测制具有代表性的地质剖面，以了解和掌握填图区域的基本地质情况，并根据任务的要求和比例尺的大小，确定填图单位。将地层、岩体等地质体按其野外标志（如层面、界线）划分为不同的岩层、岩体或岩性组合（岩性段、岩相带）作为野外地质图上能够反映填图区地质特征的基本组成单位。填图单位的粗细取决于填图的比例尺，比例尺越大，填图单位划分越细，有时可相当于地层的一个统或阶，或为其一部分。

本次实习地区，各组段岩性差异明显，以段为填图单元。

二、观察路线的布置原则

观察路线的布置是在已经建立了工区地层层序的基础上进行的。

在填绘地质图的过程中，要求尽量全面地收集工区内地层、岩性、构造等方面的地质资料。所以，观察路线的布置原则就是针对拟要解决的地质构造问题，并考虑到沿途露头分布的优与劣、构造的复杂程度以及地形条件等因素设置。

观察路线的条数依据工作区范围大小、构造的复杂情况而定。每一条路线可以设计成S形或折线形，也可设计成直线（图5-3）。

图5-3　观察路线布置示意图

路线要统一布置，布置时要充分考虑地质体及异常点分布、主要构造线方向、基岩出露情况、地形地貌、交通等综合因素，不同区域其路线间距应有所不同，不同性质路线的人员安排和观察的重点也不尽相同。一般先布置主干路线，再布置辅助路线。

三、观察点的布置原则与定点方法

所谓观察点,是指沿着观察路线前进中,对确认的地质现象进行观察、描述、素描、测定产状、记录的地点。当然这个点远远不局限于你脚下所站立的地点,实际上包含着一定视域范围。比如一个断层点,它实际上包括你视域内纵横方向上所能看到的各种判断标志。

观察点的作用在于能准确地控制地质界线,能够全面地描述该点及其附近范围内的地质构造现象。观察点必须要做系统的编号。

观察点主要分为基本点、加密点、岩性或产状点。

基本点:控制测区地质界线和基本构造形态布置的观察点。基本点应该布置在测区填图单元的地质界线、含矿层或矿体、蚀变带界线、岩体界线、断层面或褶皱轴等位置上,基本点要求作详细的文字记录(必要时作放大素描图)。

加密点:为进一步控制地质界线和构造形态的变化,在满足基本点密度要求的前提下,在基本点之间沿地质界线加密布置的观察点,加密点只作简要的文字记录。

岩性或产状点:为控制和了解地质界线之间岩层产状变化及岩性特征、满足基本点密度和数量要求而布置的观察点,岩性或产状点只需记录岩层产状和岩性特征。

观察点布置的原则是要有效地控制各种地质界线和地质要素为准。通常是布置在填图单位的界线(如T_1f^5与T_1f^4间)、标志层(如T_1f^2与T_1f^1间)、岩性界线(如页岩与石灰岩间)或岩相发生显著变化的地点(如湖相介壳灰岩与河流相泥岩间)、不整合接触界线、断层线以及岩层产状明显变化处、油气苗及其他矿体点、裂缝统计点等有意义的观察部位上。

观察点布置的密度及数量应根据填图比例尺大小、构造复杂程度、基岩出露情况、自然地理条件等因素确定,见表5-1。

表 5-1 不同比例尺观察点密度

填图比例尺	地质界线上的点距 m	每平方千米观察点数		
		构造简单	构造中等	构造复杂
1:10000	100~200	40	60	80
1:5000	50~100	80	120	150
1:2000	20~50	160	240	300
1:1000	10~25	320	480	600

当到达每一个观察点位置时,首先就是要将该点的位置标定在地形图上,力求标定准确,不能超过允许的误差范围。定点方法有三种:

(1)当地形、地物标志明显或观察者识图经验比较丰富时,可以依赖那些地物标志及微小的地貌形态直接把所在的点位比较准确地定在地形图上。

(2)当地形标志特征不明显时,则可用罗盘测量观察点与已知地形控制点(如山头、山口、三角点)的方位关系,用后方交会法确定点位。对于初学者,定点是个难点,但也不要犯愁。每到达一点位上后,首先用罗盘校正方位,把手图(地形图)拿正,然后置身高处环顾四周观察地形、地物特征与你站立的位置是否有对应关系,当找到这种对应关系时,可以大致确定你所在位置,再仔细推算本点与周围特征地物的方向、相对高差、相对距离等,最后定出比较准确的点来。

(3)可以使用GPS或掌上机PDA进行标测。

第四节　观察点的观察与描述

在定点的位置，进行详细观察，将点周围（至少半径 50m 范围）各类地质现象看清楚，在综合分析理清思路的基础上，进行详细、系统、客观、真实、准确的描述，要求观察准确、描述正确、使用科学术语，不能用白话和土话。

一、观察点的类型

（一）地质点

地质点一般指观察岩层界线的分界点，以 G（geology）表示。有时用作产状控制点，如当两观测点之间的距离太远时，就可以加一产状控制点。在本填图区中 T_1f^3 层段 200 多米厚，其顶、底界线点之间的距离与相邻的其他各观察点比较起来，显得有些空虚，平面图上显得极不均匀，这就可以在 T_1f^3 层段中加密一点，取一产状就是控制点。

如天府地区 T_1f^5 与 T_1f^4，T_1f^2 与 T_1f^3，P_3ch 与 T_1f^1 等的分界点都称为地质点（G）。

（二）构造点

构造点一般指定在标准层上的观察点，以 S（structure）表示。标准层也就是将来要编绘的构造等值线图的作图层。

在本次实习中取 T_1f^3 的底界面为作图层，所以凡是定在 T_1f^2 与 T_1f^1 分界线上的点都用构造点 S 表示。

（三）辅助构造点

有时为了编制构造等值线图方便，加强构造点的密集度，采用了一些辅助构造点。顾名思义，它是分布在辅助标准层上的点，比如，可选 P_3ch 顶界、T_1f^4 的底界作为辅助标准层，其辅助构造点的编号是在右下角加一角码，如 S_A，S_B，S_C 等。

不过，为减少编号的繁杂性，多数情况下都是按穿越路线的先后顺序依次编号为 S_1，S_2，S_3，…，S_n。因为标准层在图上的点号和记录本上的点号是一致的，不会引起混乱，所以就不必要再分标准层点号和辅助层点号了。

（四）断层点

断层点是专门为观察断层而定的点，以 F（fault）表示。

（五）构造轴线点

构造轴线点是专门为观察背斜或向斜的轴线而定的点，以 A（axis）表示。
轴线点在做构造横剖面图时很重要，定点时尤要认真。

（六）裂隙统计点

裂隙统计点是专门为观察、测量裂隙而定的点，以 J（joint）表示。

（七）油气苗点

油气苗点是专门为观察油气苗而定的点，以 O（oil）表示。

二、观察点的描述

每个观察点所具有的地质意义不完全相同，在描述地质现象时，应有重点，切忌千篇一律或平淡叙述。内容主要有：岩石名称；岩石特征（颜色、风化特征、矿物成分、结构、构造等）；古生物及遗迹化石；蚀变及矿化现象；矿脉（层）及岩脉的岩矿石名称、岩矿石特征、产状、厚度、穿插关系；地质体及地质构造（褶皱、断裂、破碎带等）的产状、性质、接触关系、垂直及水平方向上的变化；地貌及水文地质等。

（一）地质点

确定观察点所在的地层层位，并进行岩性描述，说明岩性特征、横向变化、上下层的接触关系等，以及本点与上一点之间的路线地质概况。

（二）构造点

描述观察点所处的构造部位，如果为褶皱，应该描述核部和翼部地层特征、转折端形态、倾伏转折端的倾伏角大小、倾伏方向、延伸方位、完整情况等。

（三）断层点

主要描述断层的特征及断层存在的证据。

1. 与断层有关的直接和间接依据

（1）构造线的不连续：构造轴线、地质界线的错断或突然中断。

（2）地层的重复与缺失（注意与不整合造成的缺失、褶曲的对称重复的区别）。

（3）断层的伴生构造。

（4）擦痕：利用擦痕判断断层两盘相对运动方向是靠手的感觉。手摸其光滑方向即为对盘的运动方向，有些擦痕，常形成深的刻槽。在垂直刻槽的横向上构成一道道梯坎，称为阶步。梯坎由陡至缓的方向，指示对盘的运动方向。

（5）构造岩：断层角砾岩、糜棱岩、碎裂岩等都是判断依据。

（6）牵引褶曲：在断层两端相对错动时沿断层面的两侧岩石发生的韧性弯曲现象。弧形凸出方向即指本盘的滑动方向。

（7）羽状张裂隙：张裂隙靠近断层一侧撕开距离大，而远离断层一侧闭合，由于两盘错动使张裂隙斜交于断层面或断层带方向，锐交角指向本盘运动方向。

（8）脉状矿体：由于断盘被强烈的挤压，揉搓产生局部高热，有些矿液（常见的方解石、石英）在断层破碎带中局部聚集结晶沉淀形成比较粗大的脉状矿体，它的延伸方向往往与羽状张裂隙一致，有时形成规则排列的脉状雁列带。

（9）其他方面：其他方面的依据主要是指与断层有关的地貌、水文标志，如断层泉和三角面等。

2. 断层产状

记录下断层面的走向、倾向、倾角数据，在测定时，必须记有三个产状数据，并注意测量断层的侧伏角和侧伏向。

3. 断距大小

直接丈量或根据被断层错断的地层厚度推算地层断距。

4. 断层延伸长度

说明断层的延伸长度。

5. 断层力学性质

分析和判断断层的力学性质。

(四) 裂隙点

1. 观察点选择的原则

通常是将观察点布置在露头清楚、层面比较平整、容易观测的地方，特别是要求观察点处在一定的构造部位，如背斜的高点、轴部、翼部、陡带、倾伏端、断层带等部位。此外，还要求观察点分布在不同层位、不同岩性、裂隙发育齐全（指构造裂隙）、具有一定代表性的部位。

2. 观察内容和资料收集

（1）测量裂隙产状，当裂隙面很小时常用硬纸片插入裂隙中一半，用罗盘测量出外面的一部分，即可得到比较正确的产状数据。

（2）鉴定裂隙面的力学性质。

（3）将裂隙分组，把走向近于平行、力学性质相同的裂隙划归成一组。

（4）描述裂隙的延伸情况与充填物质情况。

（5）测量裂隙的线密度和面密度。

(五) 油气点

若在填图工作区发现油气苗时，用特殊符号标定在平面图上，并描述其产出层位及构造部位，调查其产出历史、物理性质，区分湿气和干气，前者为油成气，后者属非油成气。油成气燃烧时呈黄色火焰，干气燃烧时呈蓝色火焰。

(六) 地貌与水文点

地貌特征和水文地质与岩性、构造关系十分密切，比如产状水平的砂岩和泥岩相间出露，则砂岩形成平顶的桌状山，泥岩形成缓坡的圆包山。岩溶地貌与石灰岩、地下水有着不可分割的关系。

(七) 采集标本

在观察点上，如发现对说明某一地质现象有代表性的岩石或矿物时，则要求采集标本，并进行编号，带回室内做进一步分析鉴定，比如龙潭组底部的火山凝灰岩、雷口坡组底部的绿豆岩、廖家坡断层角砾岩等都是值得采集的标本。

(八) 地质素描与摄影

在野外填图过程中，地质素描与摄影是一项不可缺少的、有着重要意义的工作内容。它可以准确地、真实地、直观地取得第一手地质资料，可起到文字描述所不能起到的作用。许多描述不清的问题，只要附上一幅素描插图或照片，就一目了然了。野外地质现象素描与野外照相方法见第三章第七节。

第五节 地质草图的编绘

通过定点观察以后，将实际看到的地质界线及其向两端延伸情况进行勾绘，观察不到的按 V 字形法则填绘在地形图上，这就称为勾绘地质界线。地质界线勾绘的准确程度，直接影响到地质构造形态特征的真实性，所以是地质填图的关键工作。为了保证尽可能高的精度，要求必须在野外实地勾绘清楚。

一、V 字形法则

初学者在勾绘地质界线时，总是沿着岩层产状的走向线在平面图上画成直线，这是不符合实际的，因为地表总是起伏不平的，地层总是受到地表流水侵蚀、切割，因为地质界线一般都表现出弯弯曲曲的形态，地质界线的这种形态具有一定的规律性，被人们总结为 V 字形法则。

（1）当岩层倾向与地面坡向相反时，地质界线在沟谷处，其尖端指向上游。而在山脊处其尖端指向山脊下方，其整个弯曲方向与地形等高线弯曲方向相同。但地质界线的弯曲弧度小于地形等高线的弯曲弧度，即"相反相同小"（图 5-4）。

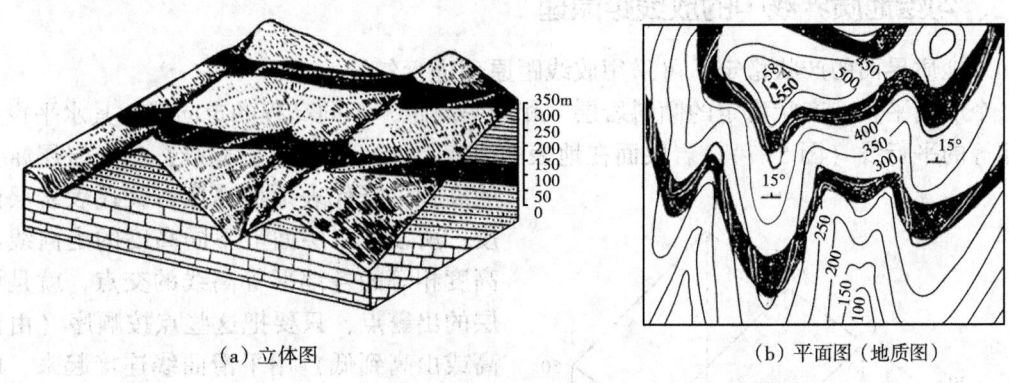

(a) 立体图　　　　　　　　　　(b) 平面图（地质图）

图 5-4　倾斜岩层露头界线形态——相反相同小

（2）当岩层倾向与地面坡向相同，且岩层倾角大于地面坡度角时，地质界线与地形等高线是相反方向弯曲的。在沟谷处地质界线的 V 字形尖端指向沟谷的下游，在山脊处指向上坡方向，即"相同相反"（图 5-5）。

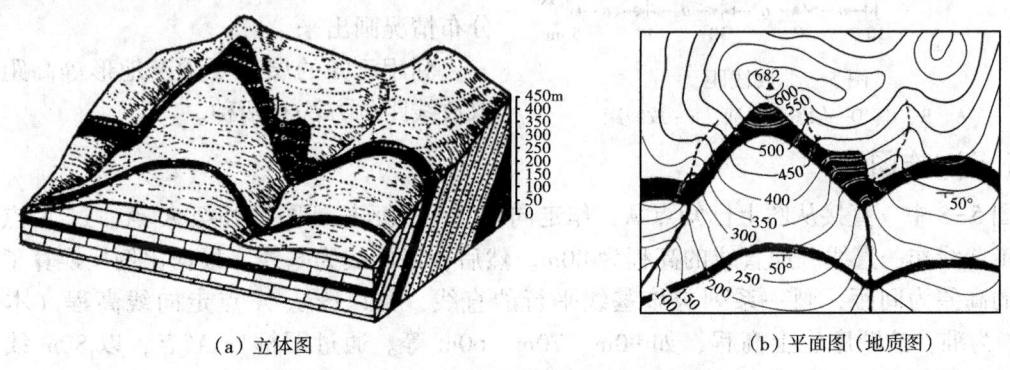

(a) 立体图　　　　　　　　　　(b) 平面图（地质图）

图 5-5　倾斜岩层露头界线形态——相同相反

（3）当岩层倾向与地面坡向相同，且岩层倾角小于坡度角时，地质界线与地形等高线的弯曲方向相同。不过，地质界线的弯曲度比地形等高线的弯曲度大，即"相同相同大"（图 5-6）。

— 99 —

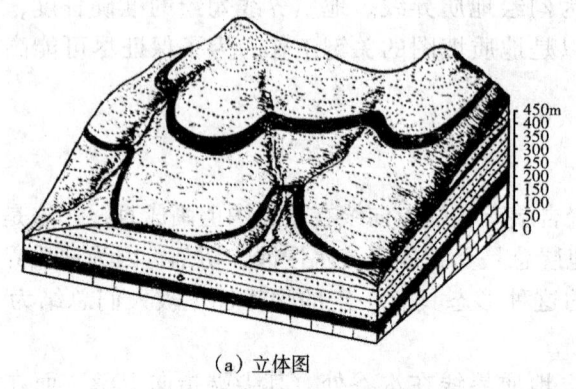
（a）立体图

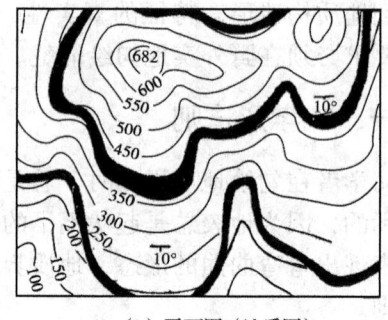
（b）平面图（地质图）

图 5-6 倾斜岩层露头界线形态——相同相同大

二、勾绘地质界线中的放线距原理

如果地质界面的产状稳定，可采用放线距原理进行勾绘。

一个层面平整、产状稳定的倾斜岩层，相同等高距、不同高程的走向线，其水平投影为间距相等的平行线（图 5-7）。岩层面在地表的出露界线，即为地质界线；一个岩层露头点的高程，既代表地面高度，又代表岩层面高度；所以，岩层面上不同高度的走向线与其高度相等的各地形等高线的交点，就是该岩层的出露点，只要把这些点按顺序（由低到高或由高到低）用平滑曲线连接起来，即可得出该岩层在地面的界线。因此，当倾斜岩层产状稳定，如果有了一定比例尺的地形图，又有了欲求的倾斜岩层出露线投影的一个点，且此点的产状数值已知，则根据已知条件，利用放线距即可将此层在地质图上的分布情况画出来。

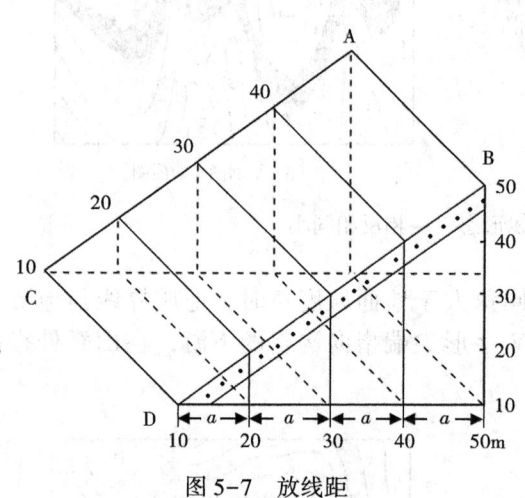

图 5-7 放线距

A、B、C、D—倾斜岩层面；a—放线距

利用已知的层位要素及地形等高距，求取放线距的方法有两种。

（一）作图法

图 5-8 中，直接从图上已知点 A，作走向线 AA′并延长到图框外至 A″点。过 A″点，垂直此走向线作一直线，此直线的高程为 80m。然后，以此线为基线，根据比例尺换算了的等高线的高差为间距，画一系列与该基线平行的直线，并以露头 A 点走向线高程（本例为 80m）为准，按顺序注上高程，如 90m、70m、60m 等。通过图框外 A″点，以 80m 线为基准，按岩层倾向和倾角（30°）作一倾斜线，分别与各高程平行线交于 Ⅰ、Ⅱ、Ⅲ 点，然后过这些点作与走向线 A″A′平行的线，如 Ⅰ-Ⅰ′、Ⅱ-Ⅱ′、Ⅲ-Ⅲ′等线。各平行线之间的间距 a 即为放线距。

用作图法求放线距，一般用在岩层倾角较大的情况下。当岩层倾角很小时，作图不易准确，产生的误差大，此时就改用计算法。

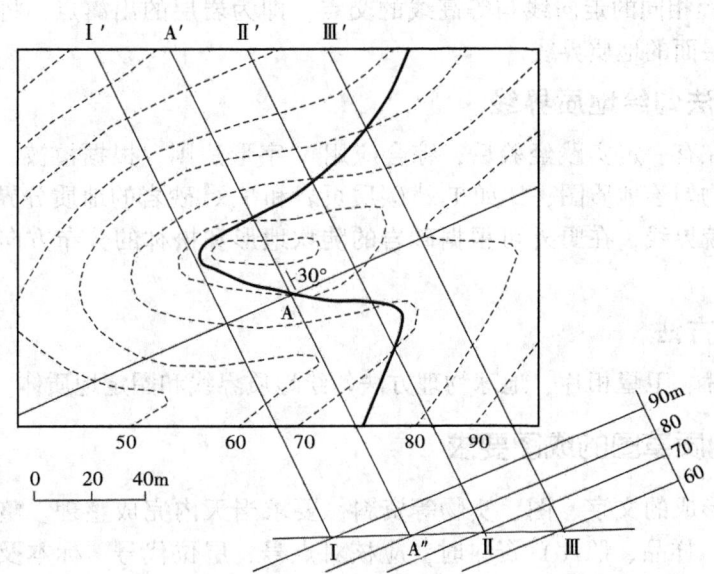

图 5-8 图解法求放线距,并绘制倾斜岩层界线

(二) 计算法

由于 $\tan\alpha = h/a$,则

$$a = h\cot\alpha$$

式中,h 为等高距。

(1) 在已知露头点的位置上画出岩层的产状要素,把走向线和倾向线都延长至图框边(图 5-8、图 5-9 中 A 为已知露头点)。

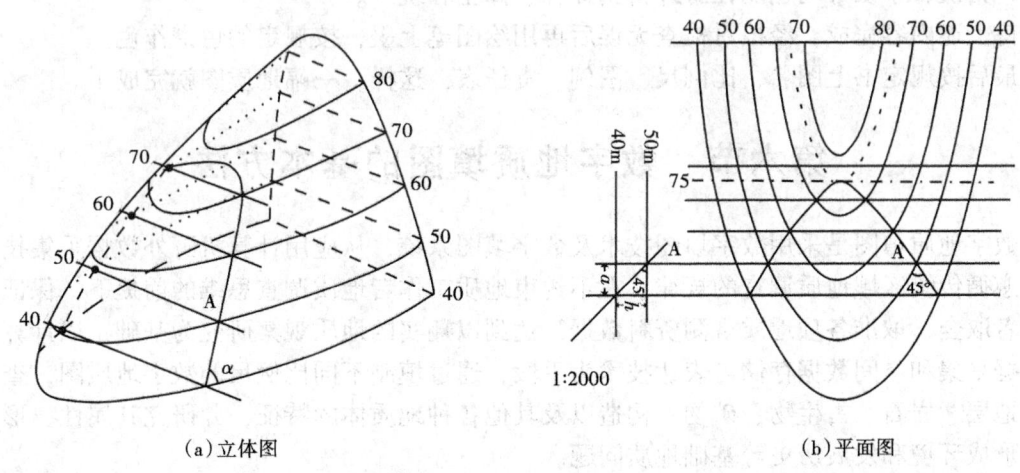

(a) 立体图　　　　　　　　　(b) 平面图

图 5-9　求放线距及编联地质界线(单位:m)

(2) 在倾向线上按放线距的长度截取线段。

(3) 过分截点作已知走向线(过 A 点所作的走向线)的平行线,这些走向线的高度不同,与倾向方向相同者高程低,相反者高。

(4) 求出高程相同的走向线与等高线的交点，即为岩层的出露点，将各点用圆滑曲线相连，即为该岩层面的地质界线。

(三) 目测法勾绘地质界线

这种方法是在有一定实践经验后，综合应用 V 字形法则，根据植被、地形地貌、岩层颜色等多种参照物勾绘地质图，比如 T_3x^1 碳质页岩和 T_3x^2 砂岩的地质分界线，就是一条十分明显的岩性地貌界线，在野外可根据砂岩的陡坎地形和松林的分布方向进行地质界线的勾绘。

(四) 其他方法

利用航空照片、卫星相片、地球物理方法勾绘地质界线和圈定地质体。

三、野外地质草图的成图要求

野外填图中形成的文字、图、实物等资料，要求当天内完成整理。整理文字记录、手图、实物（标本、样品、照片）资料时，应核对点号、层位代号、标本及样品编号、位置及各种数据等，确认无误后，再分别进行整理。若发现问题，必须到野外核实，方能补充和修正，不允许回忆补充修正。用地质点记录表整理时，应检查地质点记录表中填写内容是否齐全，文字是否通顺、有无错漏字、用语是否准确，素描图是否需要完善；检查后，给数据和素描图上墨。手图整理时，检查手图中的地质点、观察路线、产状、填图单元代号、标本、样品、照片等位置、数据以及界线勾绘有无错漏，确认无误后着墨。

当全部野外填图完成后，进行一次全面的清绘，编制一幅内容丰富的实际材料图。将手图中填绘的全部内容（地质点、路线地质、标本、样品、产状、已施工工程、各种地质界线、断层线等的位置、编号、代号）转绘到底图上，加上图框、图名、图例、比例尺、责任签等，形成实际材料图。实际材料图应在野外填图过程中逐步完成，以保证填图中出现的遗漏、错误、争议等问题能在野外得到弥补、修正和统一。

待上述内容完成，经核对检查无误后再用绘图笔上墨，按规定的色谱作色。

最后按规定书上图名、比例尺、图例、责任表，这样，一幅地质图就完成了。

第六节 数字地质填图的基本方法

数字地质填图是采用数字填图技术及数字填图系统，从应用计算机野外数据采集技术入手，遵循传统区域地质调查的规律，在不约束地质工作者地质调查思维的前提下，保证地质工作者取全、取准各项地质观测资料数据，达到以翔实的地质观察研究为基础，以计算机野外数据采集和空间数据存储与表达技术为手段，通过填制不同比例尺的数字地质图，查明调查区地层、岩石、古生物、矿物、构造以及其他各种地质体的特征，并研究其属性、形成时代、形成环境和发展历史等基础地质问题。

数字填图技术（RGMAP）是基于 GIS、GPS、RS 技术（3S 技术）为平台的区域地质调查野外数据的数字化采集及数字化成果一体化，组织、管理、处理分析和提供个性化社会服务的计算机技术。

数字地质填图从根本上改变了传统地质填图的技术流程、方法，实现了地质填图工作全程数字化。3S 技术的应用，特别是 GIS 贯穿于区域过程的始末是最大特点，提高了地质填图的效率、研究精度，降低了劳动强度，实现了地质成果的全新表达及载体多样化。地质成果不仅仅是通过纸媒介来浏览查看，而主要是通过电子荧屏进行再现，可利用原始的和最终成果数据任意提取和重组数据，为研究和开发新成果提供方便。数字地质填图强调在计算机技术全程化支撑下，对地质、地理、地球物理、地球化学和遥感等多源地学数据进行综合分析和地质制图，真正实现地学多源数据的整合，提高了数字地质填图的效率和质量。

一、数字地质填图前期准备工作

（一）数字地质填图装备准备

数字地质填图装备是用于数字地质填图的现代化野外设备，包含下列 5 件基本装置（图 5-10）（冯文钊，2010）。

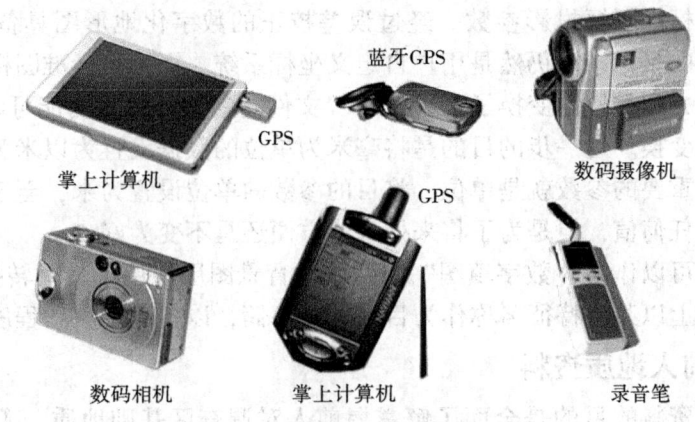

图 5-10　野外数字化采集仪器

（1）用于野外数据采集的掌上计算机；
（2）GPS：可以使用手持式 GPS、蓝牙 GPS 或者夹克式 GPS；
（3）便携式计算机；
（4）数码照相机和数码摄像机；
（5）数字录音笔。

用于野外数据采集的掌上计算机也称为掌上电脑，目前数字地质填图工作中一般采用预装有 Windows CE 操作系统的掌上电脑作为野外数据采集器。掌上电脑的主要作用就是在数据采集软件（RGMAP 或 MEMAP）的辅助下采集野外地质数据。目前使用的掌上电脑主要有两款，苹果的 iPad 系列和平板电脑。

（二）数字地形图资料准备

数字地质填图工作需要数字地形图资料，因此要根据工作的需要收集合适比例尺的数字地形图数据或纸质地形图作为数字填图中背景图层所需要的数字化地理底图。一般来说，进行 1:25 万填图需采用 1:10 万地形图及 1:25 万地形图，进行 1:5 万填图需采用 1:2.5 万地形图和 1:5 万地形图。

如果收到的是纸质的地形图，需要将地形图数据扫描成数字图像，然后在 MapGIS 软件中进行矢量化，形成可以使用的数字地形图数据。

如果收集到了数字地形图数据，就将数据转换为数字填图所需要使用的 MapGIS 的数据格式。

数字填图系统对于作为背景图层的地理底图数据有着一定的要求,为了满足要求必须要对数字地形图数据进行处理。这些要求是:

(1) 数据的单位为 m;
(2) 坐标系类型为北京 54 或西安 80 平面直角坐标系;
(3) 投影类型为高斯—克鲁格投影,对于比例尺没有特殊的要求。

处理步骤一般分为三个步骤:

第一步:误差校正。这一步的目的是使数字地形图数据具备正确的坐标数值。数字地形图数据是根据扫描的地形图矢量化得到的,所以具备的坐标系是一种用户自定义的坐标系,坐标数值是一种图纸坐标值,而数字化填图系统要求的坐标是北京 54 或者西安 80 坐标系,这就要求两者要统一。

第二步:拷贝标准图框投影参数。经过误差校正的数字化地形图具备了正确的坐标数值,但是文件本身的坐标系仍然是用户自定义坐标系,需要将标准图框的坐标系拷贝到数字化地形图文件,通过投影变换子系统下的"文件间参数拷贝"功能可以完成。

第三步:投影变换。这一步的目的是将毫米为单位的数据设置为以米为单位的数据,在投影变换过程中最重要的参数就是单位,将目的参数的单位设置为米,至于其他参数可以不变,比例尺可以是任何值,但是为了将来处理的方便还是不变为好。

投影后地图就可以作为"数字填图"系统中的背景图层使用了。对转换后的地形数据,在一定的存储介质上以某个特征名称作为目录进行存储,以备数字填图程序的调用。

(三) 收集前人地质资料

收集前人地质资料的目的是全面了解掌握前人对调查区基础地质、矿产地质、环境地质、灾害地质、水文地质、工程地质等方面的调查和研究现状,总结前人的工作成果,找出存在的问题,确定进一步野外工作的主攻方向。

收集的主要内容包括:调查区已有的区域地质调查报告、地质图及说明书,以便了解工作区区域地质总体特征;调查区所有的综合或专项调查的科研报告、专著、研究论文等,特别是最新的、总结性的资料,以便迅速了解前人的工作全貌;调查区内已有的各种实物资料,如岩石标本、矿物标本、化石标本、钻孔岩心、各类岩石薄片等,以便迅速建立调查区有关地质实体的感性认识;不同时代形成的地质资料,以便进行综合分析,从而对前人的填图单位进行合理的归并和重新厘定;调查区人文、地理、气候、交通等方面资料,详细了解调查区野外工作条件,为野外工作开展提供必要的有关地形、道路、物质供应、居住等背景资料。

(四) 数字填图工区图幅 PRB 库的建立

目前数字填图程序有多个版本,包括 RgMapGIS62、RgMapGIS66、MeMapGIS67 等,其中 MeMapGIS67 功能比较全面。要使用 RgMap,对新的工作图幅,必须创建 PRB 图幅库(每个图幅只需一次)。

创建的图幅库可以有两大类,一类是标准图幅库,包括 1:5 万、1:10 万、1:20 万及 1:25 万 4 种标准图幅,通过选择合适的比例尺弹出接图表,然后在接图表中查找工作区以便建立新图幅或者打开已建的图幅库,查找图幅时可以通过漫游或者根据名称及图幅号查询得到,查找到图幅后选择该图幅,并将已经准备好的背景文件拷贝到建立的图幅下。第二类是任意比例尺图幅库。任意比例尺图幅库的建立需要经过两个步骤：第一，建立自定义接图表；第二，在自定义接图表上选择任意比例尺图幅，按标准图幅PRB库建立方法创建任意比例尺图幅PRB库，并将准备好的背景文件拷贝到建立的图幅下。

二、野外数字路线地质调查

地质填图实际上是地质工作者把可描述性的调查对象用不同的符号、线条、区域标绘在地形图或记录本上，而描述内容也包括了野外观测路线、定点、采样等内容。PRB数字填图技术是集GPS、GIS、RS技术为一体，对野外观测的地质现象及描述进行定义、分类和归纳、分层并结构化存在空间数据库中。它把野外路线观测描述的地质现象的复杂过程及本身观测的过程抽象为PRB过程，不但满足传统地质调查的要求及符合野外填图基本规律，还能保证地质工作者不受约束地采全、采准野外观测数据，并使之数字化、标准化和规范化。

PRB分别代表point（地质点）、routing（分段描述）、boundary（点上或点间界线）的首字母，即PRB数据采集三要素，它根据传统路线观测的规律，用PRB的数据模型和组织方式来对观测的地质现象进行定义、分类和描述，即PRB数字填图技术。换言之，它是基于RGMAP的野外数字采集系统对点、线、面空间实体的一种有序的、规范的数字化采集和定量化描述过程。用该过程进行PRB数据采集即数字填图方法。显然，用PRB过程表示数字填图方法使其概念更加简捷和明了。

地质点point过程、分段路线routing过程、点间界线boundary过程构成基本PRB过程。

地质点point（P）过程是指野外路线所通过的地质界线、重要接触关系、重要地质构造或重要地质现象等进行地质观测点控制的过程。地质观测点的密度按有关技术要求执行。

分段路线routing（R）过程是两个地质观测点之间的实际分段路线描述记录的控制过程。该实际路线根据两个地质观测点之间的内容和变化来进行分段描述，该变化可以是两个地质实体的界线，也可以是一个地质实体的内部变化。

点间界线boundary（B）过程是依赖于routing过程的。它是对两段routing之间的界线来进行分段描述。该界线可以是两个地质实体的界线，也可以是一个地质实体的内部变化界线。在室内PRB数据处理过程中，boundary过程是地质连图的重要依据。

野外地质路线观测数据的获取技术是数字填图的核心。因而获取野外地质路线观测数据的方法和技术也就成为了数字填图的主要研究内容。显而易见，获取野外地质路线观测数据的硬件支撑技术必须要在野外现场完成观察数据的一次性数字化输入。

（一）数字地质调查路线的布设原则与方法

1. 数字地质调查路线的布设原则

在确定野外数字采集区域后，首先应根据项目要求，布设该区域的数字地质调查路线。数字地质调查路线的布设一般遵循以下几点原则：

（1）路线布设一般要以垂直各类地质体界线和区域构造线方向的穿越路线为主，如果穿越路线难以满足全面掌握区域地质情况，也可以采用穿越路线和追索路线相结合的方式进行布线。

（2）地质路线必须全面控制测区所有地质体和重要构造形迹的空间展布及其分布规律，这就要求在野外地质调查、验证阶段，找出图幅内存在的主要地质问题，并选择关键性路线进行野外地质调查、验证。野外地质调查路线应选择在露头出露较好、填图单位较多、地质现象较丰富并能较好地解决测区内存在的重大地质问题的部位，要求图幅内出现的每一个填图单位都必须有两条以上野外主干填图路线控制，对路线线距和点距不作机械的规定，对地质结构复杂地区，地质路线控制密度应较大，反之则可适当放稀。有实测剖面控制的地段，实测剖面可以代替相应地段的地质路线。

（3）路线布设应在数字填图系统的平台上进行，为了在屏幕上能清楚看到地层、构造、植被、自然地理和人文特征，提高布置观察路线的目的性，在具体布置路线时要将数字地形图、与数字地形图配准的DEM图以及遥感图像和遥感解译地质图三者结合起来，根据情况选择不同图件进行叠加，自由组合使用，以取长补短，提高布置路线的目的性和填图时的预见性，明确该路线要解决的地质课题。

2. 数字地质调查路线的布设方法

数字地质调查路线的布设是通过在室内设计路线实现的。首先进入工作图幅，打开图幅PRB库，在"PRB操作"菜单下选择"室内PRB数据录入（野外手图）"菜单，在弹出的级联菜单中选择"设计路线"，然后遵循布设原色进行路线设计并点击鼠标右键结束，在弹出的对话框中填写属性数据，完成路线布设任务。

3. 野外手图组织

设计路线完毕，可创建野外手图。每一条设计路线都有一条野外手图与之对应，具体操作如下：

（1）在"PRB工程"菜单下选择"野外手图组织"菜单。

（2）在弹出的"野外手图组织"对话框中，输入新建路线名称，若有参考路线号，从已入库的野外路线下拉框中选择所需的路线号，点击"新建"，系统自动建立新的路线目录和相应工程文件、子目录文件、采集图层文件、所选的参考路线号（参考路线采集图层的所有内容都加入到该路线工程中，包括 Note \ "Geopoint_P/R/B.txt"的文件）。

（3）创建完后，系统自动形成以设计路线编号为名的文件夹，并把相应的野外手图文件存在其中，点击打开按钮，系统切换到野外手图窗口。

（4）野外手图窗口的左侧是野外数据采集系统的图层，用户通过在此区域点击右键添加背景图层数据。

（5）在"PRB工程"菜单下选择"野外手图转到CF卡"菜单。

（6）在弹出的目录选择对话框中随意选择一个目录作为CF卡，系统会将野外手图数据以路线号作为文件夹名存储在选择目录下。

（7）将该文件夹通过同步软件转入掌上电脑"我的文档"文件夹中，形成野外手图。

（二）数字地质路线野外数据采集

数字地质路线野外数据采集图层有9个，都是在掌上机上实现的。

1. GPS数据采集

GPS数据采集是一切地质数据采集的基础，其他所有数据的采集都以精确的定位为前提。

在数字填图系统中可以使用两种类型的GPS，一种是与掌上机紧密耦合绑定在一起的夹克式GPS或者蓝牙GPS。这种情况下需要在"编辑"菜单下启动GPS，并根据机型设置GPS参数，如果是夹克式GPS，设置串口COM5波特率57600；如果是蓝牙GPS，首先把蓝牙GPS电源打开，然后再启动GPS。时间编辑框的时间在跳动，说明GPS已连通，否则，需重新启动 GPS（启动前，先关闭 GPS）。当 GPS 重新启动后，要重点检查输入的 GPS 参数是否正确，如有问题，需对 GPS 误差值进行校正。

另一种就是使用手持式 GPS，手持式 GPS 没有与掌上机绑定，所获取的 GPS 信息不会自动在屏幕上显示定位，需要手工输入 GPS 数据，方法是在"编辑"菜单下选择"坐标手工输入"级联菜单，可以有两种坐标输入方式，一是输入高斯坐标，二是输入经纬度坐标，输入数据后就会在屏幕上以蓝色的十字图元符号自动定位和显示当前的位置。

其他数据的采集都是通过选择"编辑"菜单下的"新增 PRB 过程"级联菜单完成的，在该菜单下又对应着各个采集数据的菜单，点击这些菜单就能完成相应地质数据的采集。

2. 地质点采集

在野外数字采集的 PRB 过程中，地质点的采集是最重要的信息之一。当到达某一地点时，如果确定要在此处定点，可以在掌上机编辑菜单下新增 PRB 地质点。用鼠标点击新增加点的位置（根据 GPS 信息指示），屏幕会自动在图上加入一个地质点的符号，并闪烁该符号，点击属性对话框，录入地质点属性，如微地貌、点性、露头、风化程度等，如果该地质点是岩性界线点，要确定该地质点两边的岩性特征、名称、接触关系等信息，在对地质点进行描述时，可以借助 PRB 字典中的已有数据进行描述，描述的字数不受限制，这样可以节省大量时间。

3. 分段路线采集

当到达一个地质点时，根据野外地质填图的需要，要将刚走过的路线在掌上机上勾画出来（可选流线、曲线），曲线输入是按一定间隔用笔在屏幕点击，系统自动圆滑成曲线的。按对号表示确定画线结果，按叉号表示画线无效。尽量使所画的路线和真正经过的路线相同，点击编辑按钮，编辑分段路线的属性，可以对刚经过的路线沿途进行描述，并对经过的距离有所记录。

4. 点和点间界线采集

到达一个地质点时，如果该地质点是岩性界线点，则该地质点应该添加地质界线，根据观察到的地质界线走向，在掌上机上勾画出所能看到的地质界线，并尽量保证所画岩性界线和真实的岩性界线一致，以便将来可以将该地区各小组所画同一岩性界线连接起来。如果不能保证所画地质界线的准确性，那么就不要画太长的地质界线，以免将来在连接岩性界线时误差较大。绘制曲线和流线的方法与分段路线操作相同，在图上相应位置手动勾勒出界线，注意不要画断，画完后，该线会自动闪烁。然后点击编辑按钮，输入其属性及点和点间界线的描述内容。在路线上，应该按照统一的规则确定该地质点的左侧和右侧，记录左右地层的岩性，观察并描述两侧岩石的接触关系，测量岩石地层的倾向、倾角、走向，对该地区岩性特征进行描述。

5. 产状采集

测量某点的产状，选择"编辑"菜单下的"产状"，然后在图上用鼠标点击产状的位置，产状符号会自动标注在该图上并会自动闪烁，输入属性，包括岩石产状、产状类型、岩石节理发育或粒度大小。

6. 照片采集

地质点周围有特殊的地质构造，如断层、褶皱等，或者有明显的地质现象，如岩石矿化等对该地区研究有所帮助，则要利用数码相机将该地质构造或现象拍摄下来，以便将来结合各种数据进行研究。在拍摄时最好有参照物，以辨别其大小。照片可以通过选择"编辑"菜单下的"照片"，然后在图上用鼠标点击照片的位置，照片符号会自动标注在该图上并会自动闪烁，输入照片属性，包括照片内容、照片编号、数码序号、镜头方向等，以便回到驻地将野外的各张照片与各个地质点准确匹配。

7. 素描采集

在野外看到不整合接触等地质现象时，需要在野外记录本上描绘出来，掌上机同样可以实现这一点，选择"编辑"菜单下的"素描"，在图上用鼠标点击素描的位置，素描符号会自动标注在该图上并会自动闪烁，输入素描属性。点击"进入素描图工具"，进入绘制素描图环境，系统给出绘制众多点线符号等的素描图工具，利用这些工具可以很轻松地绘制出该处的地质现象。

8. 样品采集

为了确定研究区的岩石成分、金属矿物的含量等，在野外进行数据采集时，需要对不同岩性、间隔、类别的岩石进行采样分析，记录采样信息。在"编辑"菜单下，选择"采样"，在底图上点击采样位置，采样符号会自动标注在该图上并自动闪烁，输入采样属性，包括样品的位置、类别、岩性、块数、层位等相关信息，以便将来发现有价值的样品时，可以确定它的来源，找到样品采集地。

9. 化石采集

在野外采集数据的过程中，很多情况下会在该地区岩石中发现古生物化石，这时就可以在"编辑"菜单下添加化石，在图上点击化石的发现位置，将会出现化石图标，输入化石属性，包括化石的类别、采样层位、采样地点、采样人、日期等。

（三）野外驻地数据整理

野外驻地数据整理过程是把掌上机的单条野外路线导入计算机硬盘，然后在 RGMAP 数字填图桌面系统的支持下，进行数据交换和数据备份工作，同时对单条 PRB 过程进行初步整理，并进行当天野外数据进库、路线整理、质量检查、路线小结和自检，最终转入图幅 PRB 库。

1. 野外掌上机 PRB 数据备份

数据备份是保证数字填图数据安全的主要途径，因此为确保资料收集的完备性、正确性和安全性，必须对野外地质路线 PRB 数据进行备份。

野外地质路线结束后，回到驻地，应在未进行任何改动的情况下，对野外原始路线进行备份，各填图组应尽快在笔记本电脑中进行原始数据和照片的备份，室内整理完成后，应按日期整理路线的备份。

2. 掌上机 PRB 数据转入手图库

野外数据采集完成后，需要通过同步软件，将 PRB 数据传到笔记本硬盘上，导入 RgMapGIS 系统中。具体步骤如下：

（1）在数字填图中打开工作区图幅库；

（2）选择"PRB 工程"菜单下的"CF 卡转入野外手图"菜单；

（3）在弹出的目录选择对话框中选择野外采集数据存放的目录；

（4）选择后，在弹出的对话框上选中野外路线工程文件，系统会自动把野外采集的数据更新到 RgMapGIS 系统的野外手图目录中，同时程序把该路线文件备份到"采集日备份"

目录中。

3. 野外PRB数据整理

野外采集的数据由于手写笔的精度等原因，使得野外采集的PRB数据位置或形态与实际地质体的位置或界线有一定的误差。因此，在PRB数据整理过程中，应将各种资料（包括PRB数据以及样品、化石、产状、素描、照片等）补充完善，包括对R、B线实体整理光滑，文本描述检查改错，R线实体的无缝连接，R过程的计算，各R过程的段首标注，各种点实体的坐标点写入，产状实体的旋转，素描图的完善，地质点号标注，照片导入手图，编写路线小结等，并及时进行数据备份，应将各种点实体（样品、化石、产状、素描、照片等）统一置于路线的右侧。

数据整理步骤为：打开野外手图、点坐标写入、地质界线整理、R过程整理、产状实体旋转与注释、地质点标注、野外照片导入野外手图。

4. 野外PRB数据的检查

对PRB路线数据整理完成之后，需要进行数据质量检查。要对每条路线的数据进行逻辑检查、数据完整性检查等，特别要根据野外路线PRB数据的编码规则对各类采集数据（PRB数据、采样、照片、产状、素描、化石）进行各种编号检查。对路线PRB数据应注意检查P、R、B过程中各类采集数据的编号，防止因PRB编号重复发生文件覆盖而导致数据丢失、破坏、混乱。

检查的方法有两种，分别为PRB数据质量程序检查和PRB数据质量人工检查。

1）PRB数据质量程序检查

选择"PRB数据操作"菜单下的"PRB数据质量程序检查"功能，系统自动对观察路线（Groute）、地质点（Gpoint）、分段路线（routing）、地质界线（boundary）、素描图（sketch）、产状（attitude）、照片（photo）、化石（fossil）、样品（sample）、GPS、注释图层（Free.WT和Free.WL）所有11个地质采集图层进行路线号、地质点号、样品编号、照片序号、图元类型等数据项的检查。

通过检查可能出现两种错误。第一种是产生无路线号及无地质点号的错误，解决办法是在相应图层中找到不符合要求的点或线进行修改或删除；进行压缩保存工作操作。第二种是出现对一未命名文件的存取被拒绝，无法对该地质路线的任何内容进行修改和保存的错误，解决办法是修改路线号；在野外手图中新建一路线号，与原路线号相同；把原路线中的内容全部拷贝到新建路线中。

2）PRB数据质量检查

包括PRB数据质量人工检查、PRB数据空间分析质量评价［创建多边形检查文件、PB多边形区域定量评价、PB空间分布定量评价（矩形）］、PRB多级质量检查记录（PRB库）。

PRB数据质量人工检查：先选择一个要查询的采集图层，并将其设为当前编辑状态。然后操作为选择"PRB数据操作"菜单下的"PRB数据质量人工检查"功能，选择点、线或面文件，对该图层所有属性进行检查。

PRB数据空间分析质量评价：根据区域地质调查技术规范和数字填图野外数据采集指南，区域地质调查与填图的PRB数据质量定量评价模型主要从工作量完成情况检查、实际材料图精度检查、地质实体有效控制精度指标等来描述。PB空间分布定量评价则是地质实体有效控制精度的控制指标之一，它又有两个指标——P空间分布密度和PB空间分布密度。

PRB 多级质量检查：以图幅中野外路线为单位，进行质量检查。选择检查的路线、检查方式，检查方式包括自检、互检、项目组检查、主管部门检查等。填写检查者、记录者、检查结果和备注，然后保存检查文件。

5. 路线小结及自检记录

选择"PRB 数据操作"菜单下的"PRB 野外路线小结和自检"功能，在弹出的"路线小结与自检"对话框中输入路线小结和自检的内容。点击对话框上的"路线工作量统计"按钮可以自动填写工作量统计数据，对路线的地质认识必须手工填写。对话框的右侧填写自检记录。

6. 野外手图 PRB 数据输入 PRB 图幅库

野外路线数据经过整理和完善、数据检查并消除数据采集错误后，可将其输入 PRB 图幅库中。具体的操作步骤为打开 PRB 图幅库，选择"PRB 数据操作"菜单下的"PRB 数据入库"功能。入库的方式有两种，其一是单条路线入库，选择要入库的路线工程文件名，将其打开入库，此时系统会自动弹出对话框提示"请确定在 PRB 入库之前进行 PRB 检查"，若已检查，选择"是"，系统将该路线数据拷入 PRB 库。这相当于把单条的野外路线汇集到一张图上，然后才能形成实际材料图、编稿地质图。其二是批量数据入库，在弹出的"选择路线"对话框中一次选择多条需要入库的路线批量入库。为保证入库的资料完整统一，可在入库前删除 PRB 图幅库中所有数据并进行压缩存盘，然后再进行入库操作，形成最新最完善的 PRB 图幅库，以便进行实际材料图的编绘。

三、室内 PRB 路线数据录入

室内 PRB 路线数据录入是地质人员经常要使用的工具，是对已完成的 1:5 万、1:20 万图幅的原始资料进行综合分析、研究、对比，并利用有效的方法和过程，需要通过数字填图桌面系统按 PRB 数据模型的方式实现原始资料的数字化。

（一）室内 PRB 路线数据录入准备阶段

这一阶段的主要任务是收集已完成的 1:5 万、1:20 万区调图幅的资料，包括地质图、实际材料图、野外手图、野外记录本、剖面资料及相关分析报告，熟悉资料，拟定填图单位，找出有效地质点。具体方法如下：

（1）对前人的 1:2.5 万、1:5 万实际材料图进行扫描后，转换成 MSI 格式。

（2）将 MSI 格式的 1:2.5 万、1:5 万实际材料图配准、镶嵌形成所需比例尺的实际材料图。

（3）熟悉前人资料后，在配准、镶嵌好的 MSI 格式底图上按规定的线距要求进行室内录入路线的布置，路线布置的方法与野外路线布置一样，但路线不受原资料路线的限制，应多考虑有效点的利用，同时应考虑复杂区及简单区的野外验证路线的留空。

（二）室内 PRB 路线数据录入阶段

室内 PRB 路线数据的录入过程与掌上机的数据采集过程一致，只不过是在桌面系统中完成的，所有的录入功能都集中在"PRB 数据操作"菜单的"室内 PRB 数据录入［野外手图］"级联菜单下的各个功能菜单上。打开野外手图，进行录入前要执行"输入路线号与地质点号"操作，以便在后面的各个录入过程中程序能自动添加路线号和地质点号。录入后的所有数据均可以使用"PRB 数据操作"菜单的"野外 PRB 数据操作编辑与浏览"级联菜单下的各个功能菜单进行再次编辑和浏览。

录入过程中要注意以下几个问题：

(1) 要根据选好的有效点依照 PRB 过程逐条路线进行录入，资料录入过程中，应一步到位，将各种资料包括 PRB 数据以及样品、化石、产状、素描、照片收集齐全，并且所采用的路线号和地质点号应与野外填图的编号区分开。

(2) 在 P、R、B 属性框中应填写好原地质点号。

(3) 录入过程中，每个点的资料不能有任何改动，要完全按照原始资料录入，同时注明原始资料的相关内容，R 过程有时无直接沿途内容，应根据原始资料的几个地质点或几段沿途综合归纳而得，并备注清楚。

(4) 路线未能控制的个别有效点，可以作为单个点来录入。对地质、岩性界线、相变界线较密集的地区，如果地质点过多，可以不定点，而做一个 B 过程。

(5) 对未能控制到的地质体或地质界线要做好记录，以便将来进行野外全面检查、验证和补充收集资料等工作。

(6) 录入完一条路线后应及时进行整理，其过程与野外实测路线的数据整理一样，也包括 R、B 线实体光滑，R 线实体的无缝连接，R 过程的计算，各 R 过程的段首标注，各种点实体的坐标点写入，产状实体旋转，素描图的完善，照片导入手图，路线小结以及自检。需要注意的是，每做完一步应注意保存，注重备份工作，录完一条路线及路线整理后都要在其他计算机备份或刻盘，防止数据丢失。

(三) 室内 PRB 路线数据录入验证阶段

在充分掌握前人资料的基础上，选择关键路线进行野外地质调查、验证，要求图幅内出现的每个填图单位都必须有一条以上野外填图路线控制。在此基础上建立起新、旧填图单位的对应关系及其基本特征，以便对前人地质资料进行批注。

(四) 室内 PRB 路线数据录入批注阶段

对野外采集的数据和检查、验证路线的数据进行对比、分析，在此基础上对前人地质资料进行批注，最终达到对原始资料的新的统一认识。这一阶段要注意的是每次批注都应该注明批注人员和批注时间。

(五) 室内 PRB 路线数据录入检查入库阶段

这一阶段是室内 PRB 路线数据录入的最后一个阶段，同野外实测路线的检查入库一样，也要求对每条路线的数据进行 PRB 数据质量程序检查和 PRB 数据质量人工检查并进行路线小结，最后导入 PRB 图幅库中。

四、实际材料图与编稿地质图的制作

(一) 实际材料图的制作

1. 编制方法

实际材料图的编制工作，实际上是将 PRB 图幅库拷贝和另存，形成初始实际材料图，在其上通过对数据的处理和地质界线的连接及添加样品测试成果的过程。其编制方法是：

(1) 打开图幅库，执行"PRB 工程"菜单下的"更新实际材料图 PRB 内容"命令，系统自动将图幅库的原始数据更新形成初始实际材料图，其实质是 PRB 图幅库的数据，同时系统自动为工程添加 Geolabel（点）、Geopoly（面）、Geoline（线）三个图层，这三个图层文件存放在"实际材料图"文件夹下。

（2）执行"PRB 工程"菜单下的"打开实际材料图"命令打开初始材料图。在屏幕上直接利用点击查询 Boundary 属性或执行"阅读 P 文本"命令，阅读相关多个地质点的描述内容，确认相邻路线上岩性特征、接触关系和特点，并结合不同填图单位在地形图上的出露标高和 Boundary 线实体进行综合分析，按 V 字形法则勾绘地质界线。

（3）设置 Geoline 图层为当前图层，按右键点击"编辑属性结构"命令，在弹出的对话框内根据 Boundary 属性结构内容，正确建立地质界线属性结构，包括各项内容的地段名称、字段类型、字段长度、小数位数。

（4）设置 Geoline 图层和 Boundary 为编辑状态，同时设置 Geoline 图层为当前图层。执行"提取 PRB 属性赋值"命令，系统自动将 Boundary 界线属性赋值给 Geoline 图层上所选地质界线。

（5）分别执行工具条上的点、线工具，对点和线的空间位置、样式、标注、属性、整形等进行编辑。

2. 实际材料图原始数据的形成

形成实际材料图，需准备如下数据：

（1）多元数据资料：收集前人在测区的 1:2.5 万、1:5 万、1:10 万实际材料图并扫描转换为 MSI 图像文件，收集测区遥感图像资料。

（2）准备好内容齐全、规范，经充分机检、自检、互检的所有路线和剖面数据。

（3）删除原 PRB 图库，将整理完善好的路线数据及剖面数据重新入库，形成新的 PRB 图幅库，更新实际材料图形成最新的实际材料图库，在此基础上进行实际材料图的编绘。

3. 实际材料图地质界线勾绘及属性输入

在勾绘地质界线之前，为了提高图件的准确度和可靠性，可将校正好的遥感图像以及前人 1:2.5 万、1:5 万实际材料图配准镶嵌成 MSI 格式的实际材料图作为背景底图来配合连图，以便互相印证、约束和综合分析研究，帮助对区域地质体及其界线进行较为准确的圈定。

根据批注后的地质资料和野外地质调查资料按 V 字形法则勾绘地质体及其地质界线。勾绘时应遵循先勾绘水体边界，其次勾绘第四系，再次勾绘断层的顺序进行，其余地质界线从新到老勾绘。地质体界线的勾绘有两种方法：（1）可利用同时阅读多个 PRB 过程的方法进行，为了勾绘的方便进行，此法可利用"根据参数赋属性"命令将 PRB 点线实体变换成不同的颜色、不同的子图或线型，勾绘好以后再恢复其参数。（2）将整理好的原始实际材料图添加相关的地理底图要素打印出来，再输出图幅内每条路线和剖面的野外记录簿，由地质专家或对本图幅地质特征较熟悉的专业人员在纸介质上进行地质连图，勾绘好地质界线后扫描存储为栅格文件，以 Geoline.WL 图层的参数建立工程并进行矢量化，误差校正后再合并到 Geoline.WL 图层即可。

地质界线的属性输入前要对勾绘好的地质界线进行整理，注意各地质体界线的压合关系并充分考虑与相邻图幅的接图问题，根据界线的性质更改线型及相关参数，还必须进行一系列的处理，如线光滑处理（处理后线可能有偏离）、靠近线处理、自动剪短线、节点平差处理等。整理好地质界线后就可以对地质界线赋予属性了。对于地质界线赋属性可以通过手工逐条输入，也可以通过"PRB 数据操作"菜单下的"B 属性提取 Geoline（实际材料图）"

功能辅助完成。

4. 实际材料图地质体的拓扑及属性输入

地质界线勾绘、整理、输入属性后要通过另存项目备份数据作为造区用。地质体拓扑之前，要对备份的文件进行以下几步处理：

（1）加入地理底图中水体的边界线，地质界线要对图框进行靠近线处理，使地质界线延伸至图框线上。

（2）清除线重叠坐标及自相交。

（3）自动剪断线。

（4）清除微短线。

（5）线节点自动平差。

（6）线拓扑错误检查，处理存在的问题，如删除悬挂线等。

（7）将处理好的线转成弧，生成新的区文件，区文件名可以自定义。

处理好这几步后就可以执行拓扑重建操作，从而形成地质体。拓扑重建后将建立的区文件合并到实际材料图库的 Geopoly.WP 区文件中，完善其属性结构表，然后赋予地质体相应的属性。地质体属性的输入也有两种方法，第一是通过手工逐个输入，第二是通过"PRB 数据操作"菜单下的"R 属性提取到 Geopoly 面（实际材料图）"功能辅助完成。

最后，根据不同地质体的属性对地质体赋参数，形成最终的实际材料图。

5. 实际材料图编绘中应注意的问题

（1）如前述地质体界线和地质体属性的赋予可手工填写或者执行"B 属性提取 Geoline（实际材料图）""R 属性提取到 Geopoly 面（实际材料图）"功能辅助完成，但该操作只能填入部分属性内容，需手工填写进一步完善。

（2）线与面均可用属性提取的方法进行检查，输入欲检查的属性项字段名及双引号而不填写任何内容进行提取，就可知道哪些线、区实体未赋属性并进行修改补充。

（3）整个项目应统一使用系统所带的国标子图库，地质体的着色应根据国际颜色库进行，同时项目组各种图件的编辑，各种线型、子图号及大小粗细的使用都应统一。

（4）考虑用户需要提交设计书规定的图件，可以合理设计和创建个性化图层，如不整合界线图层、矿点分布图层、地貌图层等。

（5）图层的建立应便于计算机管理与重组。

（6）不要在单幅的实际材料图中建立面图层，因为单幅建立的面图层在多幅实际材料图连图时面、线图层很难一致。

（7）在 Geoline 图层中连线时需注意不要把线连接过长，因为过长的线在光滑线过程中曲度会改变，从而改变地质界线的精度。

（8）在 Geoline 图层的所有工作做好后，可以使用属性连动功能检查所有地质界线的属性是否完善和准确，这要求项目组在平时工作中一定要坚持用统一的字典库，因为在后期制作系列图件，根据同一属性或参数提取同样地质内容的界线时，界线类型、接触关系等内容必须一致。

（二）编稿地质图的制作

实际材料图建立以后，就可以进行编稿地质图的建立，下面是由 1:2.5 万实际材料图制作 1:5 万编稿地质图的过程。

(1) 建立1:5万PRB图幅库并打开，方法如前所述。

(2) 选择"PRB数据操作"菜单下的"1:2.5万图幅PRB投影到1:5万"命令，选择需要的图幅，进行投影操作。

(3) 打开实际材料图库，自动生成1:5万实际材料图。

(4) 在1:5万实际材料图库的基础上进行编稿地质图的编绘。

在制作编稿地质图过程中要经过以下几点处理：

(1) 接图处理，包括合并区、删除地质界线、从弧段重新提取线等。

(2) 图面整饰及相关要素的编辑包括岩性花纹、相变带、构造带等。

(3) 图面内容的叠置关系及压盖关系处理。

(4) 图名、图示图例、图切剖面、接图表等的制作。

(5) 标准地理底图内容的添加。

第六章　主要图件的编绘方法及报告编写

野外地质填图工作完成后，随即进行各类地质图件的编绘。这些图件中最主要的有地层柱状剖面图、随手地质剖面图、实测地质剖面图、地形地质图、构造横剖面图、构造等值线图、节理等密图和应力网络图。

第一节　地层柱状剖面图

地层柱状剖面图是地质工作中最基础最主要的综合图件，一般以实测剖面资料编绘，主要表现地层的划分及层序、各地层单位的厚度、岩性、生物等特征。

地层柱状剖面图格式及内容如图 6-1 所示。

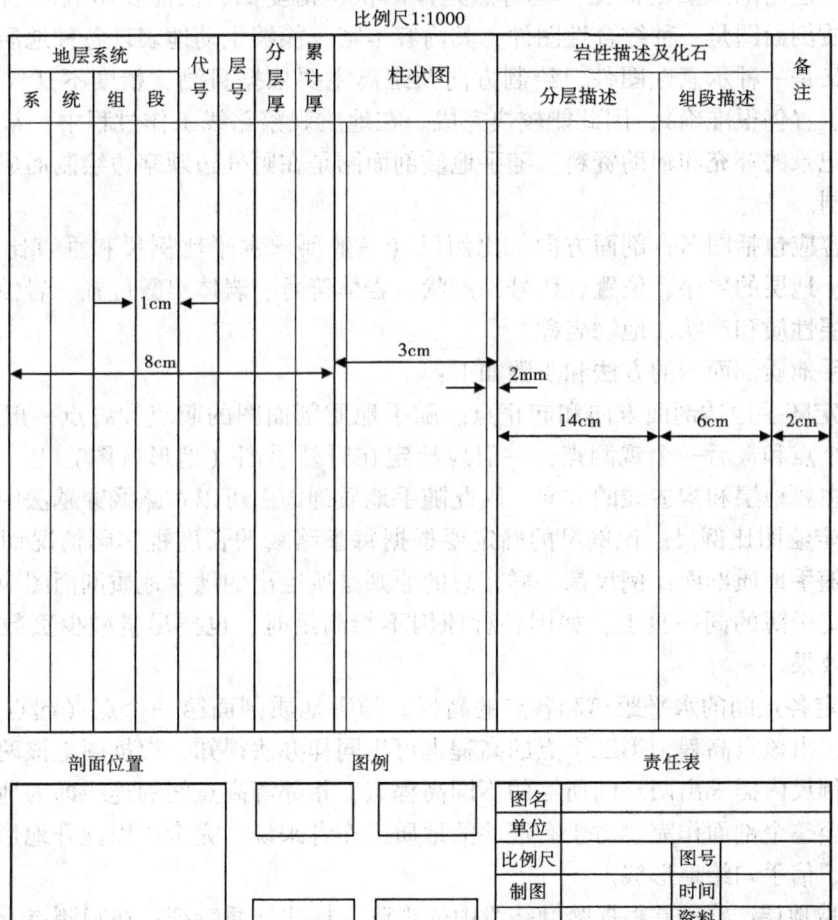

图 6-1　地层柱状剖面图格式及内容

地层柱状剖面图的层号和花纹符号，一般自下而上由老至新依次在各行中排列，各层占据的宽度（行的宽度）按其厚度依比例绘制。重要的标志层、矿层可适当夸大表示。

柱状图列中一般应绘岩性花纹，表示各层的岩性及组合特征，根据不同的层厚用不同的符号表示，例如厚层状用 3mm，中层状用 2mm，薄层状用 1mm 表示；根据碎屑粒度的差异，分别用不同的符号表示；花纹的含义在图例中加以说明，并且图例中的花纹符号要与柱状图列所绘制的符号保持一致。地层接触关系要用不同的线型来表示，平行不整合用虚线表示，角度不整合用波浪线表示。

分层描述目前习惯自下而上由老到新依次书写，排布均匀，即各层描述文字所占宽度可以与其厚度无关。

此外，在柱状剖面图中还可以突出表示某些重要特征，如含油气性、含矿性、生储盖组合等，依据工作目的不同，可以灵活安排和取舍。

第二节　随手地质剖面图

随手地质剖面图（free hand profile, sketch profile）又称信手剖面图或顺手剖面图，是以目测的方法勾绘出的地质剖面图。其特点是作图快、精度低、仅能粗略表示剖面的地质现象。随手地质剖面图是一种综合性图件，其内容丰富，能够生动地表现各种地质现象；随手地质剖面图又是一种示意性图件，绘制方向及距离主要依据目测，精度不高（但各种地质现象的相对位置仍很准确），因此能较快完成。在地质观察路线工作过程中，常采用此种图件作为地质记录的补充和辅助资料。随手地质剖面图是在野外边观察边绘制而成的，不允许回到室内绘制。

图上内容应包括图名、剖面方向、比例尺（一般要求水平比例尺和垂直比例尺一致）、地形的轮廓、地层的层序、位置、代号、产状、岩体符号、岩体出露位置、岩性和代号、断层位置、断层性质和产状、地物名称。

绘制随手地质剖面图的方法和步骤如下：

（1）确定随手地质剖面方向和起止点。随手地质剖面图的起点和终点一般是一条踏勘路线的第一个点和最后一个观测点，一般应标定在野外手图（地形底图）上，起、终点连线应该垂直主要地层和构造线的方向，因此随手地质剖面图可以在路线穿越法中使用。

（2）确定绘图比例尺。比例尺的确定要根据每条路线的长度视实际情况而定，不要求每条路线的随手地质剖面比例尺都一样，总的原则是所绘出的随手地质剖面图应尽量将完整地层显示在记录簿的同一页上，如因各种原因不能满足时，也要尽量减少页数，以达到完整、系统的效果。

（3）确定各点间的水平距离和各点的高程。随手地质剖面第一个点（起点）标定在地形图上后可读出该点高程，第二个点的高程也可用同样办法得知，根据图上该两点的平距高程差，按比例尺内插求出两点间所需的不同高程点，相邻等高点间的连线即为地形线，以此方法类推直至整个剖面作完，对于有经验的地质工作者来说，完全可以抛开地形图，目测斜距和坡度角，信手勾绘地形线。

（4）量取地层产状，并根据踏勘路线中的观测点标注地质特征；在观测点上要测定有代表性的产状并标在剖面的相应位置上，然后填绘岩性符号，同时注记分层号、地层时代代号等。此外，如有褶皱、断层、岩体等，应及时将其形态特征绘出；对各种特征地质现象也应加以表示，有些情况下允许加注必要的文字，以弥补符号的不足或使其更加醒目（图6-2）。

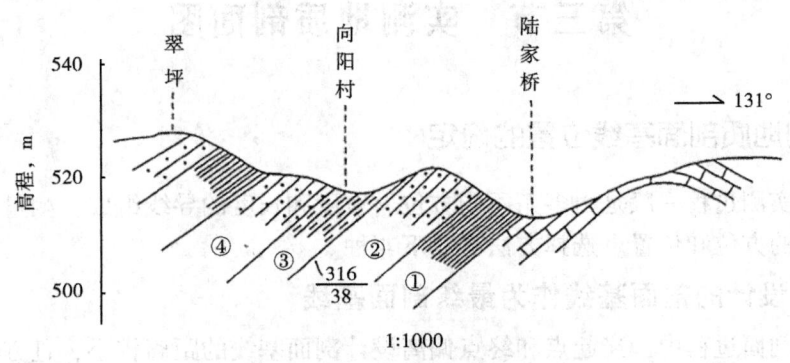

图 6-2 陆家桥—翠坪随手地质剖面图

（5）标出标本采集层位和标本编号。

（6）最后在剖面上方写出剖面名称，标出比例尺和剖面方向，以及主要地物、绘图者和绘图日期等。

随手地质剖面图的表现内容和绘制顺序大致如下：

（1）图名：一般含地点和图件的主要内容，如××县××村三叠系随手地质剖面图、××县××乡小河沟至太阳山路线随手地质剖面图。

（2）比例尺：依观察精细程度、路线长短及地质现象的繁简程度而定，一般在 1：5000 至 1：50000 之间选用。

（3）地形线及地貌地名：依剖面或路的起伏情况绘制，距离用目估或步量，坡度或高差用目测或罗盘确定，也可从地形图上读出。当比例尺很小或概略表示时，地形线可简化为一条斜的或水平的直线。重要的地貌（公路、河流、独立房屋或树木）地名应注记在相应位置。注意不要以路线两侧的山峰起伏线作地形线。

（4）剖面方向：选地层的倾向或选路线的平均方向作为随手地质剖面的方向，具体数值用罗盘测量，注记于剖面的端部。在精度较高或路线转折较大时，可分段测量剖面方向，分段注记表示。

（5）填绘地质内容：首先在地形线的相应位置标明地层分界点、断层出露点、侵入岩与围岩的分界点，再依据地层产状、断层产状和侵入岩与围岩接触界线产状（倾向与倾角）绘入分界线于地形线的下方，这些界线的延伸方向要符合实际和理论，其长度一般 2cm 左右。同时注明层号、时代代号、岩体代号、断层两盘运动方向、样品采集位置及编号、化石产出部位、产状测量位置及数值。随手地质剖面图内容较丰富，注记时，注意相互避让，以保持图面清晰。

（6）图面整饰，上岩性花纹，绘制图例。

（7）注意事项如下：

①习惯上剖面东端（含北东和南东）在右侧，西端（含北西和南西）在左侧。

②一般岩性花纹线的方向与地层分界线平行，长度一般 1cm 左右，不可太长。

③地层分界长度一般 2cm 左右，注意不要将其倾向画反了，其倾角只可等于或小于岩层倾角。

④标志层、断层、地层分界等重要界线的线条可略粗点，以示醒目。

第三节 实测地质剖面图

一、实测地质剖面基线位置的确定

地质剖面实测过程一般是由多条不同方位、坡度和长度的导线组成,测量完成后,应先确定剖面基线的方位和位置。选择方法有以下 4 种。

(一) 以设计的剖面基线作为最终剖面基线

实测地质剖面过程中,当起点和终点偏离设计剖面基线的距离较小,且方位偏差也较小时,可以用设计的剖面基线方位和位置作为最终的地质剖面基线 [图 6-3 (a)]。

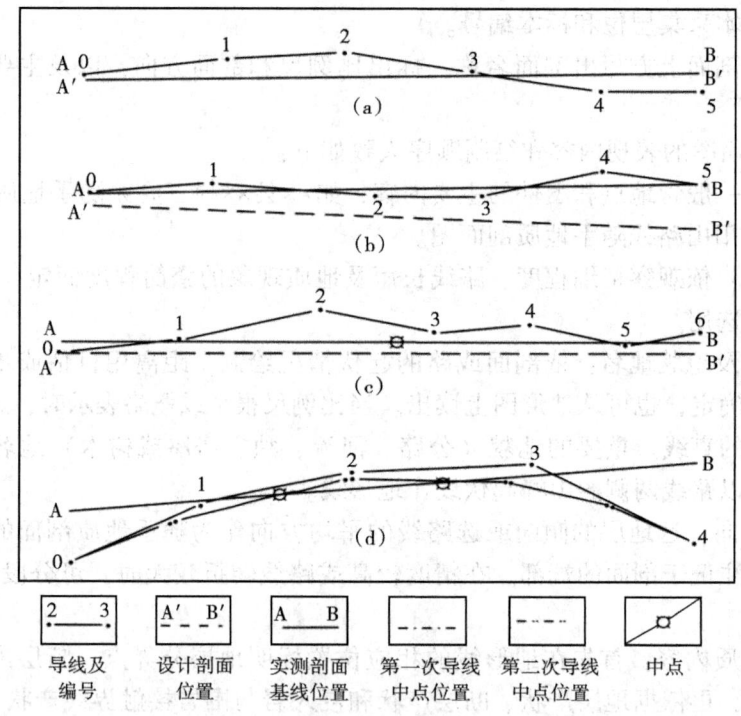

图 6-3 剖面基线确定方法

(二) 以实测剖面的起点和终点连线作最终剖面基线

实测地质剖面过程中,当起点偏离设计剖面基线的距离较小,但终点偏离设计剖面基线的距离较大,且测量导线在起点和终点连线的两边小幅度变化时,就可以用起点和终点的连线作为最终剖面基线 [图 6-3 (b)]。

(三) 以实测导线的平均方位和中点位置作最终剖面基线

地质剖面实测过程中,当导线偏离方位变化较大时,就可以用实测导线的平均方位和中点位置作为最终剖面基线 [图 6-3 (c)]。

导线方位加权平均法求剖面投影基线方位,计算公式为

$$\theta = \frac{L_1 \cdot \theta_1 + L_2 \cdot \theta_2 + \cdots + L_n \cdot \theta_n}{\sum L}$$

式中　θ——基线方位角，(°)；

L_1，…，L_n——各导线长度，m；

θ_1，…，θ_n——导线方位角，(°)；

n——导线条数，个；

$\sum L$——导线长度和，m。

根据基线方位，用三角函数计算出实测导线在该方位的水平长度，作为剖面基线的长度，根据各导线点的坐标，用算术平均法计算出中点的坐标，作为剖面基线的中点，这样就确定了实测剖面的基线位置及方位为。

剖面基线中点坐标计算公式为

$$x = \frac{x_1 + x_2 + \cdots + x_n}{n}$$

$$y = \frac{y_1 + y_2 + \cdots + y_n}{n}$$

式中　x，y——剖面基线中点坐标，m；

x_1，…，x_n——各导线点的纵坐标值，m；

y_1，…，y_n——各导线点的横坐标值，m。

(四) 用作图法确定最终剖面基线

当实测地质导线呈一个弧形且测量导线数量较少时，可用作图法确定最终剖面基线位置。方法是依次连接各实测地质导线的中点，再连第一次连线的中点、第二次连线的中点，最后形成一条直线，即为投影基线，两端延长到实测剖面起点和终点相应的位置，作为最终的剖面基线 [图6-3 (d)]。

二、实测地质剖面图的绘制

实测剖面野外工作完成后，首先是要对收集的各项资料进行检查、校对，确定剖面基线方位和位置，计算各地质体的厚度、各导线点及各地质体界线点的 x、y、z 坐标值和各地质体相对基线的视产状，对各项数值建表备用。成图方法有展开作图法和投影作图法两种。

(一) 展开作图法

当实测导线偏离剖面线的距离较小、地貌形态相对一致，且所有地质体走向与地质剖面线方向夹角大于80°时，可采用展开作图法直接作图，即用地质体在导线上的实测出露位置和导线地形曲线作为最终的地质剖面 (图6-4)。

(二) 投影作图法

1. 作出实测地质体的平面位置

首先根据实测剖面导线高程的起伏程度和导线偏离基线的程度，确定好作图的平面、剖面位置，上部画出实测的地形起伏曲线，下面画出各导线点和各地质体界线点的平面投影位置；再根据地质体的走向画出各地质体的界线，并延长至剖面基线上，对断层要根据相互切错关系进行连接 (图6-5)。

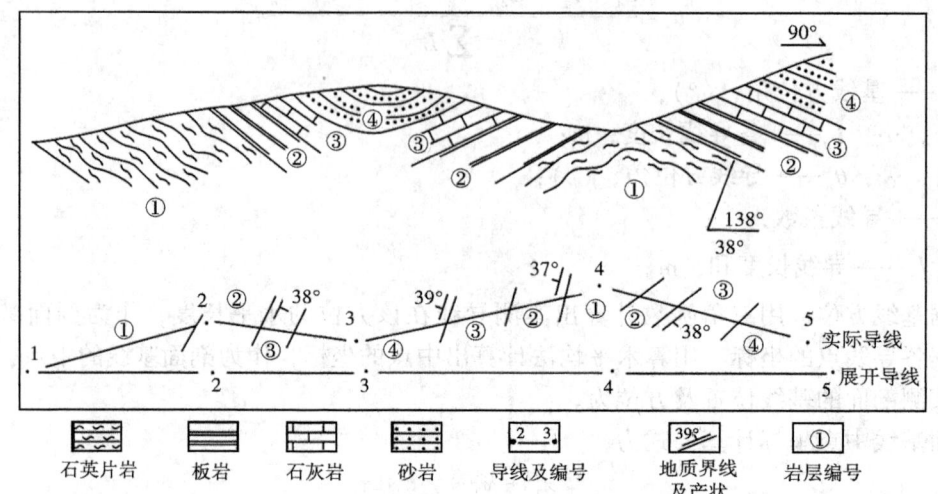

图 6-4 展开作图法绘制的地质剖面图

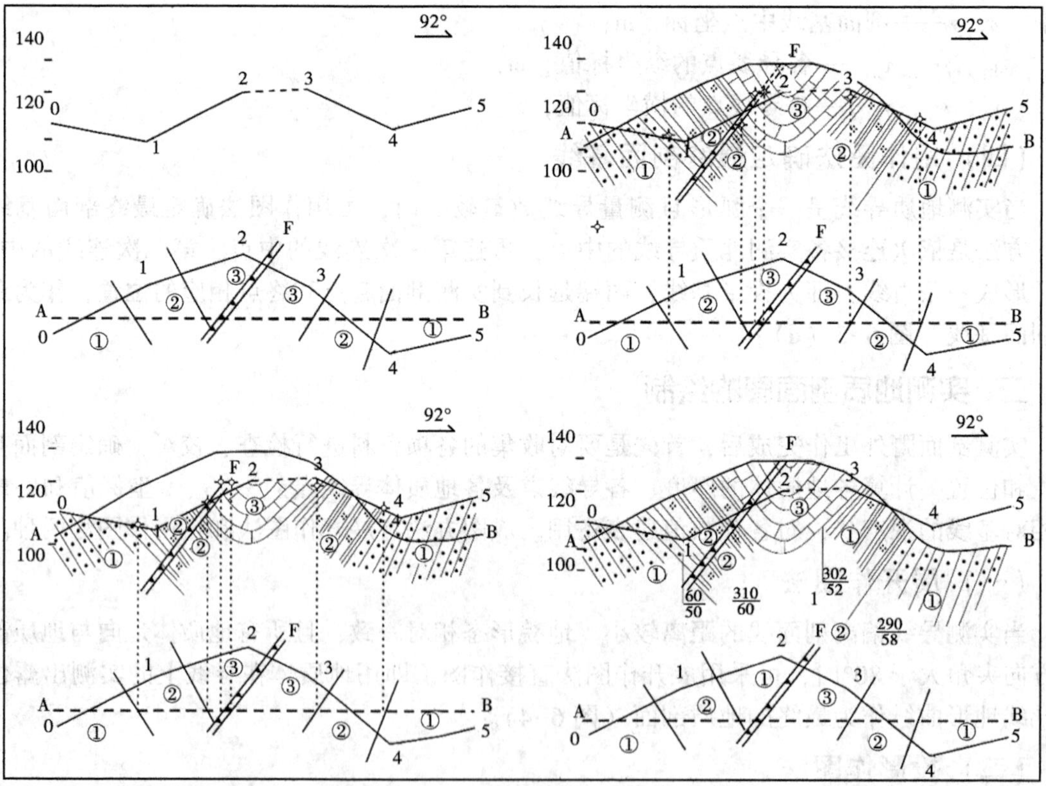

图 6-5 投影作图法成图过程

2. 产状投影作图

根据地质界线在基线上的交点，垂直投影到剖面图中，投影点的高程为该地质界线点的高程，用相应的视产状作地质体的剖面界线，延长界线至实测剖面地形起伏曲线上，作为初始剖面图。

3. 地形改正

把确定好的实测剖面基线投影至地形图中，形成一个图切地形起伏曲线，画在初始剖面图相应的位置，根据各地质体视产状、断层的切错关系和褶皱形态，延长各地质界线至图切地形起伏曲线内。

4. 最终成图

以图切地形起伏曲线为基准，根据一般剖面图成图图式要求，擦除图切地形起伏曲线上部的地质界线，下部保留一定宽度（剖面图最佳宽度为1.5cm），经修饰后，形成最终的实测地质剖面图，图中可以保留实测的导线数据。该图能真实反映剖面基线的地质情况。

第四节　地形地质图

按照地质图的规格要求，在地形图的基础上填绘相关地质内容，完成地形地质图的绘制。

一、断层的绘制

在野外填绘草图的基础上，清绘断层线，并描画出代表断层性质的箭头和短线。断层线分为实测和推测两种，实测的断层线用红色粗实线表示，推测的断层线用红色粗虚线表示。

断层线清绘完之后，要标上断层产状符号和标记，断层的产状符号要与断层线垂直，长短、间隔要均匀。当断层线较长时，产状符号要重复绘出，其间距随地质图比例尺和地质图的不同而异。位于断层倾向变化部位的产状符号尽量不移位或稍移位。

断层应先绘制主干断层，后绘制次级断层。同级断层相交时，先描绘新断层，后描绘老断层，被错开的老断层要与新断层互相连接，不留空白。

断层与地质界线相交，被断层切割的地层产生了位移现象时，地质界线要分段错开描绘；当断层被新地层覆盖或被年轻岩体冲断时，断层线的绘制在覆盖层或岩体界线处中断。当断层先与地层界线重合时，只描绘断层线。

二、地质界线的绘制

地质界线一般使用黑色细线来表示，地质界线也有实测和推测两种，分别用实线和点线表示。线条要区别于地形图的线条。要求线条粗细一致、弯曲自然、点线整齐。

作图时需要注意处理好地层的新老关系，先绘制新地层地质界线，后绘制老地层地质界线；绘制侵入体的界线时，也要注意不同时代岩体的互相接触关系，应先绘新的后绘制老的；绘制地层及岩性界线，应先绘制不整合线，后绘制与不整合相交的界线；地质界线与河流符号平行重合时，可省略地质界线重合部分。地质界线不能穿越双线河、水库、湖塘等水域。

三、地层着色和地层代号标注

首先根据整张图需要着色的地层，统一规定好色标。通常地层由老到新，颜色总体由深至浅。地层着色要均匀、清淡。

根据地层代号书写规范，在地质图中相应位置标注地层代号。

四、产状标注

按照地层产状平面表示方法，在地质图上标注一定数量的产状。产状符号的长短线（即走向线和倾向线）要相互垂直，方向不能改变，交点不能移位。地层产状和断层倾角标注，要放置在产状符号垂直短线或断层倾向箭头的一侧（特殊情况，可以标注在顶端），并尽量靠近符号。

五、图件整饰

根据地质图的规格要求，补充完善地质图的相关要素。

第五节 构造横剖面图

构造横剖面图是沿一定方向反映地下一定深度的地质构造形态的一种重要图件。

一、构造横剖面图资料的取得方法

在石油地质勘探中，制作构造横剖图面的资料取得有三种途径：(1) 在 1:50000 以上大比例尺制图中所有横剖面都是通过经纬仪或平板仪测量而来的；(2) 以野外路线地质填图为依据，在图上横切构造剖面图；(3) 用地震勘探方法取得横剖面资料作图。本次实习使用第二种方法。

二、构造横剖面图的编制方法

（一）剖面图位置的设计

在坐标方格纸上，精心设计好每一条剖面图的位置。一般在野外穿越剖面时，就已经考虑到剖面线（又称导线）方位尽量垂直地层走向和构造轴线方向，所以这时剖面线方位就是基线方向，而且两者长度相等。为了图件整体美观、整齐，本次实习要求每条剖面线长度，取两侧以 T_1j^1 与 T_1f^5 的分界线向外延长 2cm。

（二）地形剖面的绘制

首先绘制剖面图的基线，在本次作图中，以 200m 的高程作为起始线。在基线的两端注上垂直比例标尺，它与平面比例尺一致，按等高距标出不同高程，然后将各点的高程投影到相应的位置，用平滑曲线连接起来，即得到地形剖面线。

（三）绘制地层界线

将地质图上的剖面线与地质界线（地层分界线、不整合线、断层线等）的各交点投影到地形剖面曲线上。根据各岩层倾向和倾角，在各岩层出露点绘出分层界线。如果剖面线与岩层走向垂直，则按岩层的真倾角将岩层界线绘于图上；如果剖面线与岩层走向斜交，则应将真倾角换算成视倾角后再画在图上。为了避免换算的含糊，所以在设计剖面线时，要尽量垂直岩层走向。

值得注意的是，在作图中往往有一些产状点在剖面线外，则应先把该点产状的走向线用虚点线延长，使之与剖面线相交，然后从交点垂直投影到剖面上相应的高程位置，再从该点作岩层倾角，并将倾斜线延长与地形剖面线相交的每个点就是岩层在剖面线上的实际位置（图 6-6）。

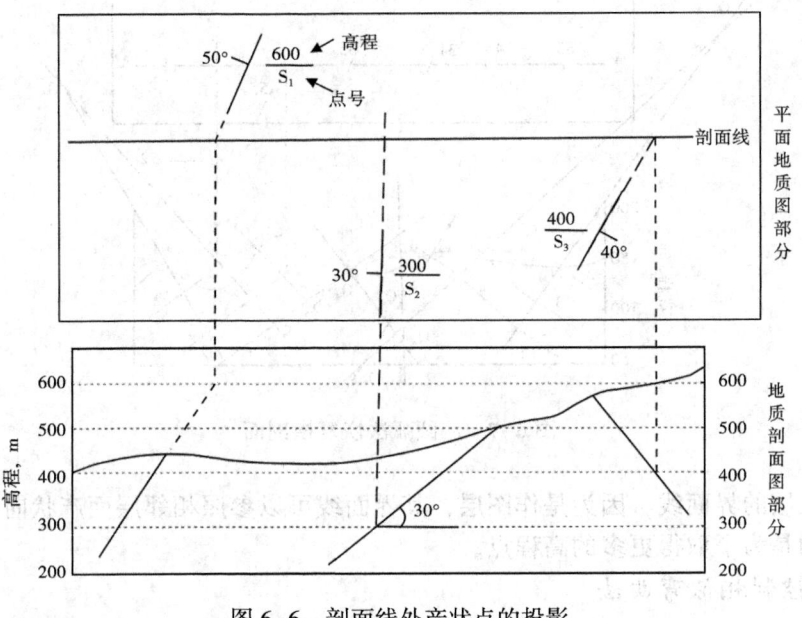

图 6-6 剖面线外产状点的投影

(四) 褶曲托空部分的界线恢复

地形剖面线以上的风化剥蚀部分是看不见的，在恢复横剖面图中称为托空区。对托空区的恢复方法目前有以下两种。

1. 圆弧恢复法

这种方法的使用条件是在构造比较简单、两翼岩层厚度比较稳定、层间无角度不整合、断层少且规模不大的地区使用。

1) 恢复褶曲转折端

首先将核部两翼相同岩层线按产状自然延伸相交得一交角，作该角平分线，然后分别作核部两翼岩层界线的垂线，与角平分线相交于 O_3、O_4 点。再分别以 O_3、O_4 点为圆心，以它至两翼岩层界线的距离为半径画弧，两弧相接部分就是褶曲的转折端，这种情况只有直立的圆弧褶曲才有两弧相等对接。当两弧不相接时，可以平差法校正，取中值使其呈圆滑形态相接（图6-7）。

2) 恢复褶皱翼部

褶皱翼部的恢复方法是作两相邻岩层界线的垂线（即层面法线），将其延长得交点 O_1、O_2、O_3 等。以交点为圆心，以该交点至岩层界面的距离为半径画弧，即得岩层界线在剖面上的真实延长线。按此法将相邻两点法线范围内的各层面线都画出来，再做以整饰，褶皱翼部恢复就可完成，如图6-7所示。

在作图中，常常会遇到相邻垂线交点太远，这种情况下，可采用平差法校正。具体做法是：自任一层面上一点（图6-7中的 O_4）分别作相邻两层面法线的垂线，该两垂线组成一交角，然后将此角平分，其角平分线就是相邻两垂线间的岩层界面。

如果相邻两垂线完全平行，则其间的岩层界线可根据岩层厚度与产状自然延伸画出即可。岩层界线在地面线以下的延伸长度，依据作图的比例尺而定，一般延伸2cm即可。对于大比例尺作图，可根据实际取得的产状资料（或钻孔资料）向地下适当延伸。

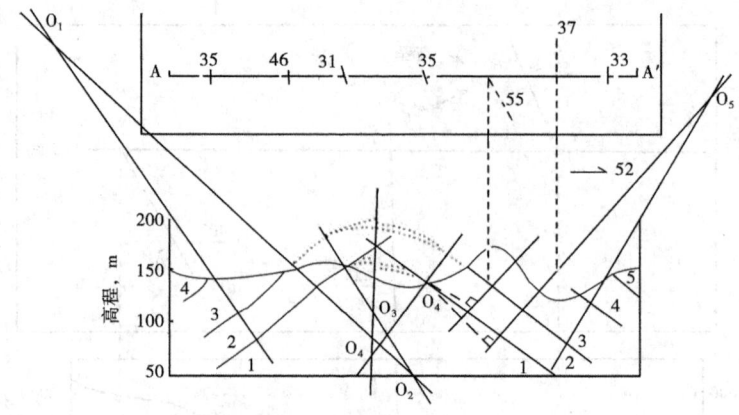

图 6-7 用圆弧法恢复横剖面

对于标准层的界面线，因为是作图层，其界面线可以参照相邻层面产状向下延伸至基线部分，其目的是为了取得更多的高程点。

2. 等厚控制相似弯曲法

上述圆弧法适用于一种理想褶曲的场合，而对于褶曲不规则、断层多，特别是轴部被断层破坏的场合下，只能用岩层等厚控制相似弯曲法来恢复转折端部分进而恢复出托空区。这种方法的前提是岩层厚度稳定。

在恢复中，以褶皱轴线点为准，按两翼同一岩层厚度对等不变的原则依次画出相应的地层界线。

当相邻两层面界线倾角不一致时，以等厚控制相似弯曲法向下延伸。它是按两翼岩层产状的总变化趋势相互照应而绘制出来的，这里面难免有点人为因素存在。

在断层密集区，构造被切割分解，给作图带来困难，这就主要靠这种方法来恢复剖面。在其转折端，用轴线位置来控制岩层厚度大小。在恢复托空区时，要考虑到非等斜褶曲的脊点在横剖面上的迁移规律，这样才能使整个横剖面协调，符合实际。

（五）构造横剖面图的整饰

按规定标出各岩层的时代符号，并填出岩性花纹，最后整饰成一幅正规的横剖面图来。

三、注意事项

（1）当横剖面切过不整合面时，应先画不整合面以上的地层、构造，然后画不整合面以下的地层和构造。当遇到有的地质界线被不整合面所掩盖时，可顺其走向延至剖面线上，将该点投影到剖面中的不整合面上，再以此点绘出其界面。

（2）当剖面切过断层时，先画断层，再画断层两侧的地层和构造。

（3）以褶皱核部开始画，再画两翼，要注意把褶皱两翼的次一级构造表示出来。

（4）当上、下呈整合接触的岩层产状不一致时，应以厚度稳定而逐渐调整绘制，一定不能画成角度不整合相交。

四、构造横剖面图的绘制要求

（一）绘制断层和小褶皱的相关数据

（1）楼梯沟逆断层：铁厂沟处产状 310°∠70°，地层断距 150m；仰天窝处产状 330°

∠60°，地层断距约 20m。

（2）廖家坡逆断层：产状 126°∠34°，地层断距 70m。

（3）水岚垭逆断层：水岚垭路线小沟处产状 135°∠28°，地层断距 140m；大品弯路线水库附近产状 130°∠40°，地层断距 10~20m。

（4）三官殿逆断层：楼梯沟路线上产状 310°∠34°，地层断距约 80m；纸厂沟路线上产状 315°∠44°，地层断距 100m；廖家坡路线上产状 318°∠28°，地层断距 80m；天台山南东处产状 296°∠38°，地层断距约 40m。

（5）廖家坡正断层：产状 302°∠60° 及 285°∠58°，地层断距为 40m。

（二）构造横剖面图的规格

构造横剖面图的规格见图 6-8。

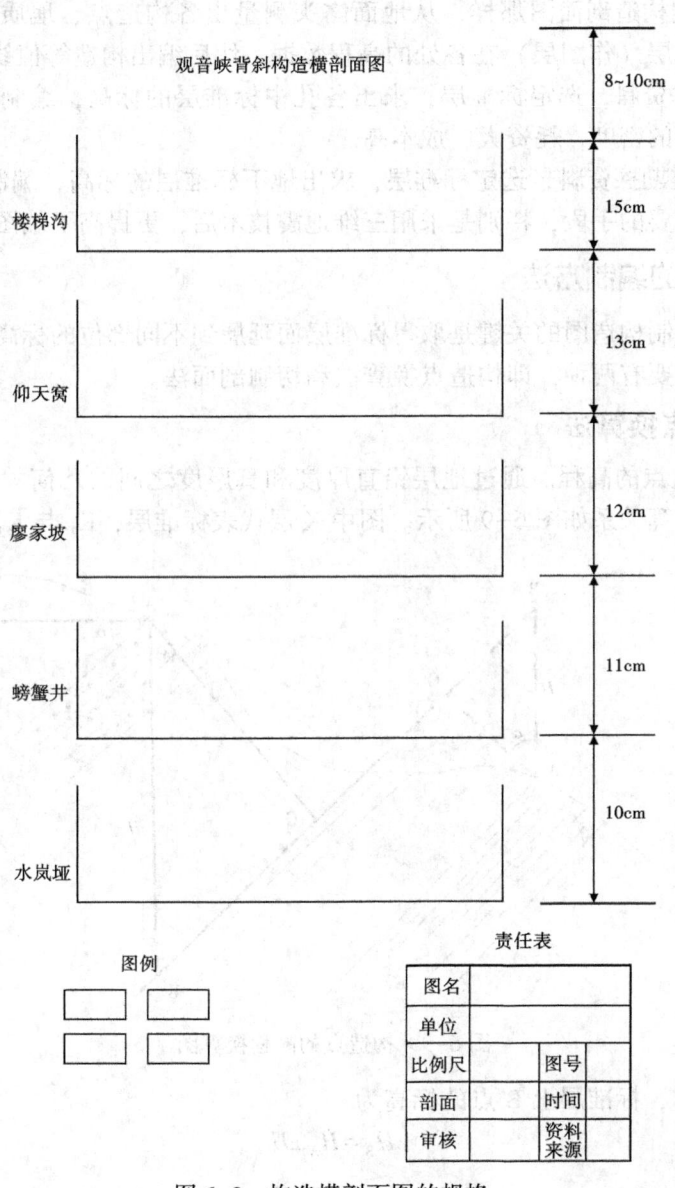

图 6-8 构造横剖面图的规格

第六节 构造等值线图

构造等值线表示某一岩层面的构造起伏形态。构造等值线图又可简称为构造图。它既是石油与天然气勘探开发中最重要的图件,也是油藏工程中建立数学模型的重要图件。

构造图可以反映地下许多不同深度的目的层(生油层和储集层)面的构造形态。如果由老到新把不同时代地层顶层面的构造形态作出来,就可看到储油构造的演化历史,这对油气勘探、开发是很有意义的。

一、编制构造图的资料来源

编制构造图的资料来源于以下三个方面:

(1)正如编制构造剖面图那样,从地面露头测量出各构造点、地质点的高程数据,再通过换算求出标准层(作图层)在各处的高程数据,然后编出构造等值线图。

(2)根据钻井资料,选定标准层,求出各孔中标准层的标高,编制出构造图。这种方法要求钻孔有一定的密度,耗资大、成本高。

(3)根据地震勘探资料,选定标准层,求出地下标准层的标高,编制出构造等值线图。这是目前生产中主要的手段,特别是采用三维地震技术后,更提高了编图的精度。

二、构造图的编制方法

由上可知,编制构造图的关键是取得标准层面延展到不同部位的标高数据,而取得标高数据的具体作法主要有两种,即构造点换算法和切制剖面法。

(一) 构造点换算法

(1)换算构造点的高程。通过地层铅直厚度和真厚度之间的几何关系,换算出标准层在各处的标高,换算关系如图6-9所示。图中K层代表标准层,K_1与K_2为辅助标准层。

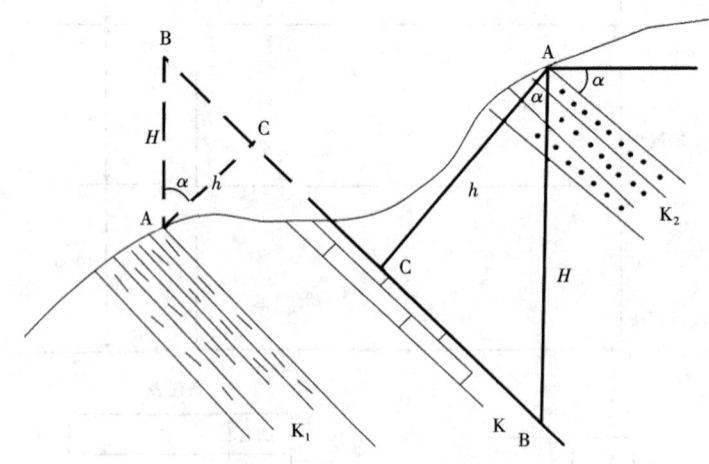

图6-9 构造点的高程换算图

由图6-9可知,标准层上B点的标高为

$$H_B = H_A \pm H$$

即

$$H_B = H_A \pm \frac{h}{\cos\alpha}$$

式中 H_A——辅助标准层 K_1 和 K_2 的地面已知标高，m；

h——地层厚度（野外测出），m；

H——A 点与 B 点高程差；

α——岩层倾角，(°)。

当辅助标准层在作图之下时取"+"号，之上时取"-"号。

（2）构造点的展绘，将已知的构造点展绘于透明底图上。

（3）用内插法求出等高点，勾绘等值线图。

（二）切制剖面法

这是本次实习中所采用的制图方法。它是通过作一系列的构造横剖面图和有限的纵剖面图，集中注意力把标准层（制图层）的构造形态恢复出来并延伸到一定的深度；然后将制图标准层（顶面或底面）在各条剖面线上的等高线点位转绘到构造底图上（透明底图上）。

具体步骤如下：

（1）测制或图切横剖面，横剖面图的数目取决于制图比例尺的大小。制图比例尺越大，横剖面条数就越多，制图精度当然也就相对高一些。在 1:10000 的地形地质图上，剖面间距最大不超过 10cm。只有当特殊障碍物不能穿越者可适当加大距离。若在填好的地质图上作图切剖面，则每条剖面线之间的距离在底图上不得超过 5cm。纵剖面沿枢纽线方向布置一条即可。这对求得高点位置和倾伏角的大小是有意义的。

（2）按照已确定的制图标准层，恢复其构造形态（包括地下延伸部分和托空部分）。

（3）按照已确定的等高线距，从基准线起向上或向下作平行线，得到一系列不同高程的平行线与标准层面相交的交点（图 6-10）。将这些点垂直投影到剪裁线（基准线）上，并注明其高程。

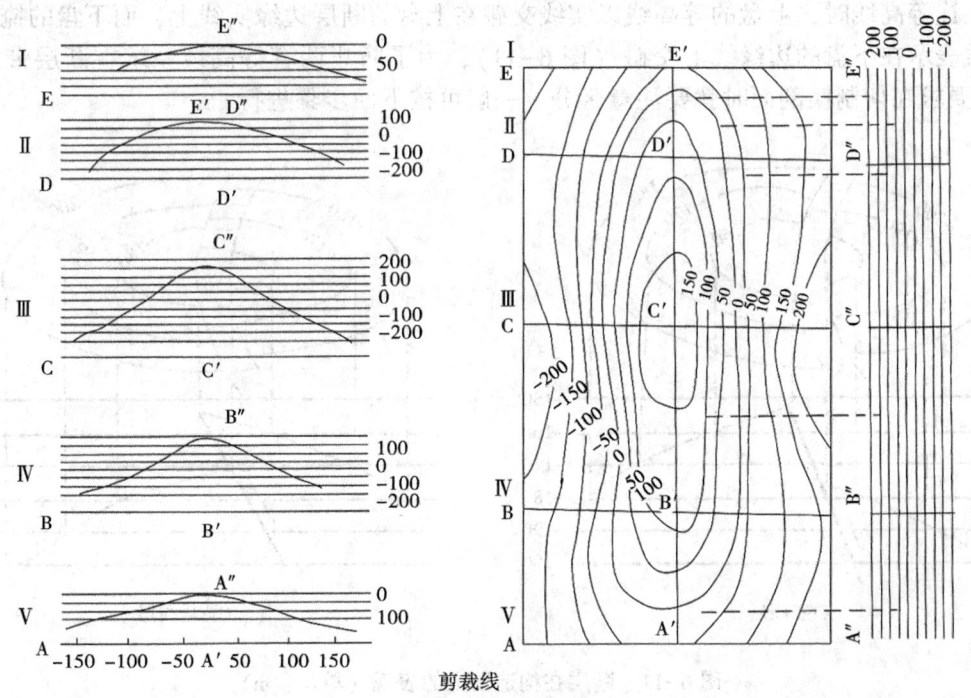

图 6-10 用剖面法编制构造等值线图（单位：m）

(4) 将剪裁线切下来，放置于平面底图的相应剖面位置上，同时把各点的高程转注在上面，然后把同高程的点用圆滑的曲线连接起来，再经校核、整饰就完成了一幅标准层的构造图。

在教学实习中，为了保持图件的连续性，规定把各条图切横剖面编绘在统一规格的坐标方格纸上，这对作图带来很多方便。标准层上不同高程的点，按横坐标直接投影在剖面下的基准线上，注明高程，然后用透明底图（构造底图）把基线连同数字蒙下来，这样既省去了剪裁线的麻烦，又保证了横切剖面图与构造图的吻合性。

切制剖面法编制构造图主要使用在两翼岩层倾角大于45°的情况下，尤其是在断层发育的复杂构造区，更显示其优点。

上述两种制图方法，各有其特点，这都是生产实践中常用的方法。有时把两种合起来用更能取得良好的效果。

（三）断层在构造图上的表示方法

当标准层被断层切割破坏之后，断层上、下盘必然构成一定的高差，上盘等高线系统不得越过断壁自由进入下盘，它必须在上盘的边缘线上相碰，下盘的等高线系统也必须在下盘的边缘线上相碰。因此，等高线在进入断层带时必须做细微的处理。

但是断层规模不尽等同，断距差异较大，性质各异，不是所有的断层都能在构造图上显示出来，只有在大比例尺的图上，有一定尺度的地层断距才能在构造图上显示出上述特点。

(1) 正断层：在构造等值线图上表现为上、下盘断层线之间出现空白带 [图6-11(a)]。

(2) 逆断层：在构造等值线图上表现为上、下盘断层线之间出现重叠带 [图6-11(b)]。

在连等高线时，上盘的等高线以实线交碰在上盘的断层边缘实线上，而下盘的掩盖部分用虚线表示在下盘的边缘线上交碰（图6-11），为了防止两套等高线系统在断层带上"打架"，要求在切制横剖面时就要注意区分。一般可按下面步骤进行：

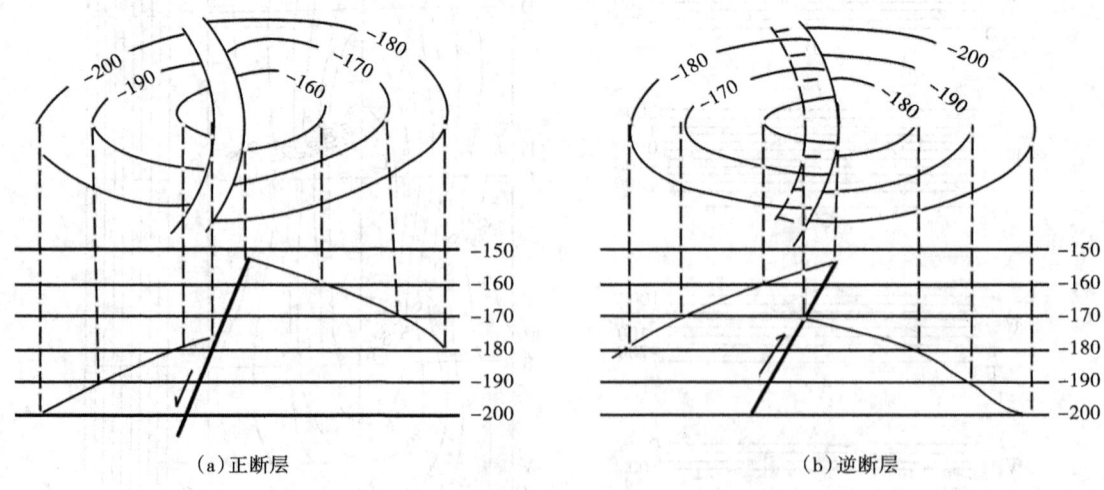

(a) 正断层　　　　　　　　　　　　(b) 逆断层

图 6-11　断层在构造图上的表现（单位：m）

(1) 把上盘作图层的高程点依次投影标注在剖面基准线上方，下盘作图层的高程点标注在基准线下方。假定上、下盘与断层交点投影为 A、B（图 6-12），该两点即为边界限制点。

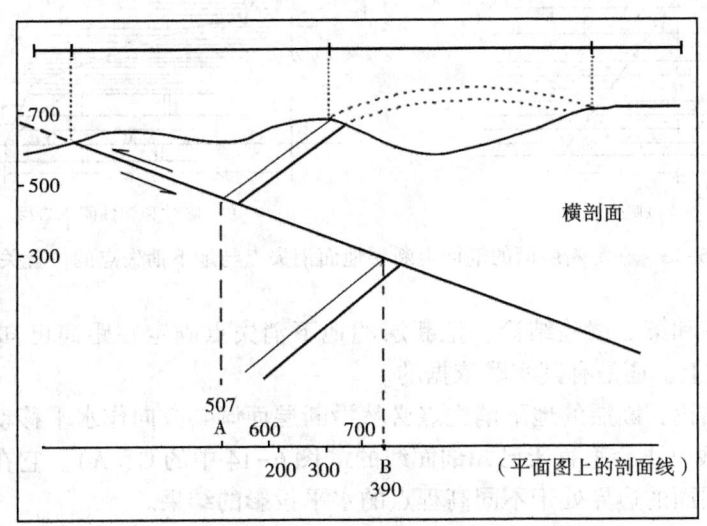

图 6-12 逆断层错断标准层的高程数据投影（单位：m）

(2) 确定断层在构造图上的消失点。断层在地质平面图上的消失点与构造等值图上的消失位置是不一样的。也就是说地面上的断层终点不等于地下标准层上的消失点。比如一条断层在通过剖面后于 500m 处消失，那么在构造图上的消失点距离该剖面线一般都应小于 500m。究竟小多少呢？这主要根据通过已知剖面时所显示的断层大小和断层面倾角的陡缓而定。如果地层断距大，倾角又较缓，那么消失点一般可定在距离相邻剖面 2/3 处，比如地面消失点在距相邻剖面 500m 处，则构造图上应在距相邻剖面 333m 处作为消失点；如果地层断距不大，倾角较陡，可确定在距离已知剖面的 1/2 处消失。

上述两种方法，实际上是凭人们主观臆断的，它的随意性很大。为了定量地确定这个问题，我们曾在实验室内用不同材料叠成多层介质，再模拟断层的形成过程，经过反复模拟试验，得出如下几点结论：

第一，在单一的脆性岩石中（石灰岩、砂岩），纵剖面上断层的地面消失点和地下消失点之间的距离相对塑性岩层（泥岩）的尺寸小，但前者的断裂痕迹清楚得多。它从地面到地下的变化梯度大约是 $\tan\alpha = 1.7 \sim 2.7$（图 6-13）。图 6-13 中 H 为地面消失点到地下消失点之间的铅直距离；L 为地面消失点和地下消失点之间的水平距离。

第二，在脆性岩层中夹有塑性岩层（泥岩）时，纵剖面上地面消失点和地下消失点之间的距离要比第一种情况大。但断层通过塑性介质时，撕开面的倾斜角度平缓（20°~30°），当通过塑性介质后，再次进入脆性介质（砂岩）时撕开面的倾角又变陡（45°以上），而且消失点清晰可见。它们在剖面上构成阶梯状。如果按图中取其渐近值，它的变化梯度大约是 $\tan\alpha = 0.58 \sim 0.84$（图 6-13 中的虚线）。

第三，在横剖面上，断层的消失点从地面到地下既受到断层面倾向和倾角的控制，又受到岩性控制，当撕开面通过泥岩时，倾角明显变缓，这种现象实质上是断盘沿塑性岩层面滑动产生的。

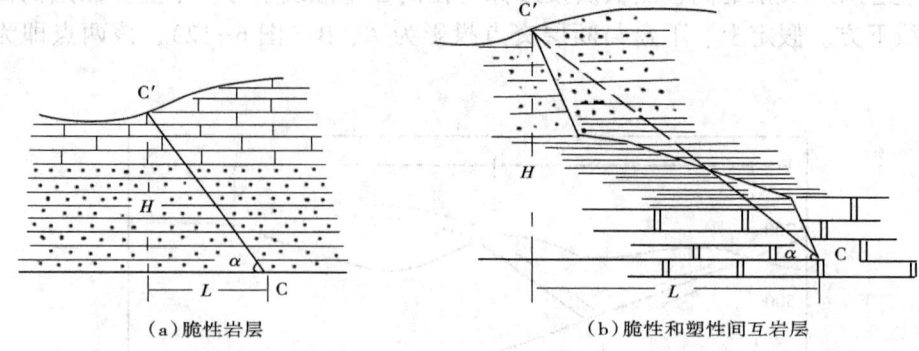

(a) 脆性岩层　　　　　　　　　　(b) 脆性和塑性间互岩层

图 6-13　在沿断层面的剖面上断层地面消失点与地下消失点的位置关系

通过上述第一和第二试验结论，把断层的地下消失点确定在距离已知相邻横断面之间 1/2 或 2/3 的位置上，还是有其实践依据的。

上述第三点结论，断层的地下消失点必然沿断层面倾斜方向作水平移动，它与实际横剖面上限制点 A 连线是不会垂直于已知剖面线的（图 6-14 中的 C、A）。它在平面图上是一条弧形线，这是断层面的边界处于不同高程点的水平投影的结果。

在实际工作中，主要是增加构造横剖面的密集度来确定构造等值线图上的断层消失点。

另外，还可以通过图切法进行近似计算（图 6-15）。

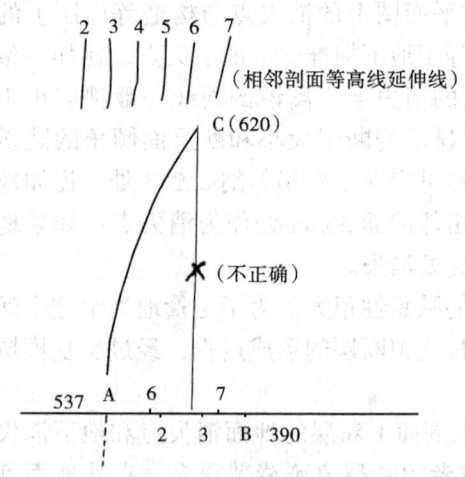
图 6-14　断层消失点 C 的确定及高度判读

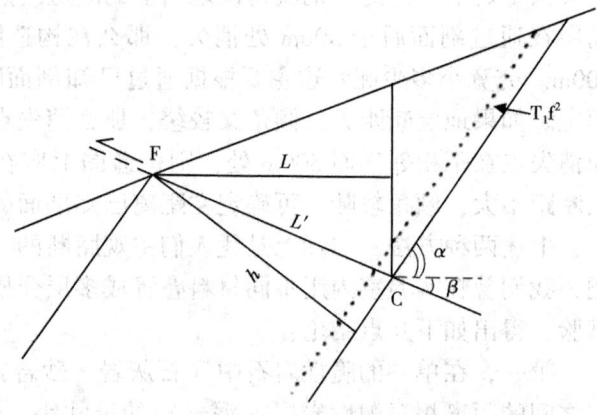
图 6-15　断层消失点的近似几何解释

由图 6-15 可知：

$$L = \frac{h}{\sin(\alpha + \beta)} \cos\beta$$

式中　β——断层的倾角，(°)；
　　　α——标准层的倾角（或视倾角），(°)；
　　　h——标准层至地面断点之间的岩层厚度，m；
　　　L'——地面断点至标准层消失点之间的斜距，m；
　　　L——标准层上消失点至地面断点之间的水平距离，m。

只要求得 L 的长度，标准层上的消失点 C 就可确定。

当 α+β 大于 90°时可取相应的余弦值。

上述近似计算可以减少剖面的密度，其使用的条件是：

①地面消失点距已知剖面之间的长度已确定（如 1/2 或 2/3 处）。

②断层产状和地层产状已知。

③断层面比较均匀地倾斜。

（3）定好消失点 C 以后就可以把断层带在构造底图上表示出来了，即 C 点和上盘边缘点 A 曲线相连，并将 CA 自然延伸出一段距离（图 6-16）。在 CA 线右侧为上盘数据，B 点是下盘边缘点，以曲线相连 CB，依据投影原理，CB 与 CA 同向弯曲。自然延长 CB，CAB 的范围即为逆断层的重复带。

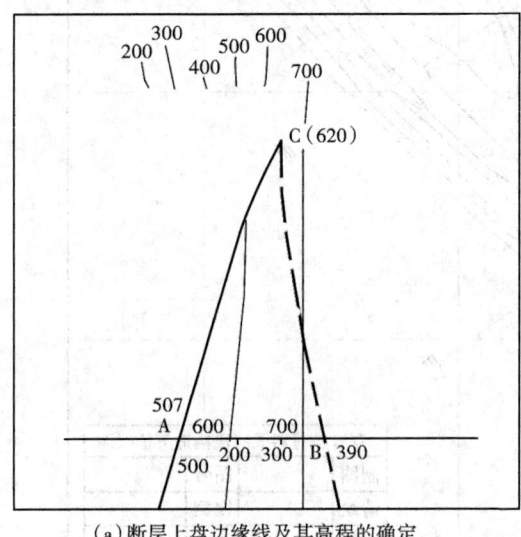 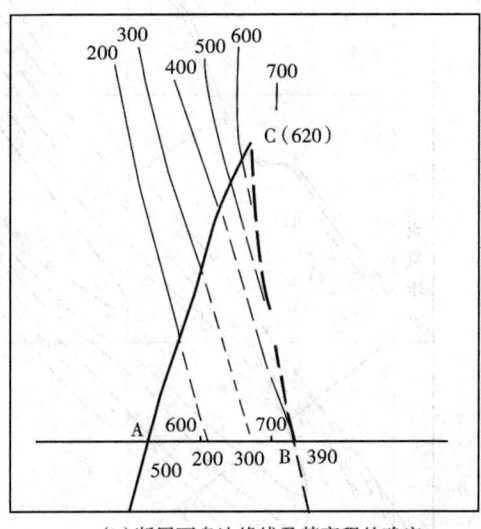

(a) 断层上盘边缘线及其高程的确定　　　　(b) 断层下盘边缘线及其高程的确定

图 6-16　断层等值线的勾绘（单位：m）

（4）在 CA 线上用内插法求出 100m 等高距点，连出上盘的等高线，连上盘时，暂不考虑下盘（图 6-16）。

（5）CB 线上用内插法求出 100m 等高距离点，并连出下盘的等高线（图 6-16）。

必须指出，下盘的等高线在穿越断层带时是以虚线表示的。它和上盘等高线的关系好像立交桥一样，桥上马路为实线，桥下马路被掩盖的为虚线（图 6-16）。

（6）整饰图面，修饰曲线，完成构造等值线图（图 6-17）。

（7）等值线数值的最后检验。

将作好的构造等值线图蒙在作好的平面地质图上，这时，应该看到标准地图的地面分界线的高程数值与透明纸的等值线图上的同值高程点相吻合。比如本次实习的标准层 T_1f^2 底界在地面出露点所连成的地形等高线为 500m，则应与相应的构造等值线图上的 500m 等值线相重合。如果偏离太远，说明图切剖面有错或转绘投影点有错，应重新核对，将数据纠正过来。

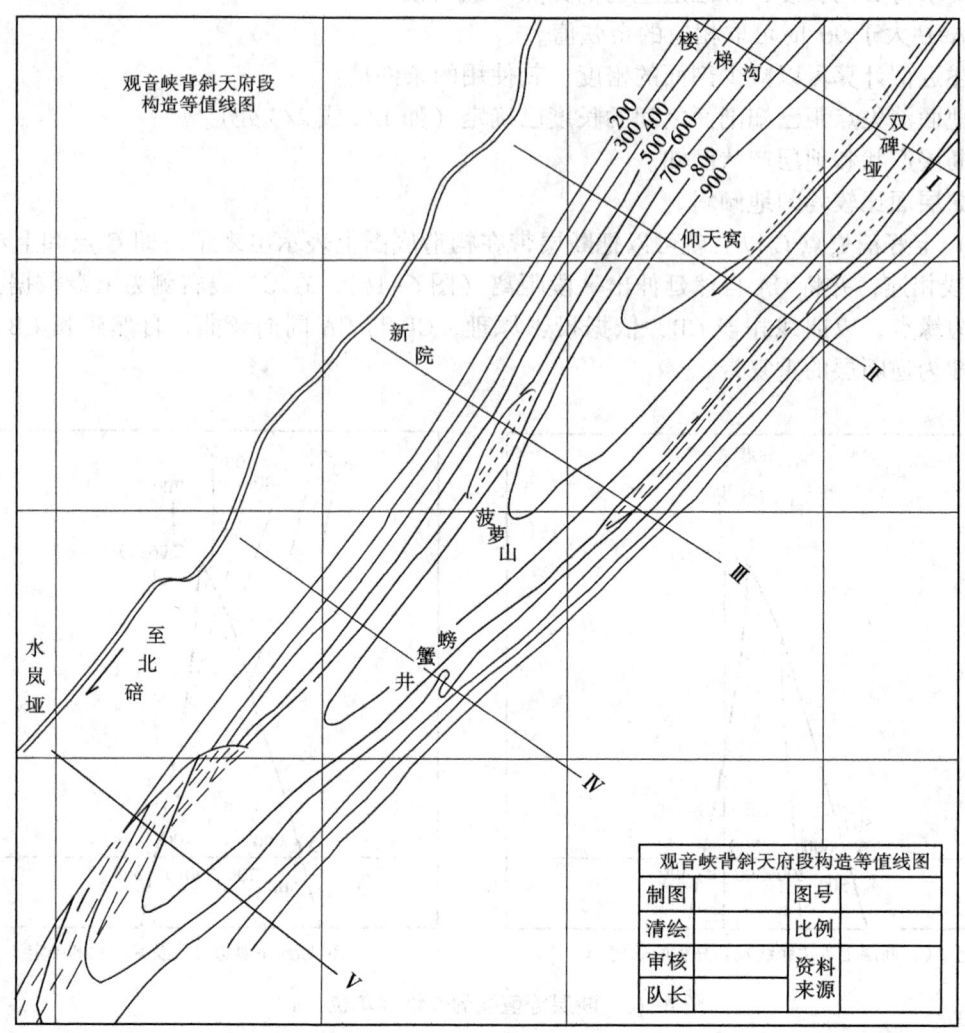

图 6-17 构造等值线图示意图

第七节 节理等密图和应力网络图

在油气勘探中习惯把节理称为裂缝，在油藏工程中称为纯裂缝结构系统。它是重要的油气渗流通道和储集空间。

详细研究油气构造区的裂缝结构系统，将有助于分析评价油气的运移规律和运移历史。目前对裂缝系统的繁复数字处理和作图，已经实现了微机化。只要把原始数据输入到设计好的程序中，几秒钟就可完成赤平投影的一系列操作，进而得到构造区的主应力网络图。这故然是省力、省时的事情，但计算机的运行框图，仍然是依据密度成图的基本原理而来的。考虑到实习教科书的系统性，特别编排了本节内容作为必需的基本技能训练。

一、节理极点图的编绘

将野外不同构造部位裂隙统计点的数据表格化后,就可以着手编图了。

(1)取一定长度单位为半径画圆作节理极点图(赖特网,图 6-18)。图中放射线表示裂隙倾向(0°~360°方位角),同心圆表示倾角(由圆心到圆周为 0°~90°)。

(2)取一块透明纸蒙在赖特网上,按产状投影出相应的点为极点。例如某裂隙的产状为 20°∠70°,则以 N 为 0°,顺时针转动 20°即为倾向,再由圆心到圆周数 70°(即倾角)定点即为该裂隙的法线投影,该点也就代表着裂隙的产状(图 6-18 中的 a 点)。若产状相同的裂隙有数条,则可在旁边注上条数(图 6-18 中的 b 点)。按此法把观测点的节理都分别投影成极点,就完成了一个观测点的裂隙极点图。

裂隙极点图,也可在施密特网上编制,把透明纸蒙在网上标注方位,按每条裂隙产状投点,操作与赖特网一样,只不过要频频转动图纸,重合到东西直径上来读倾角,显得繁琐。

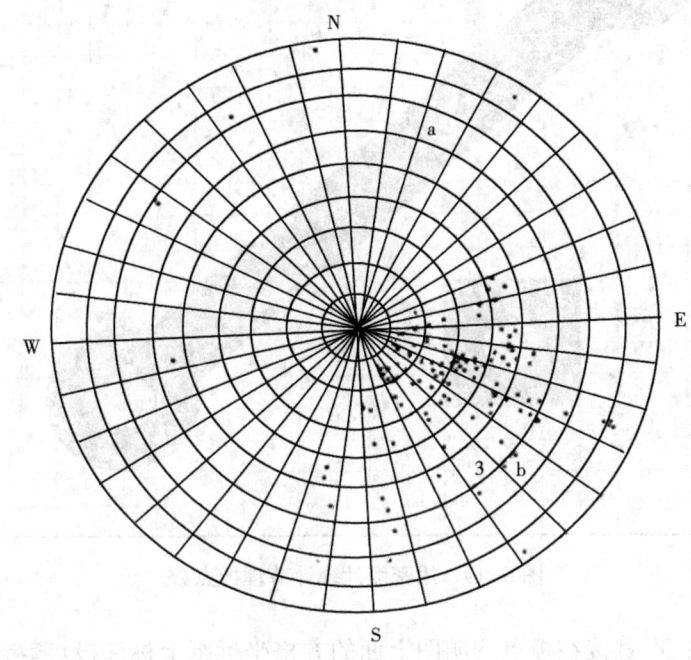

图 6-18 节理极点图

二、节理等密图的编绘

(一)对正节理极点图

在完成好节理极点图之后把这张极点透明图覆盖在一张坐标方格纸上,对正东西。极点图下面的每一个小方格边长应等于极点图大圆半径的 1/10(图 6-19)。

(二)统计裂隙密度

1. 密度计

可用一块不透明的硬纸片做成一个方块中心密度计和一个长条形的边缘密度计。方块中心密度计的中心挖一小圆孔,半径是大圆半径的 1/10(图 6-19 左下角)。边缘密度计两端做成小圆孔,半径也是大圆半径的 1/10。两端小圆孔中心连线刚好是大圆的直径,中间用小刀划一小窄缝，便于用大头针固定转动，也可左右、上下调剂。

2. 步骤

先用中心密度计从左到右、由上到下依次统计小圆孔内的裂隙数，并注在每一小方格"+"中心（图6-19），再用边缘密度计注出圆周附近残缺小圆内的裂隙数，将两端加起来（正好是一小圆面积的极点数）记在有"+"中心的那一个残缺小圆内。如小圆中心不与"+"中心重合时，可以沿窄缝稍加挪动；如两个小圆中心都在圆周上，则在圆周的两个圆心上都记上相加的节理数。

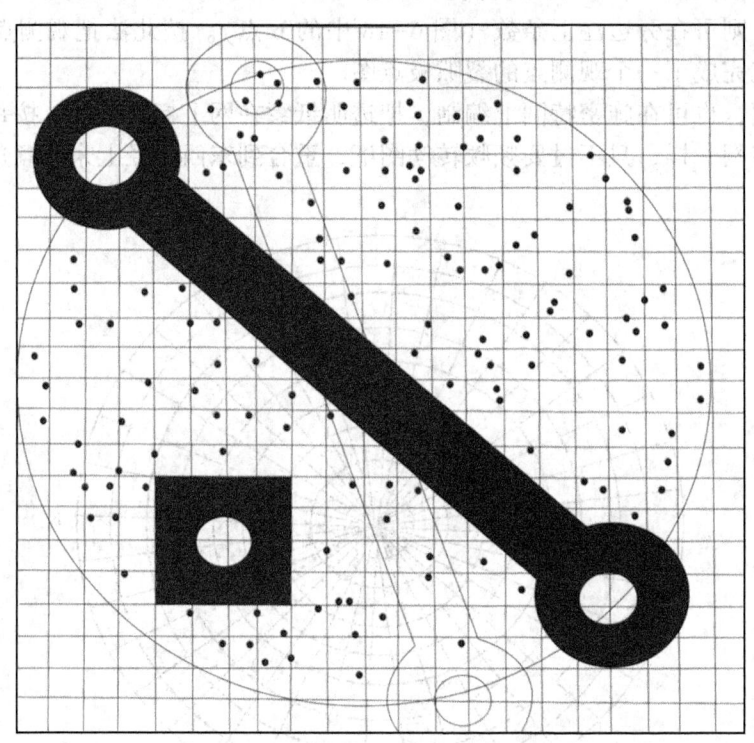

图6-19　用密度计统计节理极点数

在实际操作时，可直接在极点透明图上面的方格坐标纸上标注极点数，省去用密度计这个操作。

（三）连线成图

通过统计后，大圆内每一小方格"+"中心都注上了裂隙数目，把那些数目相同的点连成曲线，即成为裂隙等值线图（等密图）。

另外，还可以用节理的百分数表示，即把小圆面积内的裂隙数与大圆面积内的裂隙总数相比划分成百分数。可把小圆面积当作大圆面积的1/100，其裂隙量的分配也是呈相应的比例。如大圆内的裂隙总数为80，而某一小圆内的裂隙为5条，其百分数为6%。由于裂隙的走向是两个方位，所以在连接等值线时，应注意其两端的对称性。

（四）整饰图件

为加强等密图的醒目程度，可在相邻等值线间着以颜色或画以线条花纹，写上图名、图例和方位。

（五）成果分析

在图上读出等密线最高值，确定其优选方法，配制成"X"共轭剪裂系。

（六）编绘应力网络图

用吴氏网投影产生该裂隙系统的主应力方位，将构造各个部位的点如上述方法求出，就可以编绘该构造区的主应力网络图，进而探讨工区构造应力场和应力作用方式。

第八节 实习报告的编写

实习报告既是对整个野外实习工作的总结，又是实习成果的体现。就其主要内容而言，它是对各种图件和表格做具体的、系统的说明，要求对所有的原始资料进行综合归纳构成文件，要注意内容真实性、准确性、综合性、逻辑性，突出重点，避免口语化和流水账。

针对各不同专业、不同年级的特点，本书要求实习报告包括三部分，即基本文字报告编写、专题讨论报告编写和基础地质实习报告编写。

一、基本文字报告编写

基本文字报告的内容中心是对地质图、横剖面图、构造等值线图做文字解析说明，又可称为说明书。其内容格式可按下面几个部分来写。

（一）前言

（1）简要叙述工区地理位置，行政区划，实习的目的、内容，应完成的任务，组织机构，野外工作时间，室内工作时间，提交成果，质量估价等内容。

（2）工作区经济地理简况，如山川地势、气候、交通、城镇、居民分布、工农业生产、经济开发前景预测等。

（3）工区的地质研究简史，以前做过了那些方面的工作。

（二）地层岩性

（1）简要概述一下工区由老到新的地层分布情况，并附一地层简表。

（2）分别叙述各时代地层岩性特征，由老到新依次描述地层分布范围、岩石情况、类型、结构、构造、岩相、厚度变化、上下层位之间的接触关系、所含化石。

对标准层或具有特殊意义地质对比层（如绿豆岩）、典型的不整合面，要做详细描述，不得一句而过。对火山凝灰岩要归入到相应的层位中描述，在区域上能否与相当层位对比。

其次对岩性构造有关的地貌景观也应描述并附素描插图（图6-20、图6-21）。

应注意每写完一个时代地层后，必须另起一行，要体现出地层层序规律。

对于石油工程专业的学生，除了详细描述各类岩石，特别是储集层的成分、结构、构造外，还应根据岩性特征归纳出被描述岩性段的沉积环境，说明单剖面岩相序列特点。比如通过凉水桥路线观察描述大安寨组（J_1d）的生物介壳灰岩（盆地内的产油层）、砾屑灰岩与钙质泥岩互层、沉积构造、递变层理等在纵剖面上的变化特征，最后归纳出湖相沉积环境，进而推断侏罗纪大安寨期四川盆地为内陆湖相沉积环境。

图 6-20　硅质白云岩地貌

图 6-21　北碚向斜中的珍珠冲组（J_1z）石英砂岩地貌（单斜）

又比如下三叠统飞仙关组（T_1f）鲕粒灰岩是川东、川南天然气产层之一。这是重点描述的层段，要求石油工程的学生从底部至顶部依次观察岩性特征、结构、沉积构造、粒级递变、层理类型的基础得出海相沉积环境的结论，以加深对储集层的认识。

对于嘉陵江组（T_1j）泥晶灰岩的描述，要求以所测量的地层柱状剖面为依据，归纳总结出沉积特征。比如隐藻类沉积构造，标志着海水不深，水平虫迹发育，生物扰动强烈，表明水动力条件较弱。

（三）构造

该部分应先概括一下全区构造的总特征、所属构造单元、目前有无新的提法。之后分以下方面进行描述。

1. 褶皱构造

描写褶皱名称、分布范围、轴迹延伸方向、枢纽倾伏特征、核部地层和两翼地层产状变化、转折端横剖面形态、储集层在构造的出露部位、被侵蚀切割的情况（附必要的素描插图）。

2. 断层

描述断层时首先要整理好野外记录资料，然后对各条断层一一叙述，包括断层产生部位、方向、产状、长度，断层的证据，两盘动向，断层带特征，充填物，断层性质，对标准层的切割错位情况，每个断层都要附必要的素描图。

（四）裂缝系统

根据工区的裂缝发育特征及岩性特征，进行裂缝测量和统计。
（1）说明一下统计点的布置情况。
（2）附各点的统计表格。
（3）附等密图，确定优选方位，推断裂隙系统对油气运移的影响。

（五）地质发展史及构造的受力分析

（1）结合区域性构造史分析（参考相关资料）。
（2）受力分析。主要结合区域构造情况和共轭裂隙资料，应用变形理论对实习区构造应力场态势做总体性的评价。

（六）结语与建议

这部分主要是心得体会与建议及业务方面的内容，另外还包括思想品德、情操方面的内容。

二、专题讨论报告编写

对于资源勘查工程专业的学生除完成上述基本实习总结内容外，还应有进一步深化提高的专题报告内容。所谓专题报告就是针对某一个构造现象，有目的地收集资料，深化分析，并提出自己的独特见解，它是一种小论文的形式，这种报告，对该专业的同学是不可多得的锻炼独立工作能力的机会。

通过多次野外构造实习的经验，已经形成了几个方面的专题讨论题目，比如：
（1）从断裂构造特征讨论天府背斜的构造应力场。
（2）天府背斜的断裂组合关系及力学性质分析。
（3）文星场背斜区构造裂缝综合分析。

以上这些专题讨论，涉及内容不广，资料也易收集。以第一个题目为例，首先应对区内的几条主要断层特征做——论述，诸如断层规模、空间展布、断层带宽度、透镜体、构造岩、羽列、揉皱等。然后结合共轭裂缝资料进行论述。最后提出背斜构造应力场的基本特征以及进一步工作的意见。此外，为了培养学生的社会责任感，可以引导学生进行社会调查，结合自己专业知识，进行有关环境保护、地质灾害调查与防治、实习区经济发展等方面的专题研究，比如：
（1）天府地区构造特征对农业生产影响分析。
（2）天府地区地质灾害点调查与原因分析。
（3）老煤矿采空区居民生活状况调查与对策。

写专题报告时，可自己选择题目，要求每个人独立完成一份，不得互相抄袭。在文字叙述中可先事实后论证，配一定的插图，力求文图并茂。

为了避免实习总结报告内容与专题讨论报告重复，可以做前、后内容上的详略调整。

无论是基本文字报告或是专题讨论报告，书写要求规范化，一律用方格稿笺纸清誊，文字工整，标点符号独占一格，文内附图应有名称和编号。

三、基础地质实习报告编写

对于低年级地质认识实习的学生，基础地质实习报告编写相对要求简单一些，但是也要包括以下内容。

（1）前言：介绍实习地区概况（位置、交通、经济等）、工作概况（工作时间、日程）、完成工作量、人员组织等（附交通位置图）。

（2）地层岩石简介：介绍实习区出露地层岩石特征及其成层顺序（附地层柱状图及随手剖面图）。

（3）地质构造特征简介：概述实习区背斜的特征，各断层的证据、展布情况、与背斜的关系等（附断层素描图、路线随手剖面图、构造横剖面图等图件）。

（4）实习区外动力地质作用特征简介：叙述实习区风化作用、河流地质作用、风蚀作用、地下水地质作用等特征（附相应的素描图、照片等）。

（5）矿产资源介绍：描述实习区矿产资源的情况、开发开采的历史、目前现状以及矿产资源对国民经济的影响等。

（6）结束语：主要收获体会、建议和希望等。

第七章 重庆地区地质特征

第一节 重庆市自然地理概况

一、地理位置

重庆市位于中国西南部的长江上游地区,东西长 470km,南北宽 450km,面积约 82400km²。东邻湖北、湖南,南接贵州,西靠四川省泸州市、内江市、遂宁市,北连陕西省以及四川省广安、达州地区。地处较为发达的东部地区和资源丰富的西部地区的结合部,是长江上游最大的经济中心、西南工商业重镇和水陆交通枢纽(图 7-1)。

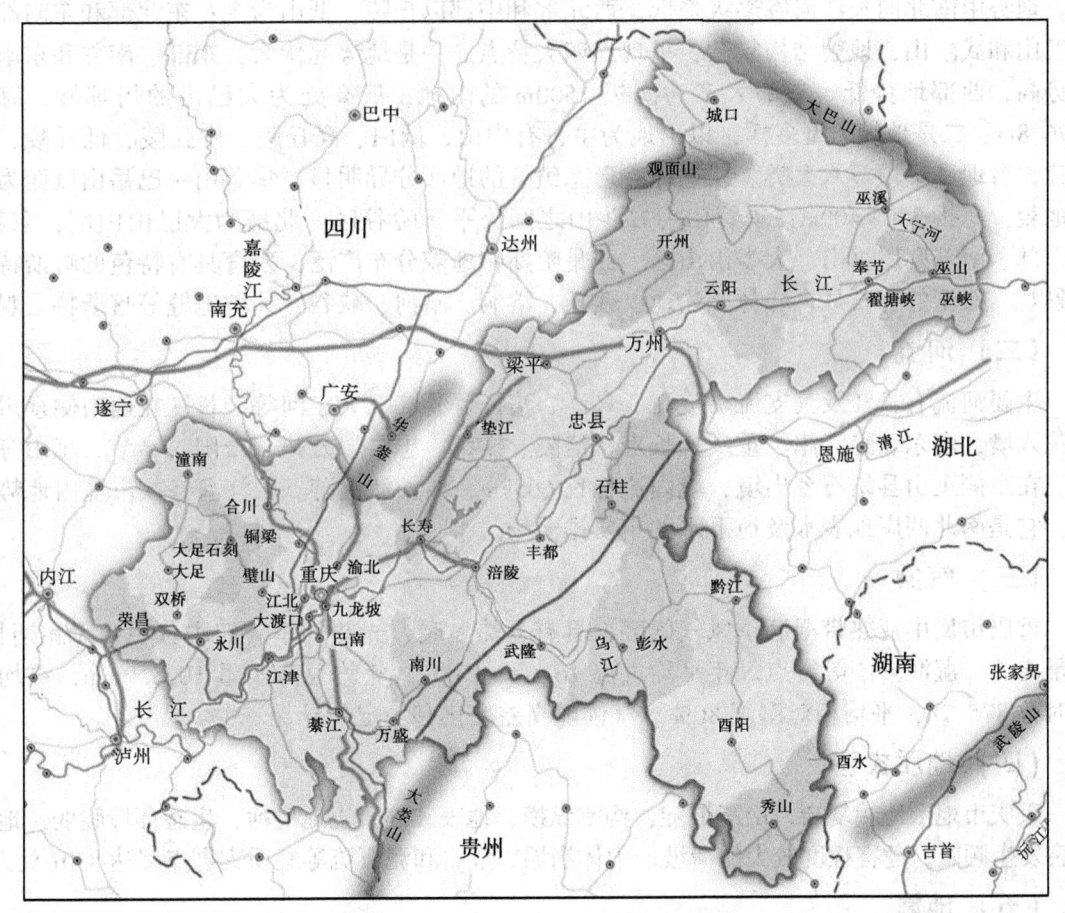

图 7-1 重庆市地理位置图

二、交通情况

重庆市是中国西部一个特大城市，由 4 个大城市、26 个小城市、549 个小城镇组成，市辖 19 个区、21 个县。重庆市交通四通八达，已形成以铁路、公路为主，水运、航空为辅的综合运输体系。铁路有成渝、渝黔、襄渝、达万、渝遂、渝怀等，高铁开通了渝蓉、渝沪、渝汉、渝京、渝广等线路。公路除有 G210、G212、G318、G319 等国道通过市境外，成渝、渝涪、渝万、渝邻、渝合、渝黔等高速公路使重庆与周边地区的联系更为紧密快捷。所有乡镇均有公路相通，已实现了市境内最边远区县可在 8h 内到达市区。重庆港为长江上游重要港口，嘉陵江、乌江、大宁河、綦江等也开通了水运。江北机场为西南的重要空中交通枢纽，不仅开辟了各省、市、自治区和地区国内航班，还开辟了日本、泰国、新加坡等国际航班。

三、自然地理

（一）地形地貌

重庆地处四川盆地东南缘，地势起伏不平，山峰绵延，丘陵广布，仅河谷地区有少量平坝。地势由南北向长江河谷逐级降低。西北部和中部以丘陵、低山为主；东北部和东南部靠大巴山和武陵山，地貌结构复杂，呈现出四大特点。一是地势起伏大，东部、南部和东南部地势高，西部地势低。东部大多为海拔 1500m 的山地，最高处为大巴山的川鄂岭，海拔 2796.8m。二是地貌类型多样，以山地为主，有中山、低山、高丘陵、中丘陵、低丘陵、缓丘陵、台地和平坝等八大类。三是地貌形态组合的地区分异明显，华蓥山—巴岳山以西为丘陵地貌，海拔 300~400m；华蓥山—方斗山之间为平行岭谷区；北部为大巴山山区；东部、东南部、南部则属巫山、大娄山山区。四是喀斯特地貌分布广泛，发育具有特色的喀斯特槽谷景观，典型的有石林、峰林、洼地、残丘、溶洞、暗河、峡谷、天坑地缝等喀斯特景观。

（二）河流

主要河流有长江及其支流嘉陵江、乌江、涪江、綦江、大宁河等。长江在西南侧永川区朱沱入境，向东北经江津、重庆、长寿、涪陵、丰都、忠县、万州、云阳、奉节、巫山等区县，在东侧巫山县培石乡出境，境内流程长 665km，属长江上游。长江河谷在市境内地势最低，它是南北两岸地表水及地下水的主要排泄场。

（三）气象

重庆市属中亚热带湿润季风气候区，具有夏热冬暖、光热同季、四季分明、无霜期长、雨量充沛、湿润多阴等特点。年平均气温 16.6~18.6℃，年均总降雨量 1025.0mm，平均日照时数 875.7h，平均相对湿度 80%。气候随高差变化有一定差异。

（四）地质灾害

重庆市地形地貌复杂，山高坡陡，沟壑纵横，地表破碎，土地瘠薄，生态环境脆弱，地质灾害发生频繁。危害程度较大的滑坡、山体崩塌、危岩和泥石流等地质灾害点多达 8301 处。

（五）地震

根据《中国地震动参数区划图》（GB 18306—2015），本区地震烈度为Ⅵ度，各建（构）筑物需按Ⅵ度设防。

第二节　区域地质特征

一、大地构造位置

重庆市地处我国东部发达地区与西部资源富集区结合部。地理坐标为东经105°11′~110°11′，北纬28°10′~32°13′，面积$8.2 \times 10^4 km^2$。地理上位于我国西南部，东与湖北省、湖南省接壤，南接贵州黔北，西与四川省毗邻，北抵大巴山在城口—巫溪北侧与陕西省分界。区域构造上跨我国的扬子准地台和秦岭地槽褶皱系两大构造单元。

我国现今的大地构造格架并不是与史俱来的，在不同地史时期，我国的大地构造格局也不相同。中国地处亚洲中东部，是复式陆块区。根据显生宙以来的生物—古地理大区和陆块的亲缘区，可划分为三大构造域：北亚构造域、亚洲中带构造域（华夏构造域）和南亚构造域。扬子准地台和秦岭地槽褶皱系是位于亚洲中带（华夏构造域）的两大构造单元。

扬子准地台以长江干流两侧地区为主，准地台的基底最终形成于新元古代晋宁（武陵）运动（距今820Ma），比中朝地台几乎要晚10亿年。扬子准地台形成于早期的裂陷阶段，在新元古代南华纪发育冰碛岩；震旦纪、古生代和早中生代长期发育海相地层，中、新生代其构造活化。扬子准地台外形的不规则是后期形变作用，特别是印支期和晚中生代郯—庐断裂改造的结果，它的东部包括了下扬子和苏北—胶南—南黄海地块被向北错移。重庆地区绝大部分位于扬子准地台的上扬子，其余少量位于秦岭地槽褶皱带的南缘——北大巴山冒地槽褶皱带。秦岭地槽褶皱系横贯我国中部，记录了中国南北大陆地史时期复杂的相互作用，它是印支期南北大陆聚合而形成的造山（褶皱）带。在天水以东，大致以丹阳—凤县—信阳—金寨对接缝合带为界，以北属中朝地台南侧陆缘，自北向南演化；以南属扬子准地台北侧陆缘，自南向北演化，晚中生代—新生代在毗邻造山带的南、北前陆地区有大规模的叠瓦逆冲构造发育。

二、基底性质

重庆地区位于上扬子准地台的西北部，即扬子准地台西北部的四川盆地东部及其边缘。四川盆地是由褶皱和断裂包围的巨大构造盆地。从建造和构造演化上反映出，四川盆地是在古生代广阔海盆基础上发展起来的中、新生代红色陆相盆地，在中国盆地构造分类中属于复合前陆盆地，是由两个原型盆地（海盆和陆盆）叠合形成的。

四川盆地的基底属于前震旦系，按其岩性和建造演化可分为结晶基底和中、晚元古代褶皱基底。四川盆地基底展布具有三分的特点，自西向东由龙门山深断裂、雅安巴中基底断裂和华蓥山深断裂将基底划分为磁性和岩性完全不同的三大地层单元（图7-2）。四川盆地及其周边地区上延40km航磁等值线图也具有明显的分区性（图7-3），可分为川渝鄂强磁异常区，ΔT值为+250~+450nT；川西北—康滇负磁异常区，ΔT值为-200~-50nT；黔东—湘西弱磁异常区，由西向东ΔT值为0~±50nT（地矿部航空物探遥感中心，1989）。

上述基底的分带特征，从总体上反映了盆地内部及周缘硬化程度的差异和主要呈北东方向展布的构造格局，它对后期沉积盆地的发展，隆起和坳陷的配置，以及盖层褶皱的强度都有比较明显的影响。盆地中部属硬性基底，是相对隆起带，地史上稳定性较强，沉积盖层相对较薄，基岩埋藏深度一般为3~8km；盆地的西北和东南（包括重庆地区）两侧属柔性基

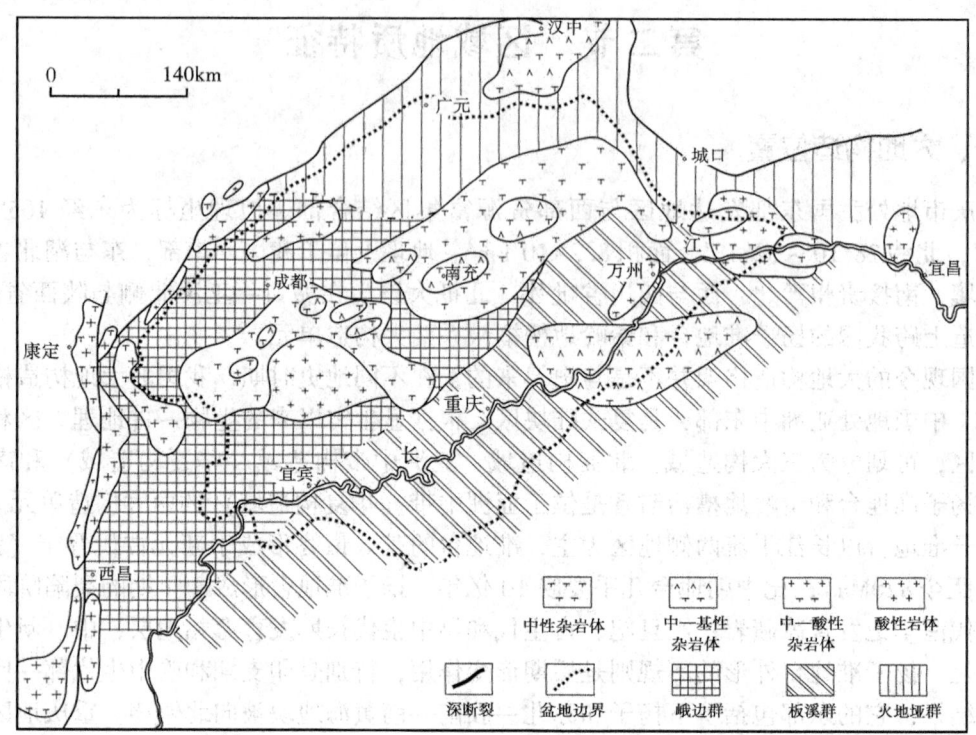

图 7-2 四川盆地基底岩相示意图（据郭正吾等，1996）

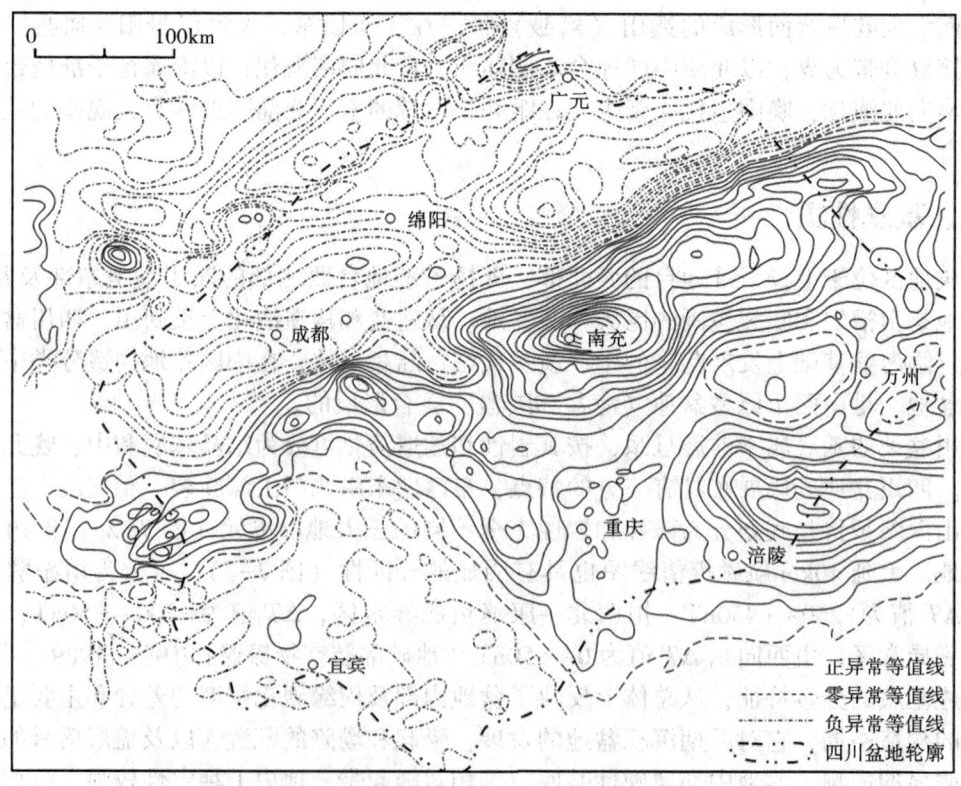

图 7-3 四川盆地原始航磁异常等值线图（间距 25nT）（据地矿部航空物探遥感中心，1989）

底，为坳陷带，沉积地层厚度大，基岩埋藏深度达 8~11km（图 7-4）。经过吕梁运动、四堡运动和晋宁运动，最终将这些不同建造的基底（东、西部的褶皱基底和中部的结晶基底）拼接在一起，形成了统一的具有双层结构的上扬子准地台基底，为上扬子地台的盖层建造和构造演化奠定了基础。正是由于这种沉积基底的分布格局，决定了四川盆地及邻区的构造格局和演化过程。

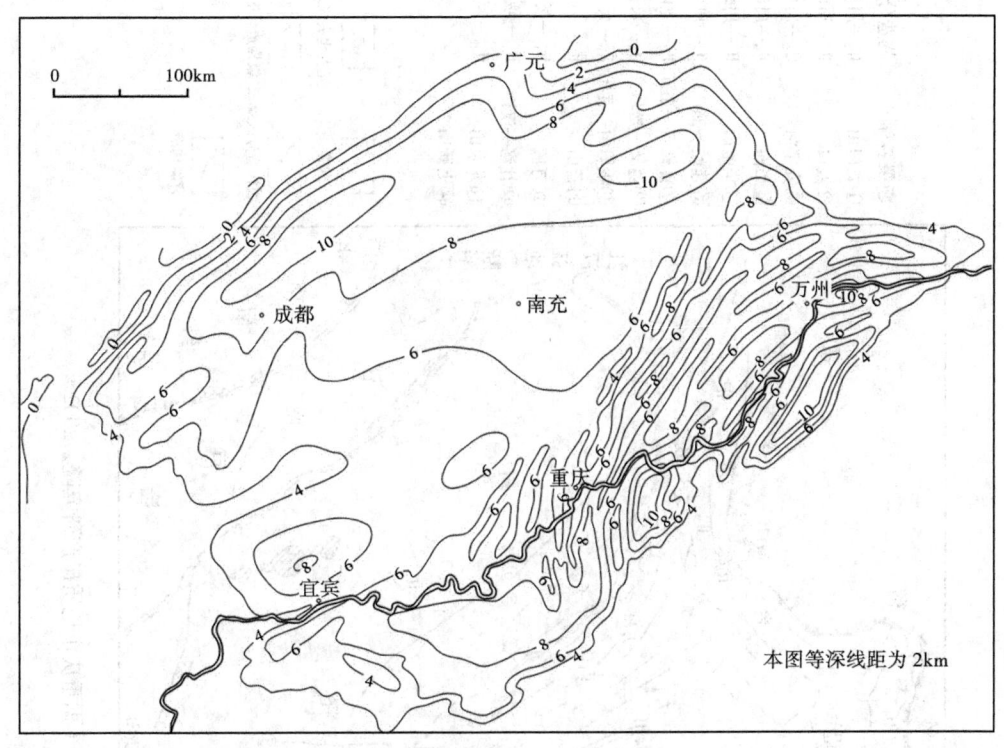

图 7-4　四川盆地基岩埋藏深度图（据郭正吾等，1996）

三、构造单元及特征

根据四川盆地及邻区的构造特征进行分区：渝中地区称为川东高陡褶皱带；渝西地区属于川南低陡褶皱带；渝东南地区为滇黔鄂台褶带上的次一级构造单元——娄山和八面山褶皱带的一部分；渝东北为大巴山台缘褶皱带（图 7-5）。

重庆地区地质构造另一个特点是表层构造与地腹构造存在明显的不协调现象。地表的高陡背斜向地腹深处褶皱幅度逐渐变小，过渡为平缓褶皱，并最终消失于由塑软层所构成的滑动面上。再如地表以褶皱变动为主，断裂相对出露较少，构造组合表现出由一系列背斜、向斜间列排列，组成典型的隔挡式—箱式褶皱；而地腹褶皱和断裂却十分发育，剖面上往往出现由一系列冲断层及其相关褶皱所构成的对冲和构造三角带等复杂的冲断褶带。很显然，重庆地区存在着表层构造与地腹构造的垂向变异现象。根据卷入地层变形样式的不同，可以将重庆地区划分为主滑脱层以上的上、中、下三个构造层（图 7-6），以及寒武系主滑脱层以下的构造层。

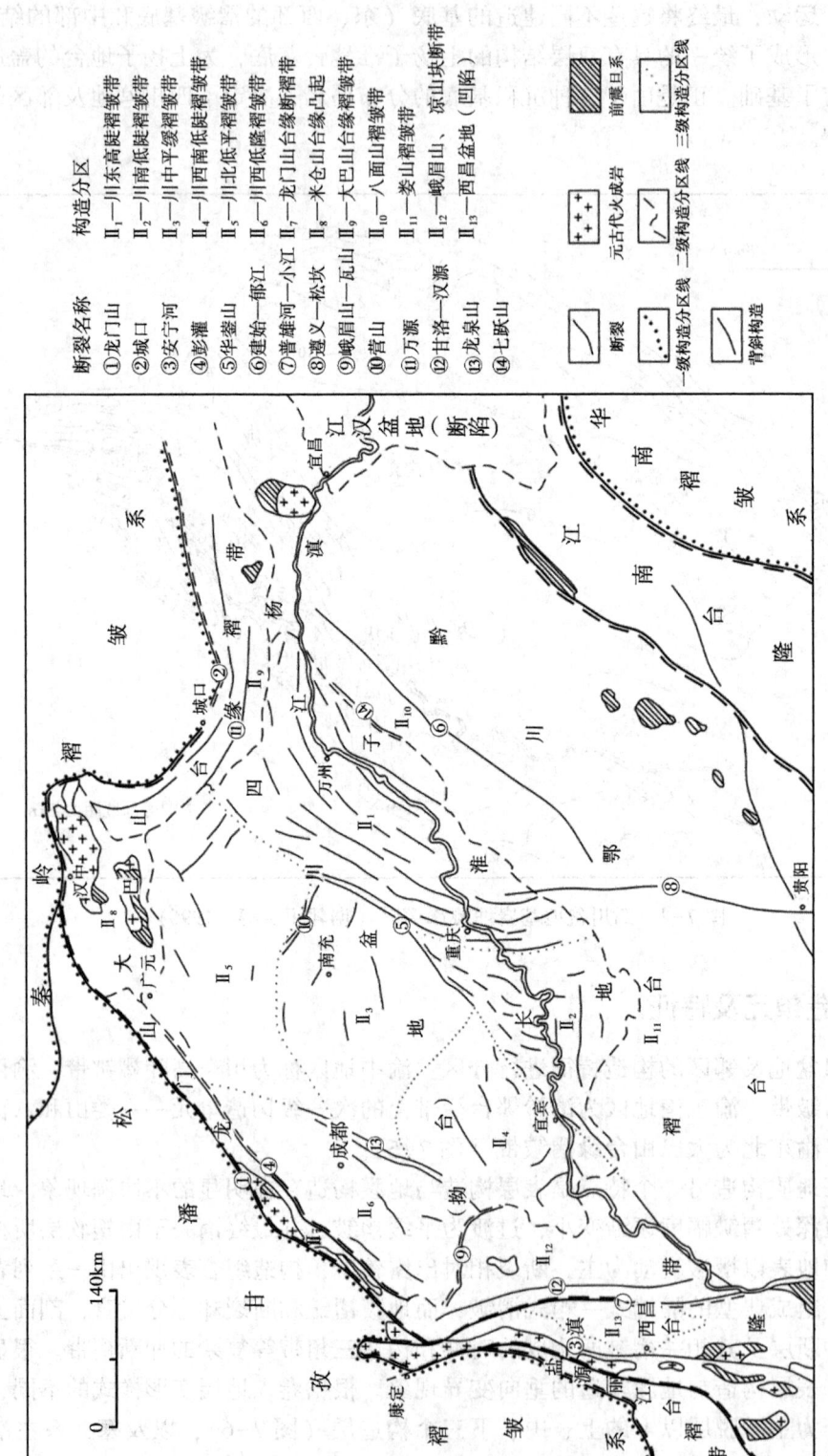

图 7-5 四川盆地及邻区构造单元分区图（据重庆市地质矿产研究院，2002）

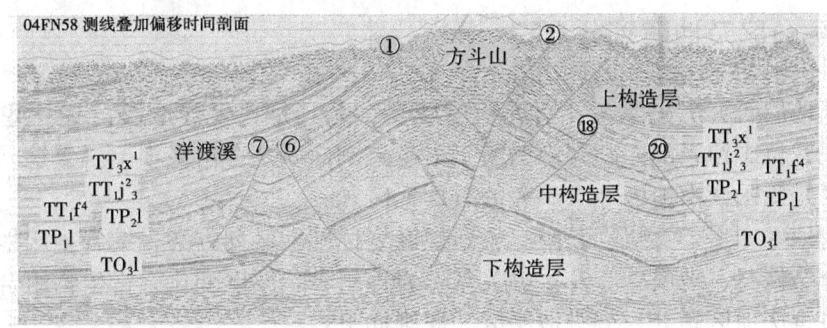

图 7-6 重庆地区寒武系主滑脱层以上构造层划分

(一) 寒武系主滑脱层次上的上、中、下部构造层

上部构造层 (T—J) 为同心等厚褶皱，构造完整、陡峭、规模大。主要表现为隔挡式、两翼不对称的高陡背斜带，它是受基底先存构造控制的断层传播褶皱，是燕山晚期—喜马拉雅期挤压环境的产物。

中部构造层 (C—P) 中部的强硬岩层构造变形样式主要为逆冲断裂及其相关褶皱，褶皱翼部断裂非常发育，陡翼常发育轴倾断裂，缓翼发育反向断裂，从而组合成主体背斜、缓潜背斜，主、缓断凹以及沿层逆冲断坪等次级构造单元。主要表现为复杂褶皱带，是早期伸展构造和晚期挤压构造叠加的结果。

下部构造样式 (∈—S) 仍为同心等厚褶皱，构造近于对称，向下逐渐变缓，两翼轴倾断层组成 Y 字形后消失于寒武系，预示局部构造在结晶基底消失的趋势。主要表现为紧闭的隔槽式褶皱，是早期伸展作用经后期挤压构造强化的产物。

(二) 寒武系主滑脱层以下的构造层

寒武系主滑脱层以下的震旦—寒武系为底部共用一个近水平滑脱层、多个逆冲断层控制的断层传播褶皱，之间相互形成复背斜，呈叠瓦状逆冲构造。主要为中生代之后挤压变形的产物。滑脱层以及逆冲叠瓦构造主要分布于华蓥山南东方向，华蓥山北西方向地层无明显变形，下部无滑脱层及逆冲构造明显发育。

重庆地区以华蓥山断裂和七曜山断裂为界的地表、近地表构造形态是由剥蚀剥露的地层深度不同所致（图 7-7）。华蓥山断裂以西四川盆地东部地层剥蚀深度最浅，根据地层厚度估算，小于 2km；渝中—渝西地区剥蚀深度可达 2~4km，渝东南地区达到 4~6.5km。从四川盆地东部侏罗系—白垩系的丘陵地貌到渝中地区侏罗系—三叠系的隔挡式构造地貌，一直到渝东南寒武系—三叠系地层出露，总体上显示了向东南剥蚀越来越深的特点。

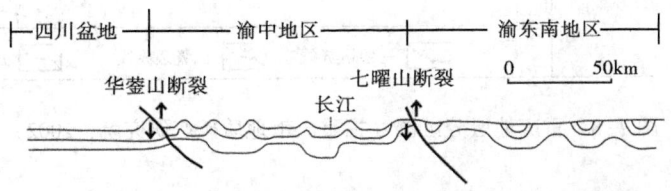

图 7-7 差异升降与剥蚀深度引起构造形态变化示意图

四、地层分区及地层划分方案

重庆地区地层研究历史悠久,研究程度较高,尤其是古生代地层,有一些著名典型剖面,如綦江观音桥志留系剖面、秀山溶溪下古生界剖面以及合川炭坝上三叠统须家河组剖面等。重庆地区是我国西南地区地层研究的重要地区之一。

根据西南地区四川、贵州、云南三省地层区划标准和区划方案,结合重庆地区地层发育总的面貌及分布情况、地层层序及接触关系、岩性组合及厚度变化、古生物组合及发育情况等特征,可将重庆地区划分为三级地层区,原则如下:

Ⅰ级地层区(区):主要根据自青白口纪以来地层发育的总体特征,一般要求系以上地层单元在岩相上可以对比,统可以对比或分区对比。

Ⅱ级地层区(分区):主要根据某个大的断代地层发育的总体特征,一般要求统在岩相上可以对比,组基本可以对比或分区对比。

Ⅲ级地层区(小区):地层区划的基本单位。主要根据某些时代地层发育的特征,一般要求组一级单元可以对比。在同一个Ⅲ级地层区内,地层层序、组(群)岩性特征、古生物群及含矿性等应基本一致。

根据以上原则,重庆市地层区划分为两个Ⅰ级地层区,5个Ⅱ级地层分区及8个Ⅲ级地层小区(图7-8、表7-1),现将Ⅱ级地层分区的基本特征简述如下。

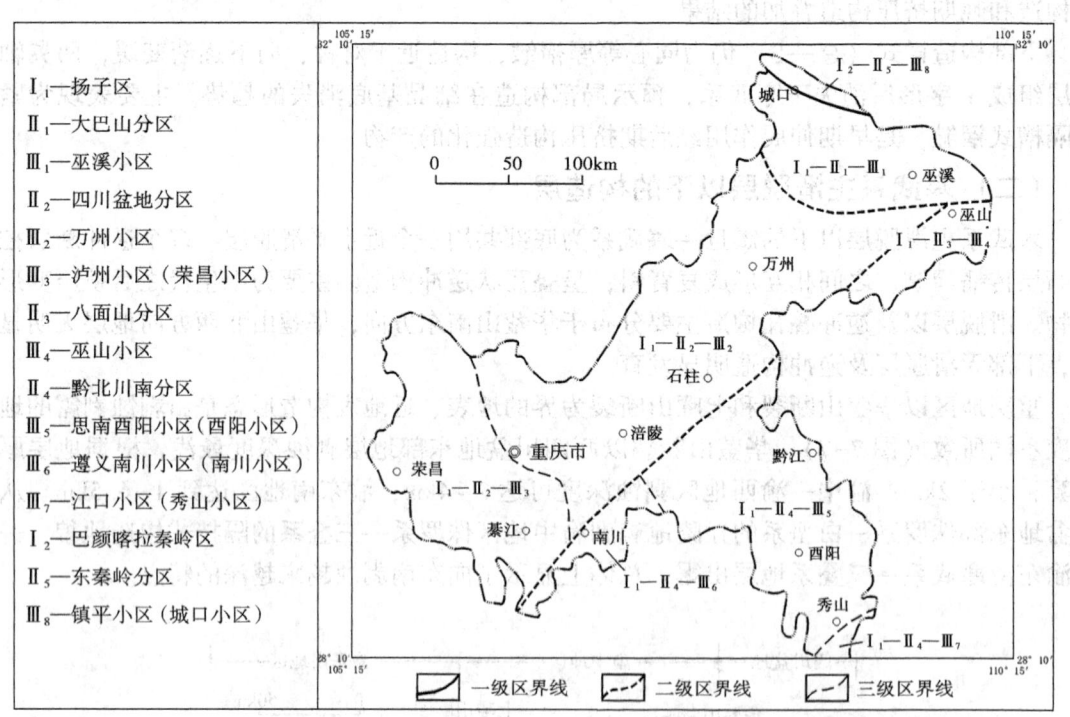

图 7-8 重庆地层分区图(据重庆市地质矿产研究院,2002)

表 7-1　重庆地区地层分区表（据重庆市地质矿产研究院，2002）

I 级地层区（区）	II 级地层区（分区）	III 级地层区（小区）
I_1—扬子区	II_1—大巴山分区	III_1—巫溪小区
	II_2—四川盆地分区	III_2—万州小区
		III_3—荣昌小区
	II_3—八面山分区	III_4—巫山小区
	II_4—黔北川南分区	III_5—酉阳小区
		III_6—南川小区
		III_7—秀山小区
I_2—巴颜喀拉秦岭区	II_5—东秦岭分区	III_8—城口小区

（一）I_1—扬子区（台区）

1. II_1—大巴山分区（仅包括渝、陕、鄂接壤附近的一个巫溪小区）

该分区特点是：（1）从南华系至三叠系都有分布；（2）震旦系及下古生界较发育，缺失志留系上统、顶统；（3）上古生界缺失泥盆系、石炭系，二叠系发育良好，以碳酸盐岩为主，二叠系上统含煤；（4）三叠系以碳酸盐岩为主，上统为陆源碎屑岩。

2. II_2—四川盆地分区（包括万州和荣昌两个小区）

该分区特点是：（1）侏罗系发育完整，白垩系也有零星分布；（2）二叠系、三叠系发育完整，主要分布于盆地边缘山麓或背斜核部，上二叠统、三叠系均呈显著的东西相变；（3）大部分地区泥盆系和石炭系剥蚀殆尽；（4）古近系、新近系缺失；（5）第四纪河流沉积相发育；（6）华蓥山地区出露较为发育的下古生界，在井下也普遍揭示下古生界。

3. II_3—八面山分区（仅包括渝、鄂接壤附近的一个巫山小区）

该分区特点是：（1）出露地层最老为下志留统；（2）缺失上、中志留统及下、中泥盆统，上泥盆统为碎屑岩，缺失石炭系，二叠系以碳酸盐岩为主；（3）中生界三叠系下统以碳酸盐岩为主，中三叠统为紫红色碎屑岩及泥质灰岩，上三叠统为碎屑岩。

4. II_4—黔北川南分区（包括酉阳、南川、秀山三个小区）

该分区特点是：（1）古生界发育良好，广泛分布，缺失上、顶志留统；（2）青白口系为巨厚的浅变质碎屑岩及火山岩（板溪群）；（3）南华系为冰川或冰水沉积；（4）震旦系为碳质页岩、粉砂岩、硅质岩、碳酸盐岩；（5）泥盆系、石炭系有零星出露，泥盆系下统缺失，石炭系仅存部分中统；（6）古生界及三叠系存在相变；（7）侏罗系、白垩系部分地区残存。

（二）I_2—巴颜喀拉秦岭区（槽区）

II_5—东秦岭分区（仅包括渝、陕接壤的城口小区），其特点是：（1）最老地层青白口系，最新地层为寒武系上统；（2）南华系为含火山碎屑的复陆屑杂砂岩，震旦系以硅质岩、板岩为主，夹白云岩质灰岩；（3）寒武系下统下部以碳质、硅质板岩为主，上部以石灰岩为主夹硅质岩、板岩及石煤，中、上统为碳酸盐岩偶夹炭质板岩及石煤；（4）有少量基性—超基性岩浆岩分布；（5）该区普遍遭受了区域动力浅变质作用。

五、各地层分区地层特征

重庆地区各地层分区地层发育程度不同，各区不同时代地层划分有一定差别，地层特征描述如下。

（一）寒武系

寒武系分布于渝东南南川、酉阳、秀山小区和渝东北巫溪、城口小区。

1. 南川、酉阳、秀山小区

1）下统（$\in_1$）

牛蹄塘组（$\in_1n$）：以灰黑色、黑色碳质页岩为主，夹较多的黄色薄—中厚层状粉砂岩，下部夹 0.3~1m 厚的含磷层及 20~30cm 厚的黑色硅质岩。本组厚 15~200m，与灯影组呈假整合接触。

明心寺组（$\in_1m$）：深灰、灰绿色页岩夹细粒石英砂岩、粉砂岩和含粉砂质泥灰岩、细晶灰岩，厚 148~213m。

金顶山组（$\in_1j$）：以灰、灰绿色中厚层状砂岩为主，夹粉砂质页岩及细粒石英杂砂岩，厚 111~283m。

清虚洞组（$\in_1q$）：由中厚层状白云岩、白云质灰岩及石灰岩夹薄层泥质白云岩组成，具豹皮状、条带状构造及假鲕状结构，厚 150~293m。

2）中统（$\in_2$）

高台组（$\in_2g$）：下部为页岩、粉砂岩，有时夹薄层或扁豆状灰岩；上部为厚层豹皮状白云质灰岩、石灰岩。本组厚 54~70m。

石冷水组（$\in_2s$）：下部为灰、深灰色中厚层状细粒白云岩；上部为浅灰、深灰色薄层叶片状白云岩、泥质白云岩和角砾状白云岩。本组厚 188~242m。

平井组（$\in_2p$）：灰色、深灰色薄—中厚层状白云质灰岩与钙质白云岩互层，偶夹石灰岩、白云岩、角砾状白云岩，常具条带状和窝卷构造，厚 330~490m。

3）上统（$\in_3$）

耿家店组（$\in_3g$）：浅灰、灰色厚层—块状白云岩，常具竹叶状、角砾状构造及假鲕状结构，296~379m。

毛田组（$\in_3m$）：灰、深灰色中厚层状灰岩、钙质白云岩、白云岩，下部常具鲕状结构，上部常见数层竹叶状灰岩及燧石薄层或团块。本组厚 118~205m。

2. 巫溪小区

1）下统（$\in_1$）

水井沱组（$\in_1s$）：下段厚 70~227m，为灰黑色薄层粉砂岩、粉砂质页岩，灰、深灰色中厚层状白云质灰岩、炭质灰岩；上段厚 679m，为灰黑色薄层状炭质、钙质粉砂岩，灰色薄层至中厚层状细砂岩、含钙泥质粉砂岩。本组与灯影组呈假整合接触。

石牌组（$\in_1sp$）：下部为浅灰色至灰色中—薄层状微晶灰岩与鲕灰岩互层；中、上部为浅灰绿色、紫红色粉砂质页岩、泥质粉砂岩夹薄层—中厚层状微晶灰岩、鲕粒灰岩及砂屑灰岩。本组厚 357.3m。

天河板组（$\in_1t$）：灰白色薄层状微晶灰岩与黄绿色薄层状含粉砂质泥灰岩互层，具条带状构造，厚 36.4m。

石龙洞组（$\epsilon_1 sl$）：下部为灰黄绿、灰黑色薄层至中厚层状微晶灰岩与黄褐色纹层状粉砂质泥灰岩互层；中、上部为灰白、灰黄色薄层状泥质白云岩、灰色中厚层状白云质灰岩夹中厚层状泥灰岩、鲕粒灰岩。本组厚168.1m。

2）中统（ϵ_2）

覃家庙组（$\epsilon_2 q$）：下段为灰色至浅灰色薄层状白云质粉砂岩、粉砂质泥岩、钙质粉砂岩夹盐溶角砾岩；上段为紫红色、灰色薄层钙质粉砂质页岩、粉砂岩夹中厚层状砂屑灰岩。本组厚200～534m。

3）上统（ϵ_3）

三游洞组（$\epsilon_2 s$）：下部为灰色薄—中厚层状砂屑云灰岩，间夹石灰岩、白云岩、藻团粒云灰岩；上部为灰色薄—中厚层状白云岩。本组厚88～280m。

3. 城口小区

1）下统（ϵ_1）

巴山组（$\epsilon_1 b$）：下段为深灰黑色薄层状碳硅质板岩、厚层状硅质岩板，厚64.3m；上段为灰黑色含碳质泥灰岩、黑色含碳硅质板岩，本组厚86m。

鲁家坪组（$\epsilon_1 lj$）：下段为灰黑色含碳粉砂质板岩，夹碳质泥灰岩；上段为灰黑色钙质粉砂质板岩，条带状砂质板岩、粉砂岩。本组厚540～1434.5m。

箭竹坝组（$\epsilon_1 j$）：以薄层灰岩、泥质灰岩为主，夹石煤，下部夹硅质岩、碳质硅质板岩。本组厚158.1～543m。

2）中统（ϵ_2）

毛坝关组（$\epsilon_2 m$）：下段为深灰色至灰黑色薄层至中厚层状含有机质钙质板岩夹层纹状灰岩；中段为灰色至深灰色薄层状含粉砂质泥质云灰岩、层纹状粉砂质钙质板岩；上段为灰色至深灰色块状含粉砂质泥灰岩、薄板状粉砂质灰岩。本组厚540～667.9m。

八卦庙组（$\epsilon_2 b$）：下段为深灰色厚层—块状含砂质云灰岩、白云岩；中段为深灰色厚层块状含砂质云灰岩，间夹砾岩层；上段为灰色至深灰色中厚层状灰岩、云灰岩、白云岩，间夹含粉砂云灰岩、塌积角砾岩层。本组厚517.9m。

3）上统（ϵ_3）

八仙组（$\epsilon_3 bx$）：下段为深灰色块状灰岩，夹砾屑灰岩及含云灰岩；中段为深灰色厚层状砾屑灰岩，间夹砂质细晶—微晶灰岩；上段为灰—深灰色白云质绿泥石绢云母板岩，间夹泥质灰岩及砾屑灰岩。本组厚950.1m。

（二）奥陶系

奥陶系分布于渝东南南川、酉阳、秀山小区及渝东北巫溪小区。

1. 下统（O_1）

桐梓组（$O_1 t$）：下段为灰色中—厚层状灰岩、白云岩，下部夹页岩，底部为生物碎屑灰岩；上段为灰色中厚层状灰岩夹页岩，偶夹粉砂岩。本组厚168～220m，与下伏毛田组整合接触。在渝东北巫溪小区，相对应的为南津关组（$O_1 n$），与下伏三游洞组整合接触。

分乡组（$O_1 f$）：灰色厚层至块状含燧石团块生物碎屑灰岩、石灰岩及白云质灰岩，夹绿色水云母页岩，本组厚8～67m。

红花园组（$O_1 h$）：灰色块状—中厚层状灰岩、生物碎屑灰岩夹少量白云岩，石灰岩具鲕状结构，含燧石结核，本组厚60~74m。

湄潭组（O_1m）：下段为灰绿、黄绿色页岩夹薄层—中厚层状、结核状灰岩、粉砂岩；中段为灰色中厚层状生物碎屑灰岩，具瘤状构造；上段为黄绿色、黄褐色页岩、粉砂质页岩夹粉砂岩。本组厚218~266m。

大湾组（O_1d）：下部为黄灰、灰绿色粉砂质页岩夹紫红、灰绿色中厚层状含粉砂质微晶生物碎屑灰岩；中部为紫红、灰紫色中厚层粉砂质泥质生物碎屑灰岩；上部为黄灰、灰绿色薄层状泥质粉砂岩至细砂岩夹粉砂质页岩及薄层泥质生物碎屑灰岩。本组厚97~197m。

湄潭组与大湾组为同一时代沉积相变产物，从西至东由湄潭组相变为大湾组。

2. 中统（O_2）

牯牛潭组（O_2g）：绿灰色、浅紫红色中至厚层含粉砂质、泥质生物碎屑微晶灰岩，局部具瘤状、条带状构造，本组厚10~22m。

十字铺组（O_2s）：由一套灰色中至厚层状生物碎屑灰岩组成，本组厚7~42m。

宝塔组（O_2b）：灰色、灰绿、紫红色中厚层状龟裂纹、瘤状灰岩，夹生物碎屑灰岩，本组厚13.4~60m。

3. 上统（O_3）

临湘组（O_3l）：浅灰至黄绿灰色中厚层瘤状泥质灰岩，局部夹少量页岩，本组厚1.8~13.7m。

五峰组（O_3w）：黑色炭质粉砂质页岩、硅质页岩，夹少量硅质岩及泥质、白云质灰岩，本组厚3~13m。

（三）志留系

志留系分布于渝东南的南川、酉阳、秀山小区及渝东北的巫山、巫溪小区。下、中统较为发育，中统上部及上统、顶统在区内缺失。以南川、酉阳、秀山小区为代表叙述如下。

1. 下统（S_1）

龙马溪组（S_1l）：由灰色、灰黑色水云母页岩、粉砂质页岩及水云母质粉砂岩组成，底部为碳质页岩、碳硅质页岩。富含笔石化石。本组厚20~50m。

新滩组（S_1x）：下部为灰—灰绿色含粉砂质泥（页）岩，间夹灰黑色碳质泥（页）岩；中、上部为灰黄绿色、灰绿色、薄层状泥质粉砂岩与含粉砂质泥（页）岩互层。本组厚200~480m。

小河坝组（S_1xh）：为一套黄绿、灰绿色页岩、细砂岩，夹泥质石英砂岩，下部夹厚层灰岩，本组厚344~603m。

石牛栏组（S_1s）：下部为灰、暗灰色泥质灰岩、瘤状灰岩、生物碎屑灰岩夹钙质页岩；中部泥质灰岩、瘤状灰岩、石灰岩互层，夹钙质页岩；上部钙质页岩、砂质泥岩夹透镜体状生物碎屑灰岩。本组厚60.8m。

小河坝组与石牛栏组为同一时代沉积相变的产物，从西至东大致为石牛栏组→小河坝组→石牛栏组。

2. 中统（S_2）

韩家店组（S_2h）：下段以黄色、黄绿色页岩为主，偶夹薄层状、透镜状灰岩及粉砂岩；中段为黄绿色、灰绿色及紫红色页岩夹粉砂岩，偶夹石灰岩透镜体；上段为黄灰色、灰绿色，偶夹紫色的粉砂岩与页岩互层，常夹薄层状、透镜状灰岩。本组厚280~773m。

回星哨组（S_2hx）：由紫红色、灰绿色粉砂质页岩及泥质粉砂岩组成，本组厚75~191m。

（四）泥盆系

泥盆系在区内零星出露，分布于巫山、酉阳、秀山小区，下统及部分中统缺失。

1. 中统（D_2）

小溪峪组（D_2x）：灰黄、灰绿色粉砂岩、细砂岩，具管状构造，本组厚0~80m，与下伏回星哨组呈假整合接触。

2. 上统（D_3）

水车坪组（D_3s）：中、下部为灰白、深灰、黄灰色厚层—块状石英砂岩；上部为紫、灰绿色页岩夹鲕状赤铁矿。本组厚5~210m。

（五）石炭系

石炭系在重庆市范围内出露极为有限，上统、下统及中统的一部分均缺失，区内仅在秀山一带见部分中统威宁组出露。但现在地层划分方案中，石炭系分上、下统，威宁组属于上统。

上统（C_2）威宁组（C_2w）：下部为灰白色厚层状灰岩夹砂质页岩透镜体；上部为浅黄灰色中厚层状含生物碎屑灰岩。本组厚0~82m，与小溪峪组呈假整合接触。

（六）二叠系

二叠系在扬子地层区中均有出露，地层发育齐全。

1. 下统（P_1）

梁山组（P_1l）：下部为黄、绿灰、灰白色黏土质页岩，粉砂质页岩及粉砂岩、铝土岩；中部为白灰—深灰色含高岭石水云母黏土岩（含黄铁矿）或铝土岩；上部为灰黑色炭质页岩夹煤线，含黄铁矿。本组厚3~21m，与志留系、泥盆系或石炭系呈假整合接触。

2. 中统（P_2）

栖霞组（P_2q）：深灰色、灰色厚层状灰岩、生物碎屑灰岩，含燧石团块，本组厚93~117m。

茅口组（P_2m）：下部为深灰色厚层状灰岩、生物碎屑灰岩、有机质灰岩、有机质页岩；中部为灰—浅灰色厚层状灰岩、生物碎屑灰岩、含燧石结核灰岩，夹少量白云岩；上部为浅灰色厚层灰岩，顶部含燧石结核或薄层硅质岩，夹燧石薄层。本组厚80~250m。

3. 上统（P_3）

龙潭组（P_3l）：底部为灰白色铝土质黏土岩及煤层；下部为灰、深灰色生物碎屑灰岩夹燧石条带及团块；中、上部为石灰岩、生物碎屑灰岩、燧石团块及薄层硅质岩。本组厚126~143m，与茅口组呈假整合接触。

吴家坪组（P_3w）：底部为杂色黏土、铝土质页岩夹块状铝土矿；下部为黑色炭质页岩、铝土质页岩夹似层状或透镜状黄铁矿及煤层；上部为灰色中厚层状灰岩、含燧石灰岩不等厚互层产出。本组厚48~125m，与茅口组呈假整合接触。

龙潭组与吴家坪组为同一时代的沉积相变产物，从西往东由龙潭组相变为吴家坪组。

长兴组（P_3c）：下部为灰、深灰色厚层灰岩、骨屑灰岩夹少量黑色钙质页岩；中、上部为灰、灰白色中厚层含燧石结核、条带灰岩与白云质灰岩，顶部为灰色薄层灰岩、白云质灰岩与黏土岩不等厚互层夹硅质层及燧石条带。本组厚63~170m。

大隆组（P_3d）：以黑色页岩为主，夹薄层灰岩、泥灰岩、硅质岩，局部夹薄煤层及粉砂岩。本组厚 15~42m。

长兴组与大隆组为同一时代的沉积相变产物。

（七）三叠系

三叠系在扬子地层区中均有出露，发育齐全。

1. 下统（T_1）

飞仙关组（T_1f）：一段为灰紫、紫红、灰绿色砂泥质灰岩夹粉砂岩、泥页岩，顶部为介屑、鲕粒灰岩；二段为灰紫、紫色泥页岩夹少量泥质灰岩及生物碎屑灰岩；三段以紫红、紫灰色灰岩为主，夹泥岩；四段以紫灰、紫红色页岩为主夹少量泥质、介屑灰岩。本组厚 380~480m。

大冶组（T_1d）：以灰色至青灰色灰岩、生物灰岩、鲕粒灰岩为主，顶部及下部夹紫红、灰紫色钙质页岩。本组厚 380~480m。飞仙关组与大冶组是同一时期相变产物。

嘉陵江组（T_1j）：一、三段为灰色—浅灰色薄—中厚层状灰岩、生物碎屑灰岩，夹少许白云质灰岩；二、四段以灰色—浅灰色中—厚层状白云岩、白云质灰岩为主，夹盐溶角砾岩。本组厚 533~1041m。

2. 中统（T_2）

雷口坡组（T_2l）：灰色薄—厚层状灰岩、白云岩夹盐溶角砾岩及砂质泥岩，含石膏、岩盐。底部绿豆岩较稳定。本组厚 0~400m，与嘉陵江组呈假整合接触。

巴东组（T_2b）：一段为灰—深灰色中—厚层状泥质灰岩、白云质灰岩；二段为紫红色黏土岩、页岩夹厚层状石英砂岩，局部夹石灰岩透镜体；三段为灰、浅灰色薄—中厚层状泥质灰岩，夹钙质及白云质灰岩；四段为紫红色粉砂质、泥质页岩，夹钙质页岩及泥灰岩。本组厚 370~450m。

雷口坡组与巴东组为同一时代沉积相变产物，从西往东由雷口坡组相变为巴东组。

3. 上统（T_3）

须家河组（T_3xj）：一段为灰、深灰色砂质泥岩、页岩，下部夹炭质页岩、薄煤层；二段为浅灰色、灰黄色厚层—块状细—中粒长石石英砂岩、岩屑长石砂岩、岩屑石英砂岩；三段为灰色、深灰色泥岩、砂质泥岩、页岩、薄—中厚层长石石英砂岩，夹炭质页岩和煤线；四段为浅灰、深灰色薄至中厚层细—中粒长石石英砂岩、长石砂岩、岩屑石英砂岩，夹粉砂岩、页岩；五段为灰、深灰色薄—中厚层细—中粒长石石英砂岩、泥岩、砂质泥岩夹薄层粉砂岩、炭质页岩、煤线，含菱铁矿结核；六段为灰白色、黄褐色厚层块状中—粗粒长石石英砂岩、长石岩屑砂岩、岩屑石英砂岩，夹砂质页岩、粉砂岩薄层。本组厚 250~650m。与雷口坡组或巴东组假整合接触。

香溪组（TJx）：该组跨三叠系、侏罗系，分布于城口、巫溪、巫山、奉节地区。下部为砾石层夹细—粗粒岩屑石英杂砂岩；上部为细—中粒岩屑长石砂岩，粉—细砂岩夹泥质砂岩、页岩，见煤线，产植物及双壳类化石。该组从北东往南西相变过渡为须家河组，岩性由一分过渡为三分或六分，本组厚 218m。与巴东组假整合接触。

（八）侏罗系

侏罗系分布于荣昌、万州小区和酉阳小区的北部，出露地层有珍珠冲组、自流井组、新田沟组和沙溪庙组。

1. 下统（J_1）

珍珠冲组（J_1z）：一段为灰、浅灰、灰黄色中厚层至厚层细至中粒石英砂岩，含铁质石英砂岩夹砂质泥岩、粉砂岩，局部夹赤铁矿、菱铁矿（綦江式铁矿）；二段为紫红色、灰绿色、黄灰色等杂色泥岩、砂质泥岩夹少量细、中粒石英砂岩及粉砂岩、页岩。本组厚180~320m，与须家河组、二桥组、巴东组呈假整合接触。

自流井组（J_1zl）：通常分为东岳庙段、马鞍山段、大安寨段，本组厚300~420m。

（1）东岳庙段：下部为灰、深灰色灰岩、介壳灰岩、泥质灰岩；上部由灰、灰绿间夹暗紫红色泥岩、页岩组成，夹多层泥质灰岩、介壳灰岩透镜体。

（2）马鞍山段：紫红色、灰绿色间夹少量灰、灰绿色泥岩、页岩，夹少量粉砂岩、细砂岩和薄层或透镜状泥质灰岩、介壳灰岩。

（3）大安寨段：紫红色、黄绿色钙质泥岩、页岩、粉砂质泥岩，黄灰色碎屑灰岩及生物碎屑灰岩。

2. 中统（J_2）

新田沟组（J_2x）：一段为紫红色、黄绿色含钙质团块泥岩，夹石英细砂岩、石英粉砂岩；二段为灰绿、灰黄、深灰色页岩，夹石英粗砂岩、细砂岩、介壳灰岩透镜体；三段为黄绿色、深灰—灰黄色粉砂质页岩、粉砂质泥岩、石英细砂岩；四段以黄绿色为主，夹紫红色粉砂质泥岩、粉砂岩、细砂岩。本组厚50~490m。

沙溪庙组（J_2s）：一段以紫红色、暗棕红色泥岩、粉砂质泥岩、粉砂质钙质泥岩为主，夹黄灰色、紫灰色、紫红色中厚层块状中至粗粒长石砂岩、长石英砂岩，底部为4~50m厚的黄灰色块状中粒岩屑长石石英砂岩，顶部为黄灰色叶肢介页岩，本组厚6~10m；二段为紫红色、棕红色泥岩、粉砂质泥岩、粉砂岩与黄灰、白灰色中厚至块状细—中粒长石岩屑砂岩或岩屑长石石英砂岩互层。本组厚1100~2100m。

3. 上统（J_3）

遂宁组（J_3sn）：砖红色、鲜红色、紫红色钙质泥岩、粉砂质钙质泥岩、粉砂岩，夹细砂岩，本组厚200~600m。

蓬莱镇组（J_3p）：下段以紫红色泥岩、钙质粉砂质泥岩、泥岩为主，夹细—中粒砂岩；上段以浅灰、灰白色厚层细粒岩屑长石石英砂岩及长石砂岩为主，夹泥岩及粉砂岩。本组厚124~1300m。

（九）白垩系

白垩系主要分布于荣昌小区，在酉阳、黔江一带的向斜核部有零星出露。

1. 下统（K_1）

窝头山组（K_1w）：主要分布于綦江地区，为紫红色、砖瓦色厚层至块状、巨块状不等粒岩屑砂岩，中部夹粉砂岩、泥岩。本组厚100~560m，与侏罗系整合或假整合接触。

2. 上统（K_2）

正阳组（K_2z）：分布于酉阳—黔江一线的向斜核部，由砖红、灰紫色厚层至块状砾岩、砾砂岩、细至粉砂岩屑砂岩组成。本组厚0~120m，角度不整合于侏罗系以老地层之上。

（十）第四系

更新统（Qp）：主要为河流阶地堆积，由灰、深灰色砾石及黄土组成。砾石成分以石英砂岩为主，次为燧石，磨圆度好，分选性差，直径一般1~20cm。本组厚0~25m。

全新统（Qh）：主要分布于河漫滩、山间盆地。河漫滩沉积物为砂砾层及黏土，厚度各地不一；山间盆地堆积物为黏土、砂质黏土等。本组厚0~100m。

六、区域沉积特征

扬子准地台的盖层记录较全，从南华纪—震旦纪到中三叠世总体都是海相沉积，地层连续，海水在印支运动后才退出，而与华北地台的明显区别在于它发展过程中内部的活动差异性。按志留纪末的广西运动，还可以把这段地史分为两个阶段：南华—震旦纪和早古生代期间，扬子准地台和华南褶皱系存在明显区别，前者为浅海陆棚，后者为陆坡、半深海；由于华南褶皱系是在志留纪以后的广西运动才形成的，晚古生代到早、中三叠世的第二阶段是在扩大了的新的扬子—华南准地台上统一发育的。

（一）南华—震旦纪

扬子准地台的南华系是在晋宁运动造山地形的基础上形成的，所以地台内部的南华系多位于相互隔绝的山间盆地中，底部都从陆相红色粗碎屑岩堆积开始，并伴有火山活动，它代表地台早期裂陷阶段。环绕着扬子古陆的东部、南部边缘是宽阔的大陆边缘陆棚浅海区，层序底部从底砾岩开始已代表克拉通化后最初的盖层沉积，发育一套以莲沱组为代表的河流相—滨湖相碎屑岩，紫红色砾岩、长石石英砂岩、石英砂岩（由底向上，成熟度逐渐升高），其厚度300~1000m。向东南（黔、湘西）厚度增大达4000m，变为暗色硅质岩。东部下扬子、浙西发育含凝灰岩的粗屑复理石和硅质岩建造，向东南增厚（>2000m），显示向东南部华南褶皱带方向水深的大陆坡过渡。

扬子准地台的南华—震旦系连同上覆下古生界仍保持新元古代以来的格局，地形以川中至滇东为中心向四周倾斜，它们与下伏地层的接触关系也从地台内部的平行不整合过渡为地台外缘的连续沉积。

南华纪中期，扬子准地台整体抬升，在西部滇东引起微弱褶皱，称为澄江运动。伴随这场运动有一期花岗岩侵入，是一次区域性的构造热事件。澄江运动之后，扬子古陆为山岳冰川和大陆冰川覆盖，即南华纪晚期南沱期在川中古陆边缘，鄂西、滇东、大巴山等地皆广泛发育冰川堆积，如冰碛砾岩、冰川纹泥等；而在湘中、桂北一线在南华纪早期就发育一套巨厚的冰海相堆积——含砾板岩、含砾砂岩，冰川纹泥中常见大小不等的冰碛石和落石。由上述地区向东南，南华—震旦系厚度增大，沉积物粒度变细，颜色变深，显示出由浅海陆架向陆缘外侧过渡。如以代表最大海泛面的南华系大塘坡组铁锰质沉积作为对比的标志层，湘西雪峰山地区该层以下的江口组已相变为重力流成因的杂砾岩。渝东南、黔东北地区大塘坡组为滨海—陆棚沉积（图7-9、图7-10）。

扬子准地台的统一盖层到震旦纪才出现，环境趋向稳定，大部分地区发育陆表海沉积。震旦系包括下部陡山沱组和上部灯影组，主体是一套高镁碳酸盐岩、白云岩和硅质岩等化学沉积，被称为"盖帽碳酸盐岩"。但在东部，下扬子、浙西、湘中、赣北一带，则广泛发育硅灰岩、硅质页岩（属于一种非补偿的深水滞留海盆沉积与华南褶皱系过渡）。它们与下寒武统共同构成我国最主要的工业含磷层位。这是一个海侵层系，广泛超覆在不同层位的老地层之上，包括古老的川中陆核；向北可一直到秦岭一带的武当山北坡。

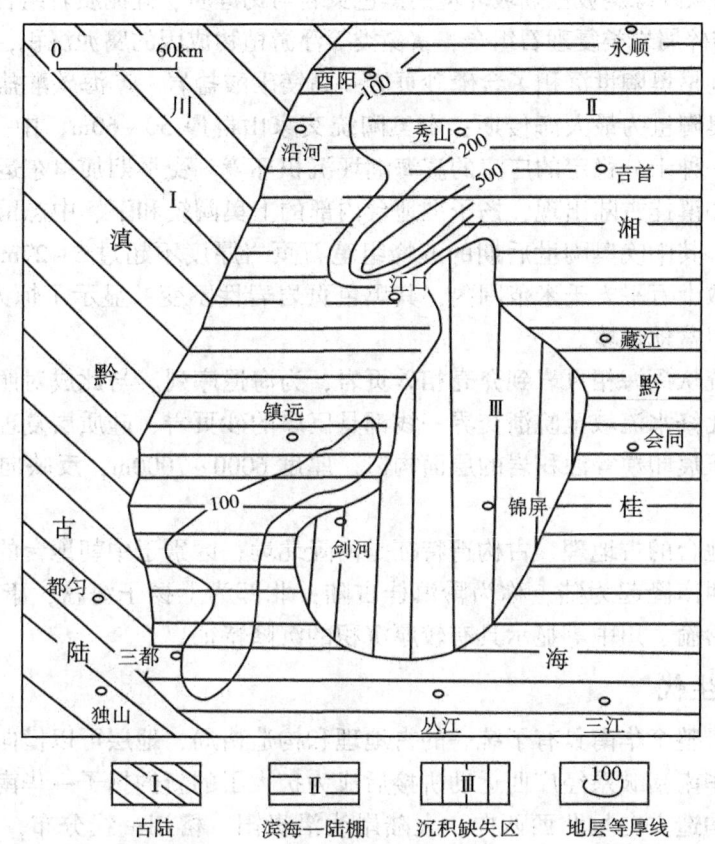

图 7-9 渝黔地区南华系大塘坡组古地理格局及地层等厚图（据重庆地质矿产研究院，2016）

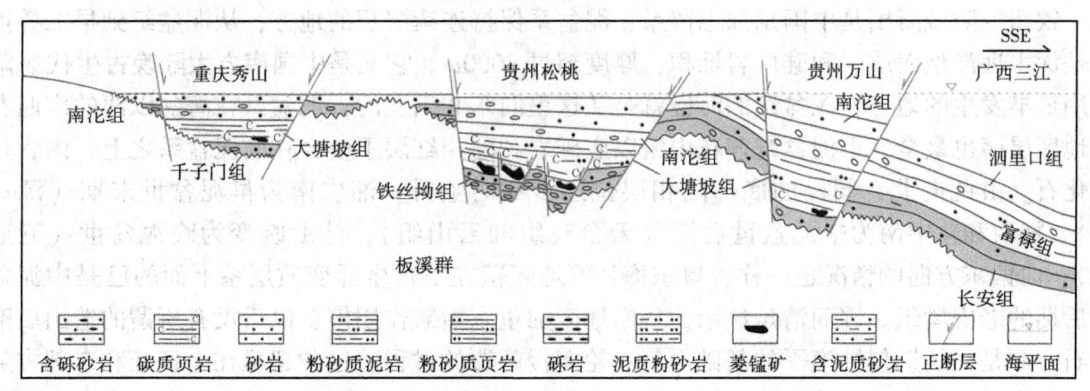

图 7-10 渝东南—黔东北地区南华纪沉积环境模式图

（二）早古生代

寒武纪和早—中奥陶世保持着震旦纪以来的面貌，寒武系和震旦系多为连续过渡。在扬子准地台内部，当时为宽阔的浅水大陆架，地形西高东低，表现为滇东华坪、盐源和峨眉山一线的下寒武统始终保持砂页岩等陆源碎屑堆积，说明西侧应有蚀源区，即康滇古陆存在，向东则为黑色页岩和碳酸盐岩所代替。扬子准地台陆架浅海盆地为黑色页岩和碳酸盐岩、碎屑岩组合，产磷块岩；陆架外缘斜坡至陆坡环境的黑色页岩与钙硅质、硅泥质岩组合；在外侧的深水盆地为黑色页岩与碎屑岩类复理石组合，富藻类等浮游植物成因的腐泥沉积，无烟煤。

从早寒武世到早奥陶世沉积了含磷砂页岩—高镁碳酸盐岩—广海碳酸盐岩，反映一种海进序列沉积。早奥陶世为最大海侵期；中奥陶统艾家山群厚 50~60m，中—薄层龟裂灰岩，分布极广，反映一种十分稳定的广海的滨海潮坪沉积环境。受早期加里东运动的影响，随着康滇古陆的抬升和滇桂古陆出现，扬子准地台内部的上奥陶统和下、中志留统只限于贵阳以北的上扬子海域，其中晚奥陶世后期的五峰组笔石页岩厚度不超过 5~27m，却分布在从四川到宁镇山脉的数十万平方千米范围内，其黑色页岩岩性不变，显示了惊人的构造稳定性，代表一种静水滞留盆地环境。

下、中志留统从深海相页岩到介壳相砂页岩，为海退序列。与此成对照，晚奥陶世—志留纪由湘西经赣北修水流域至皖浙交界一线都是巨厚的砂页岩、硅质层复理石沉积，在下扬子宁镇山脉可见压痕印模等浊积岩的层面构造，厚度 6000~7000m，反映向华南褶皱带过渡的陆坡环境。

整个扬子准地台的古地理、古构造特征是南隆北坳，区别于中朝地台的整体升降。尤其中奥陶世末期，西南隆起为陆，称为黔滇桂古陆；北部为上扬子海盆，康滇为古陆或古岛链，而滇东、鄂黔渝、川中等显示具有较厚沉积的沉降特征。

（三）晚古生代

自泥盆纪起，整个华南具有了统一的古地理和构造格局，地层可以横向追索和对比，表明扬子准地台与华南褶皱系经广西运动拼接后成为扩大了的新的扬子—华南准地台。

地台南部的构造方向呈北西西向，大陆岸线沿贵阳、榕江一线分布，以南是黔桂粤海盆，以北为缺失泥盆系沉积的上扬子古陆，它与东部华南褶皱系封闭后的隆起区合并成一个新生成的古陆。

钦州—防城海槽是中国东部志留系、泥盆系保持连续沉积的地方，从泥盆纪到早二叠世都是深水远洋型泥质岩和硅质岩堆积，厚度超过 5000m。它又是中国南方大陆晚古生代裂陷作用最早发生的地方，泥盆纪的海侵就是从这里向东北出发的，泥盆系在海盆以西的广西右江地区层序也最全，下泥盆统莲花山组以底砾岩和陆相红层不整合在前泥盆系之上，内含鱼类化石。由此向北，同样的底部陆相层位逐步穿时上升：湘中南为早泥盆世末期（源口组），鄂西和赣中南为中泥盆世后期（云台观组和云山组），苏浙皖变为晚泥盆世（五通群）；向偏东方向的情况也一样，粤东梅县等地超覆在下古生界变质层系上面的已是中泥盆世后期的老虎坳组。因而清楚显示，华南地区加里东褶皱作用停息以后没有所谓的造山后磨拉石，而是在长期侵蚀夷平的基础上新一轮海侵超覆的过程。这种超覆在上扬子和东部古陆边缘形成一系列指状海湾。

从早泥盆世末的四排期开始，广西右江及其以北的贵州、滇东、湘南等地，泥盆系的沉积相明显分异为三种类型：（1）由深色薄层泥岩、硅质岩和泥晶灰岩组成，以竹节石、海绵骨针和放射虫等浮游生物为主，代表浪基面以下的深水沉积，被称为深裂陷的南丹型；（2）主要是浅色厚层块状灰岩，含丰富的腕足类、层孔虫和珊瑚等正常盐度的广海底栖生物，广泛存在岩石结构为内碎屑的浅水环境沉积，称为象州型；（3）近岸相的陆源碎屑岩，含鱼和植物化石，代表当时古陆边缘的曲靖型。南丹及大厂多金属矿区上泥盆统顶部也夹多层硅质凝灰岩，反映了裂陷槽的巨大切割深度。事实表明，华南晚古生代的裂陷作用是在泥盆纪初陆相和滨岸相碎屑岩形成以后才发生的，即它是新生的，而不是继承前加里东的构造发展；其次，这次裂陷作用是从南部边缘向内部北西、北东方向发展的，时间至少持续到二叠纪末，后者由孤峰组、大隆组硅质岩相与同时期长兴组碳酸盐岩相并列显示出来。

泥盆纪之后，浅海由湘西继续向北侵漫，石炭系灰岩直接覆盖在江南古陆板溪群之上。应该说中—晚石炭世黄龙期、马平期到早二叠世船山期、中二叠世栖霞期是扬子准地台最大海侵期。尤其中二叠世栖霞期的阳新大海侵导致浅海碳酸盐岩形成广泛超覆，各处差异不大，岩相稳定，是扬子准地台最稳定的构造发展阶段，可以说扬子—华南准地台克拉通化达到高峰，广布的硅质条带沥青质灰岩也形成了华南地区重要的烃源岩。二叠纪初、中期在辰溪、黔阳至天柱一带生成有工业价值的滨海沼泽煤系，表明当时地形已高度夷平。至中二叠世整个扬子—华南准地台绝大多数都被浅海碳酸盐海域淹没。

中二叠世茅口期之后华南有一次造山运动，茅口阶与吴家坪阶之间并不是连续沉积的，两者之间有一次全球性的海退事件。广泛分布在华南中北部的龙潭组含煤地层底部为代表的长石石英砂岩等粗碎屑沉积覆盖在相对均一的茅口期浅海灰岩沉积之上。茅口组石灰岩沉积之后发生的东吴运动，对于扬子—华南准地台是一场普遍的造陆抬升。

（四）中生代

1. 三叠纪

东吴运动后，扬子—华南准地台成为古特提斯洋北侧的残留洋盆，下三叠统与上二叠统连续沉积，以浅海碳酸盐岩为主，中三叠世后期出现红层，晚三叠世时才抬升为陆，这是与中朝地台在古地理演化方面明显不同的地方。早三叠世地台西部甘孜—理县为深斜坡浊积岩，康滇—龙门山古陆向东逐次为川西—滇东的飞仙关组陆源碎屑岩，川东的夜郎组、鄂西的大冶组浅海碳酸盐岩，下扬子碳酸盐台地—深海斜坡沉积。

中—晚三叠世西部盐源为深海斜坡浊积岩，西昌隆起碳酸盐礁相，黔滇桂—川南海盆成为半封闭的滞留海盆或潟湖，沉积了高镁碳酸盐岩，并发育岩盐、石膏等（雷口坡组、嘉陵江组），东部隆起海退，鄂西为巴东组页岩夹白云岩，到下扬子为黄马青群砂砾岩。

中、晚三叠世之间，由于印支运动波及地台内部，引起扬子准地台大部分上升为陆，晚三叠世在沉积相带的展布上开始反映出东西分异的构造格局，东部隆起，西部四川为龙门山前的陆相前陆盆地，上三叠统上部须家河组向东超覆。

2. 侏罗纪

三叠纪末的印支运动导致古特提斯带最终闭合，引起中国南方普遍海退和中国古大陆形成。从侏罗纪开始，中国大陆主体处于陆地环境，东部地区三叠纪前以秦岭为界的南海北陆古地理格局从此结束。古太平洋板块与古亚洲大陆东缘之间的斜向俯冲，激发了兴安岭—太行山—武陵山一线东侧地域的强烈构造—岩浆活动，与西侧的大型稳定内陆盆地形成鲜明对照，呈现了地壳构造活动性东西分异新格局。川滇盆地是古大陆西部大型盆地之一。

川滇盆地内侏罗系相变明显（图7-11）。自流井组下部自川中至鄂西或往北至广元地区，都相变为含煤沉积（香溪组、白田坝组），厚度变化很大，以重庆万州地区最厚，可达900m（图7-12）。但向西南至滇东、滇中地区，整个下统相变成红层（禄丰组、冯家河组），显示出早侏罗世古地理环境变化的趋势。上侏罗统遂宁组岩性稳定，在川滇盆地中到处可以追踪，成为良好的标志层。根据遂宁组中常有石膏出现和巨型"两栖型"恐龙类显著减少，推测已属半干旱气候。

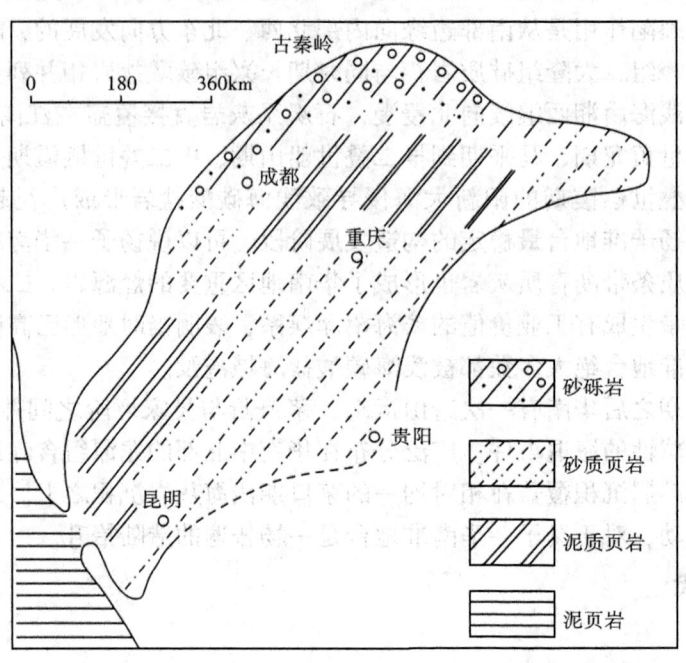

图 7-11 早、中侏罗世川滇盆地岩相分异图

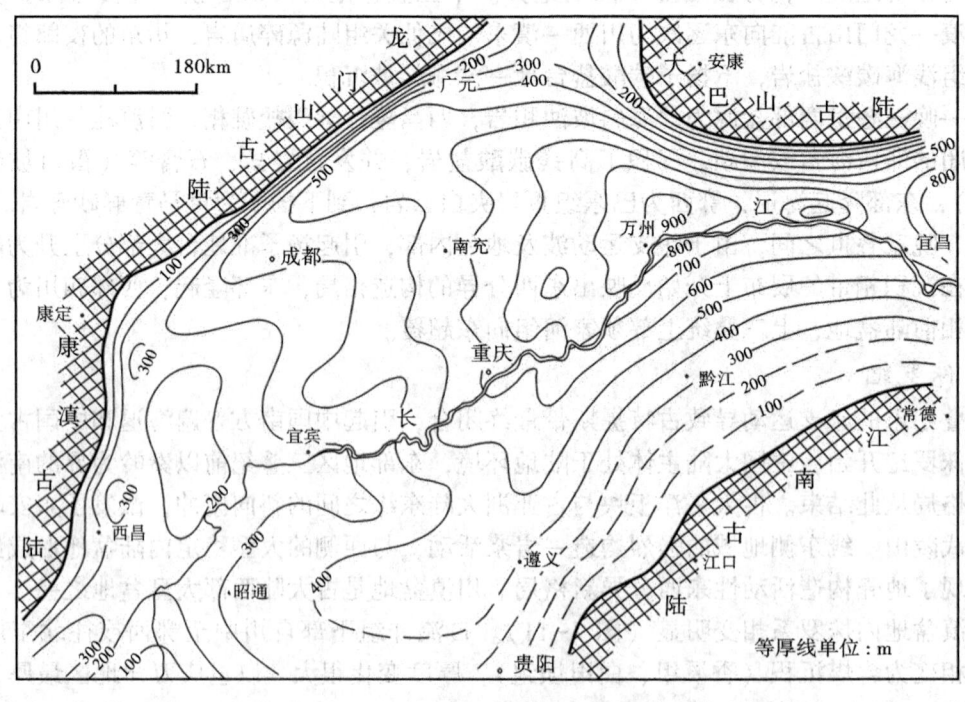

图 7-12 四川盆地下侏罗统自流井组等厚图（据郭正吾等，2002）

第三节　重庆华蓥山地区地质特征

一、华蓥山地貌类型及分布

华蓥山地貌按其成因划分为背斜低山和河谷地貌。

(一) 背斜低山

所谓低山，是指海拔 500~1000m、相对高差大于 200m 的地貌形态。

华蓥山地貌受地质构造严格控制，以沥鼻峡、温塘峡、观音峡三背斜构成三列山脉为脊柱，形成三个山区。三者均相汇于华蓥山。华蓥山脉海拔 1704m 左右，巍峨挺拔，为川东脊梁。

华蓥山主脉北起达州河之南，延绵于大竹、渠县、邻水、广安等地。南至合川三汇坝，往南分成 4 支，为一帚状复式背斜山，走向 NNE—SSW。华蓥山东支为卧龙河背斜，向西依次有明月峡、铜锣峡背斜、龙王峡背斜、观音峡背斜、华蓥山背斜、温塘峡背斜、沥鼻峡背斜。因观音峡背斜轴部和两翼出露岩石性质不同，外营力的性质各异，经长期地貌发育以后，其形态悬殊，景色迥然不同。观音峡背斜两翼均有石灰岩出露，石灰岩顺走向溶蚀形成低洼的条形槽谷，则观音峡背斜低山形成"一山三岭两槽"。为了突出实习区，以下有针对性地叙述嘉陵江以北观音峡背斜低山地貌。

观音峡背斜为多岭有槽背斜低山。其背斜两翼有薄层状的嘉陵江组灰岩出露，厚约 400m，多节理、小型褶皱及逆断层，故地表流水往往循此弱点渗透溶蚀，形成条状岩溶槽谷。按观音峡背斜低山的不同形态分述如下。

1. 岩溶槽谷

观音峡背斜北段从嘉陵江边至戴家沟北面的棕桥沟，长 16km，区属背斜低山平均宽约 3.5km。背斜西北翼的岩溶槽谷，为三叠系嘉陵江组灰岩发育而成，称为前槽或文星槽、刘家槽。槽谷宽 300~400m，底部海拔在水岚垭落水洞处为 400m，长生桥 430m，文星场 455m，代家沟 470m，棕桥沟 500m，可见槽谷底部的原有地表水流应是由北而南直接进入嘉陵江干道。目前土地垭以北的地表水被沿北碚向斜发育的纵向河沿明家溪东岸支流在翁家沟发生溯源侵蚀，切穿厚 300 余米的三叠系须家河组硬砂岩层，袭夺土地垭以北的地表水流，形成河须洞附近的悬崖裂点。土地垭高于河须洞槽底 8~10m，是前槽槽谷底部的分水岭。

从土地垭向南，经后峰岩车站、文星场，地面始见小溪，复经万家湾、长生桥、学田堡、水岚垭，底部微有起伏，小型溶洞与落水洞在坡麓常见，文星场南侧为一岩溶的溶蚀洼地（或称为岩溶盆地），宽 500m，底部黄色亚黏土物质堆积厚达 1.2m 以上。小屋基以南谷底变窄，宽不超过 400m，槽中多黄棕色残积土和少数靠近溪流的冲积土，溪流两侧有阶地两级：第一级高出河床 5m 左右，第二级高约 15m，均由残积土、冲积土组成。谷坡上尚有一级石质阶地所组成的槽谷肩坡，沿槽谷两侧断续成带分布，肩坡大体在一个水平面上，海拔高度 500m 左右，肩坡顶部平坦，面积大小视逆倾向沟切割状况而定，一般 30~50m。过草铺子、麻柳湾，低谷更趋狭窄，宽约 200~250m，两侧也有阶地发育，溪水经学田堡，在水岚垭附近以 15m 高差泻入落水洞，成为潜流，故水岚垭以北为盲谷，潜流南至牛鼻子下面涌出，急流汹涌，沟谷幽深，为幼年期地貌。盲谷前方，即水岚垭落水洞南侧为一石灰岩台地，台面高500m，平坦宽阔，是昔日槽谷的底部，与槽谷两侧的肩坡是地貌发育过程同一石地文期的产物。

水岚垭以南为干谷，除暴雨外，沟谷常年无水，但古河谷形态依然存在，只是地表水经过石灰岩洞穴和节理裂缝，迅速潜入地下所致。水岚垭石灰岩台地南侧，有一水平溶洞，名干洞子。自干洞子至牛鼻子，距离1.7km高度下降约200m，牛鼻子为一水平溶洞，洞口高约12m，宽8m，是过去溪水的出口。目前溪水从牛鼻子以下，高差约40m的溶洞口流出。嘉陵江水面白庙子处为181.2m，而目前溪水出口的高程约260m，显然尚有相当一部分溪水复循地下通路从江面附近流出。

观音峡背斜北段东南翼，岩溶槽谷发育于二叠系和三叠系石灰岩出露区，长12km，宽500~700m，总称后槽，也称为杨家槽。谷底海拔600~640m，高出前槽底部200m左右，槽谷由数个岩溶洼地相连构成，如喻家、杨家、大坝场、赖子园等，洼地长1~1.15km，宽200~300m，槽中黄色残积土厚度多在40cm以上。多竖井与落水洞，地面干涸，无常流溪水。槽谷底部偶有孤峰、丘陵出现。

前、后二槽岩溶槽谷地貌发育显然不同，乃受岩层倾角大小影响，导致溶蚀与侵蚀作用的快慢与进展方向的差异。背斜的西北翼岩层倾角大都在70°。有时几乎近于直立，而东南翼则多在50°以下。前槽倾角大，地面石灰岩显露窄，便于流水下渗，溶蚀与侵蚀作用也比较强烈；后槽则相反，槽中原为各个向心水系，尚未互相沟通，又少煤洞供水源，比前槽显得干燥，岩溶地下潜水面估计至少在100~150m以下。

2. 背斜轴部低山

背斜轴部低山夹于背斜两翼槽谷之间，实习区境内的观音峡背斜就是这种情况。嘉陵江北岸背斜轴部由二叠系灰岩、煤层及三叠系紫色泥页岩夹砂岩、石灰岩所组成。山顶海拔750~790m。最高峰后峰岩888m，高出东西两侧槽谷底部的平均高度分别为165m和350m。山顶平阔浑圆，边坡和缓。坡度17°~25°，山体宽度约1km。有局部石灰岩洞穴及溶沟、石芽发育。著名的洞穴有台岩洞、牛滚凼、仰天窝及土门洞等。在断层所在地，也见小型断崖、狮子崖及月亮崖等。

（二）河谷地貌

北碚区水系以嘉陵江为主干，支流并列发育于平行褶皱山区，多顺层注入，形似羽枝，为典型格状水系。

1. 水系（干流——嘉陵江）

嘉陵江全长1262km，为长江的第二大支流，发源于秦岭南麓，汇百川而南流，到合川时又有渠江和涪江汇入，水量大增，蜿蜒曲折，在沙溪庙之南的龙洞沱口进入沥鼻峡，在毛背沱进入观音峡，峡内纳北岸泉水瀑布在牛屎沱口出峡，后沿北碚区东界南流，纳西岸狮子溪、洪花溪、灯塔溪、万家溪等于童家溪口以南出境。

嘉陵江在北碚区段的河谷地貌类型众多，如峡谷、宽谷、阶地、滩、沱、碛等，十分典型。

2. 峡谷（嘉陵江小三峡）

所谓峡谷，是指江面狭窄、两岸陡峭的河谷。北碚区的峡谷由嘉陵江切穿两个背斜山而成，加上合川县境内的沥鼻峡，统称嘉陵江小三峡，为川东地区有名的风景区。

嘉陵江小三峡不包括其间的两个宽谷，共长10.9km。河谷最窄处仅150m左右。谷形为V字形。三个峡谷各自特点如下：

（1）沥鼻峡：嘉陵江从合川县城三江汇合后进入的第一个峡谷，从龙洞沱起到方家沱止，全长4.5km，但从磨儿沱到方家沱，峡谷在北碚区内仅0.5km左右。为完整起见，将全峡谷特征总记于此。本峡两岸由该背斜核部及两翼地层组成，岩石为二叠系长兴组灰岩，三叠系飞仙关组泥页岩、石灰岩，三叠系嘉陵江组、雷口坡组灰岩和须家河组砂岩、页岩。两岸山体特点，为"一山两槽三岭"，中间的飞仙关组泥页岩和两侧的须家河组砂页岩形成山岭，其间的长兴组和嘉陵江组灰岩因岩溶作用分别形成槽谷。本峡地貌特点是谷形较宽展，宽约200~300m，峡谷谷坡时陡时缓，多在30°~45°，成宽V字形，两岸山地比较低平，约400~600m。在石灰岩构成的崖壁上有多级溶洞发育，且有地下河水流出。本峡石滩较多，流水湍急。水入峡口有一溶洞，形如牛鼻孔，故本峡称为牛鼻峡或沥鼻峡。

（2）温塘峡：从马家沱到大沱口，全长2.7km，为三个峡中最短的一峡。它是由该背斜核部地层须家河组硬砂岩和页岩组成，使两岸山势高峻，奇峰突起，高达600~800m，缙云九峰即存此峡南岸，故是三个峡中最雄伟壮丽的一个峡。本峡地貌特点是谷形紧窄，宽仅150~250m，最窄处谷底江面仅110m。峡谷谷坡陡峭，多在50°~80°。这是由于背斜核部裂隙发育，重力崩塌，坠落作用明显之故。本峡河床深切，平均水深30m左右，洪水期最深达62m，峡内流水较平稳。在峡区中部有温泉出露，故本峡称温塘峡。

（3）观音峡：从毛背沱到牛屎沱，本峡全长3.7km。峡区两岸由观音峡背斜核部两翼地层组成，主要为三叠系飞仙关组泥岩和石灰岩，嘉陵江组灰岩和须家河组砂页岩。因此，两岸山势也称为"一山两槽三岭"，高500~700m。水峡切割很深，谷为V字形，谷宽200~300m，枯水期江面最窄处150m。谷坡陡峭多成绝壁，北岸有瀑布。

3. 河床地貌

嘉陵江中有滩、沱、碛三种地貌形态。

1）滩

滩的成因与地质及地形均有关系。按其性质不同，分为两类：

（1）沙滩：当江水流经丘陵地区时，河道开敞，水势散漫，江水很浅。砂砾逐渐沉积，成为长而浅的河中滩（江心洲）。如草街子到澄江口间河道沿岩层走向发育，河幅特宽，有二郎滩、长滩及乌木滩；大沱口到毛背沱间有楚石滩及狗脚滩。

（2）石滩：坚硬岩石，如硬砂岩或石灰岩，促蚀不易，成为礁石，伸入江心，急流回旋，成为石滩，如金刚碑下的桃子石及北碚航标站下的白鱼石，均为坚硬砂岩所构成。

夏秋雨季，嘉陵江上游时常洪水骤发，江水猛涨，温塘峡出口处，因河道骤然开阔，水流湍急，大型旋涡叠生，波涛汹涌，形成险滩。

2）沱

回水沱又简称沱。沱均发生在两层坚硬岩层间的软弱页岩地带，江流容易向两岸侵蚀，致江岸凹入成湾，河道特宽。沱大都发生于峡的入口处或出口处，如磨儿沱、方家沱、马家沱、张家沱、文笔沱、毛背沱、江家沱、牛屎沱、水土沱等。

3）碛

凡是岸旁坚硬岩石凸入江心，则称为碛，"北碚"命名的来源，即因其有白鱼石，又名黑碚石，横于江心。"碚"字的起源很久远，宋陆游的《入蜀记》及王十朋的诗中均有记载。《巴船记程》则谓"岩石随水曲折曰碚"，北碚石梁突出江心，水随石转，曲折迂回，如北碚境内的金刚碛、金叉碛。

4) 主流阶地

嘉陵江经过丘陵地区，河谷宽广，阶地得以发育。在北碚地区，阶地较清楚地分为以下三级：

(1) 三级阶地：分布于东阳镇后石子山，及重庆市第九人民医院宿舍的高岗上，海拔约260m以上，高出枯水期江面约85m。阶地面宽广，成分大部分为砾岩。砾岩由石英岩、砂岩、硅质灰岩、页岩、片麻岩及石英组成，直径2~10cm，为椭圆形，其中所夹的冲积土已变成红黄壤，全厚20m以上，不整合覆于侏罗系砂岩之上，约与松林坡砾石层相当。

(2) 二级阶地：分布于上坝后低丘和东阳镇后低岗上，海拔约240m，高出枯水期江面约60m，组成阶地的成分与上者略同。北温泉的平台及下坝后的牛岗顶似为同期产物，但砾石层均被冲刷而去。

(3) 一级阶地：发育保存俱佳，如草街子至澄江口沿岸，上坝、下坝、杜家街及北碚操场坝均是。阶地面平整辽阔，宽处约300m，海拔约205m，高出枯水期江面约25m以上，阶地上层为棕黄色及红色黏性冲积土，厚约15m，下部为江北砾石。砾石由钙质及铁质胶结而成砾岩，极为坚实，厚不及10m，不整合覆盖于侏罗纪地层之上，最大洪水期江水可达本阶地面上，但十分罕见。历史上有两次特大洪水，同治九年6月15日、1981年7月16日的特大洪水沿江低级阶地上场镇房屋多被淹没。最大洪水期后，低级阶地上常沉积一层泥沙，故洪水期与枯水期的水位变化，与本阶地成长有密切的关系。下坝阶地内部低凹，是洪水期江流沿小溪倒灌及枯水期下蚀结果。本阶地大约可与上游李渡阶地相当，上下坝沿岸及观音峡中，尚有石质平台，高出枯水期江面约5~6m，是近代下蚀的新阶地。

5) 嘉陵江小三峡的成因

嘉陵江下游沥鼻峡、温塘峡、观音峡两岸悬崖峭壁，河道逼窄。北碚区因四川运动发生隔挡式褶皱，背斜紧凑，向斜开阔，古新近纪以来，地面饱受长期侵蚀，夷成一准平面，在北碚区虽无明显遗迹，但厚层岩石被剥蚀，700m以上山顶的削平现象及华蓥山、白崖海拔1200m以上的准平面遗迹，可为旁证。沥鼻峡及观音峡两背斜向西南倾伏；温塘峡背斜向东北倾伏，原来构造位置较为低凹，原始嘉陵江流经于此凹处，很有可能。经考证，今日嘉陵江流路在温塘峡向东北突出，在观音峡略向西南突出，与构造十分吻合，不为无因。嘉陵江在此准平面上，进行侵蚀作用，逐渐剥蚀成一壮年期侵蚀面，此以西山坪期为代表，同期次成河并逐渐成长。至玉台山期和石螺坪期嘉陵江沉积与下蚀作用相辅而形，依次造成玉台山及石螺坪两侵蚀面。小三峡位于坚硬岩石处，河流无力从事旁蚀，乃下切成悬崖峭壁的地貌。至第四纪后期，下蚀力渐增，嘉陵期肇始，递次造成中级阶地、低级阶地及5m石质阶地。根据上述事实，可知小三峡是嘉陵江叠置于一准平面或侵蚀面上，逐渐发育而成，换言之，嘉陵江是承袭原来准平面或壮年期侵蚀面上河道流路而发育成长起来的。

二、华蓥山地区主要地质构造特征

(一) 观音峡背斜简介

观音峡背斜为华蓥山复式背斜的主支，展布于北碚区的东部。因嘉陵江切穿其轴部形成观音峡，故称观音峡背斜，呈东北—西南向延伸，出北碚后转向南延，经中梁山后转向东南伸达九龙坡，被长江切穿轴部，过江以后，逼近綦江而倾伏。观音峡背斜从宝顶往南绵延100多千米，可分几段，各段名称不一，北碚区的观音峡背斜为其中一段的一部分。它展布于北碚的代家沟、文兴场等乡。

观音峡背斜的特点为：呈两翼不对称的斜歪褶曲，轴面倾斜（先东南倾斜，后西北倾斜），轴线扭转弯曲（反 S 形），枢纽鞍状起伏（图 7-13）。

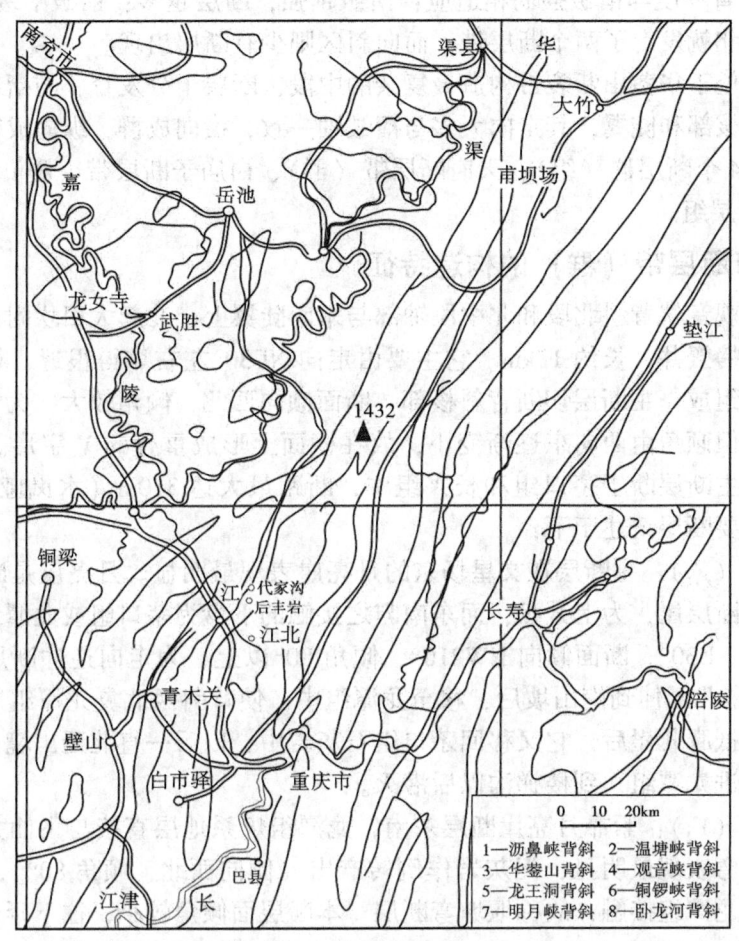

图 7-13 观音峡背斜构造位置图

（二）华蓥山断裂带的构造特征

华蓥山断裂带地表断层约有 160 余条，合计长度达 700 多千米，其中断距大于 100m 者有 40 余条。全带断裂可分三段：北段为小规模 NNE 向压扭性断裂被 NNW 向平移断层横切、斜切，断距不大，约数十米；中段以逆冲断层为主，断续延伸，长达 170km，成帚状弧形展布，北起宝顶背斜西北陡翼，往南分支经观音峡背斜有天府断层带、白庙子断层带，再到中梁山背斜有中梁山断层带、玉帽山断层带；其分支往东在龙王洞背斜有龙王洞断层带，往西在温塘峡背斜有西温泉断层带，再往西在沥鼻峡背斜有沥鼻峡断层带；南段从铜梁到宜宾长约 180km，有 60 多条断层，总长度 200km，多为压扭性西倾逆断层，称西山—青山岭断层带。据秦万成、罗正富等研究，本带中段的断裂构造有如下三个特点：

（1）主断层走向与褶皱走向一致，断层面与褶皱轴面倾向相同，破坏背斜核部地层，而各断层带总是发育在背斜陡翼上，多为高角度的走向逆冲断层。

（2）断层的分布有纵向成带、横向成群的特点：纵向成带指的是主断层从北到南以斜接相会的方式，延绵不绝，与区域褶皱方向一致，成带状展布；横向成群指的是每段断层带以主断层为准横向发育的一系列断层，如在三汇坝的400m宽范围内就有11条断层组成叠瓦式的断层群。

（3）断层发育程度与褶皱强弱相适应：褶皱越强，断层越多；褶皱平缓，则断层稀少。如观音峡背斜江北就发育了两个断层带，而向斜区则少有断层出现。

北碚区正好位于华蓥山断裂带构造最复杂的中段，断层十分发育，与褶皱关系密切，主要分布于背斜的核部和陡翼，其走向大多与褶皱轴一致，横向成群，纵向成带。北碚区主要有两个断层带、4个断层群（组）：天府断层带（群）、白庙子断层带（群）、鸡公山断层群（组）、缙云山断层组。

（三）天府断层带（群）的构造特征

本带发育于观音峡背斜北段和北中段轴部与东南陡翼上，北起大田坎附近的木莲山，南至水岚垭附近的螃蟹井，长约15km。它主要由走向NE30°左右靠得很近、相互大致平行的3~5条逆冲断层组成，主断层切断背斜核部，断面倾向西北，倾角较大，为70°~80°；次断层也倾向西北，但倾角由西向东逐渐变小，故在横面上形成重叠的V字形。断经地层为二叠系和三叠系，主断层断于茅口组和长兴组中，断距最大达310m（水岚垭），属压扭性断层。现将本带主要断层记述于下：

月亮崖断层（F_1）：主断层在文星场东的月亮崖表现最明显。月亮崖是断层的上盘茅口组石灰岩构成的断层崖，为上升盘；而东南与之接触的下盘为茅口组或龙潭组上部，是其下降盘。断面走向NE30°，断面倾向NW210°，倾角80°以上，为走向逆冲断层。地层断距有100多米，它向东北延伸到南山坡后，移至龙潭组中，使背斜西北翼龙潭组底部掩覆于东南翼龙潭组之上；抵鹰儿崖后，它又移回茅口组石灰岩中，以后一直北延出境；由月亮崖往西南，断层线也伸进龙潭组，到楼梯沟以后潜灭。

堰塘弯断层（F_2）：紧靠月亮崖断层东南，龙潭组煤系地层直接与飞仙关组下部泥灰岩接触，它在堰塘弯表现最明显，泥灰岩作倒转产出（倾向西北，倾角80°），其下缺失长兴组灰岩，直接与龙潭组接触，故称堰塘弯断层。本断层面倾角较小，往下延伸，交于月亮崖断层，断距约110m。往东北延伸，在月亮崖附近，有一横向小断层阻断。往西南与月亮崖断层平行延伸很远，到中麻柳湾附近潜灭。

狮子崖断层（F_3）：在月亮崖东南，紧靠堰塘湾断层不远，飞仙关组第一段泥灰岩与第三段紫色泥页岩直接接触，其间缺失第二段。在月亮崖东北的狮子崖，地层十分紊乱，龙潭组与飞仙关组直接接触，甚至出现长兴组形成的断层崖（平面上成透镜体状），故名狮子崖断层。本断层走向也与背斜轴平行，断层面约与堰塘弯断层平行，往地下延伸与月亮崖断层相交，断距约40~50m。它往东北方向延伸与月亮崖断层相似，向西南方向延伸到皮家湾附近潜灭。

桃坪断层（F_4）：这是两条靠得很近，时而分开、时而汇合的断层组。在月亮崖东北，其表现是飞仙关组第三段紫色泥岩与嘉陵江组灰岩接触。在桃坪、肖家馆等地，它分支为两条，产状紊乱，飞仙关组倾向倒转为西北，与嘉陵江组灰岩等的东南倾向错开接触。其断面倾角较小，往下延伸仍与月亮崖相交，断距为150m以上。它向东北延伸，与月亮崖断层一样，向西南延伸至大田坎附近潜灭。

几条较小的断层有：

株子园断层（F_5）：在株子园西，背斜东南翼的飞仙关组内部有一条逆掩断层，使第二段的鲕状灰岩自西北向东南掩盖于第三段的紫色泥页岩之上。剖面清晰。直观断距仅十多米。走向为NE50°，断面倾向NW320°。本断层延伸不远，仅1km多，即被一横向更小的断层阻断。

冯咀断层（F_6）：在天台寺附近的冯咀，是观音峡背斜北中段向西南倾伏处的一条逆掩断层，使长兴组灰岩顶部与飞仙关组底部对错接触。断层走向NE35°，倾向东南，断距约10~20m，其延伸也只有1km。

螃蟹井断层组（F_7）：在螃蟹井有4~5条短小的横向断层，它们近似平行地排列，切断飞仙关组和嘉陵江组，断层走向正东或东南，均为逆断层，长度只有200~300m。

（四）白庙子挤压破碎断层带（群）的构造特征

本带断层发育于观音峡背斜南中段的轴部和西北陡翼，以白庙子江边出露最好，有4~5条，横向成群，皆为逆冲断层，作叠瓦状排列，主断层切穿长兴组灰岩。它们的走向为NE30°~40°，倾向东南，岩层从东南往西北推覆掩盖，断层面多成缓波状。各条断层的倾角由东向西逐渐变小，断距不大，纵向延伸也较短，并且在剖面上有向地表尖灭趋势，好像隐伏断层为河流深切而被揭露。本带内挤压破碎现象十分明显：拖拉褶曲发育，岩层牵引现象在嘉陵江两岸的谷壁剖面上都可见到；雁行式小断层发育，仅在白庙子到黄桷镇的小路上，飞仙关组和嘉陵江组中发现有7~9条十多米至几十米长的小逆断层。故本带称为挤压破碎断层带。将白庙子剖面断层从西向东编号，记述如下：

白庙子一号断层（F_8）：飞仙关组上部（T_1f^{4-5}）地层自东南向西北掩覆于嘉陵江组灰岩之上，断层面倾向SE130°，倾角40°，断距50~60m。纵向延伸不远，但其走向与背斜轴向平行。

白庙子二号断层（F_9）：在一号断层东南，剖面上见飞仙关组第四段石灰岩逆掩于第三段泥页岩之上。在飞蛾山上，飞仙关组第四段下部直接逆掩在嘉陵江组灰岩之上，断层面暴露清楚，其上有断层擦痕，倾向为SE130°，倾角50°，断距100m以上。本断层纵向延伸较远，向东北达水岚垭，向西南过江到鸡公山，是本带主断层之一。

白庙子三号断层（F_{10}）：为一小逆断层，飞仙关组第三段紫红色泥页岩顶部自东南逆掩于第四段石灰岩之上。断距仅10m。向东北延伸不远，但往西南过江后延伸较远。

白庙子四号断层（F_{11}）：在白庙子东南，靠近背斜核部发育了一条较小的逆断层，飞仙关组第一段泥灰岩向上逆掩，与第二段鲕状灰岩并行接触，纵向南北延伸不远。

白庙子五号断层（F_{12}）：背斜轴部发育的主断层。它是一条破碎断层，长兴组灰岩与破碎得分不清段的飞仙关组接触。断距20m以上，断面倾角较大，与背斜轴面一致。纵向延伸甚远，向东北到水岚垭以北，与天府断层带的主断层——月亮崖断层（F_1）斜插相接。

三、华蓥山地区小型构造现象及特征分析

小型构造的观察研究，未做实习的主要内容，仅以观察、讲解作为补充内容。对此有兴趣的同学，可以作为专题研究内容，现将较为典型的实例做一个介绍。

（一）剪切带

剪切带是地壳内一个窄的两边基本平行的强烈应变带。J. G. Ramsay根据岩石变形特征，将剪切带分为脆性剪切带、脆—韧性剪切带、韧性剪切带三种类型，而Handin认为材料在

破裂前的总应变量小于5%的为脆性，应变量在5%~8%的为脆—韧性，应变量超过10%才破裂的为韧性。

区内所发现的剪切带（包括共轭剪切带）多分布在上二叠统长兴组、下三叠统飞仙关组及嘉陵江组的石灰岩中，大小规模不等，现以代家沟乡的长道沟 T_1f^4 石灰岩中的共轭剪切带为例介绍。

长道沟共轭剪切带分布在代家沟乡的长道沟沟口 T_1f^4 块状灰岩中，为众多的张裂缝组合而成。分布有左行、右行雁列两组，总体构造成 X 形（图 7-14）。单条裂缝走向近东西，微向南倾斜，长 0.5~1m 不等，中间宽两端窄，形成扁平透镜体，缝中被次生方解石脉充填，雁列带走向分别为 110°及 67°。根据极射赤平投影方法，求出 σ_1 产状为 88°∠6°，σ_2 产状为 227°∠88°，σ_3 产状为 359°∠3°（图 7-15）。

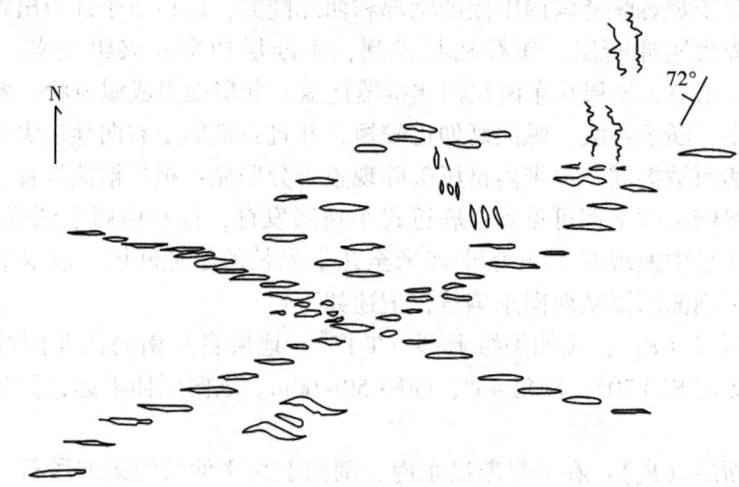

图 7-14 代家沟乡的长道沟共轭剪切带素描图

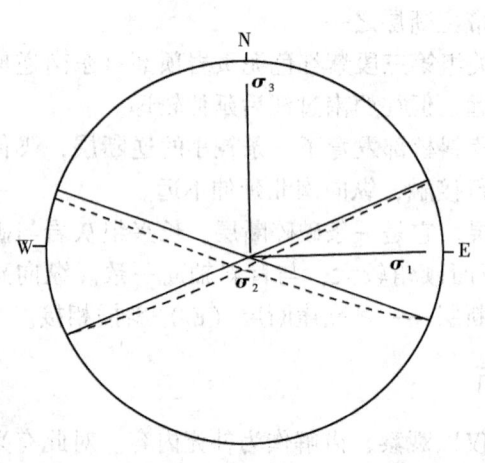

图 7-15 主应力轴图解（下半球投影）

共轭剪切带是恢复主应力轴较准确的构造型式之一。运用的原则是：最大主压应力轴（σ_1）在压缩区等分线上，最小主压应力轴（σ_3）在伸张区等分线上，中等压应力轴（σ_2）为两个剪切带（面）的交线。无论脆性岩石或塑性岩石均适用这一原则，但这两区往往难以确定。一般鉴别是观察共轭剪裂角的大小，脆性岩石 σ_1 则指向锐角方向，塑性岩石则指向钝角方向。或利用两组剪切带运动的统一性及其他标志，如构造缝合线等综合判定。长道沟共轭剪切带，根据岩石变形特征，基本上应归属脆性剪切带。

韧性剪切带是另一种类型，它是应力强化、集中的反映，岩石强烈变形而显示出有规律的、有方向的一个应变带，如图 7-16 所示。它不但对构造应力场研究提供了线索，而且带内有大量的裂缝分布，对油气的运移聚集创造了条件，是值得重视的一个课题。

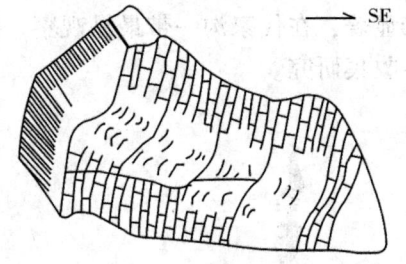
图 7-16 瓦店村煤矿公路边
韧性剪切带

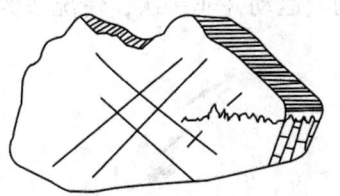
图 7-17 代家沟黄金坎 T_1j^1 石灰岩
中裂缝与构造缝合线

（二）构造缝合线

缝合线是碳酸盐岩中常见的一种裂缝构造，一般认为是在后生阶段由于岩石本身自重压溶作用所形成的，其锥轴是垂直岩层层面，而缝合面则与层面成基本平行关系。另一种是构造缝合线，是构造应力压溶的结果，一般缝合面不和岩层层面平行，常呈斜交和垂直关系（图 7-17），这是两者主要鉴别点，构造缝合线的锥轴，代表最大主压应力轴（σ_1）方位。

利用构造缝合面的产状和岩层产状，通过极射赤平投影方法复位，可以恢复出初始状态应力轴的方位。

（三）节理

节理是岩石中的裂缝，是地壳上分布最广泛的地质构造现象，其种类很多，如风化节理、重力节理、释压节理、构造节理等。这里只介绍构造节理，因为它是油气和地下水运移的通道和聚集场所，又是研究区域构造应力场和分析构造发展、形成的依据之一。

按节理的力学性质可分为剪节理和张节理两类。

（1）剪节理：是由于剪切应力作用所形成的。主要特点为产状稳定、平直光滑、延伸远、常具有等间距等。区内剪节理十分普遍，常以共轭形式出现（图 7-18），如代家沟 T_1j^1 石灰岩中，两组剪节理优选方位为 188°∠56° 和 47°∠39°，地层产状 292°∠61°，经赤平投影复位，求出 σ_1 产状 303°∠15°，σ_2 产状 120°∠74°，σ_3 产状 212°∠0°。节理调查与研究在构造地质学中有较详细的论述，而在应用于构造应力场方面，可以采用节理极点图，将所测得的每条节理产状投到赤平投影图上，然后用赤平投影方法求解出主应力轴方位。最后用每一个节理点的应力状态，做出应力网络图进行构造分析。

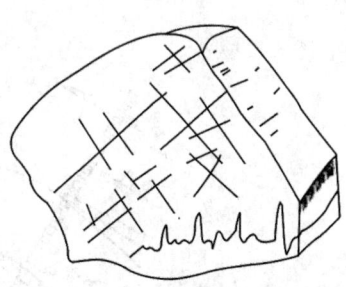
图 7-18 代家沟黄金坎剪节理

（2）张节理：是张应力作用的结果。主要特征为产状不稳定、延伸不远、断面粗糙不平、开口、常被方解石充填等。区内张节理十分发育，分布组合形式多种多样，有的节理方向较稳定但呈杂乱排列的组合形式，如雁行羽列型、雁行共轭型（共轭剪切带）。此处，还有一些复合转化，剪节理转化成张节理，如追踪张节理、S 形张节理，如图 7-19 所示。

如果只有单一力学性质的张节理，则无法确定主应力轴方位。若有剪节理配置或在剪切滑动面旁侧出现张节理，就可利用剪节理及张节理求解主应力轴方位。

节理分期：根据节理的交切关系，区内节理有着不同序次的关系，最常见的是北东倾向的一组穿过或错开南西的一组节理。前一组被白色小粒方解石充填，后一组（SSW）常被褐红色纤维状方解石充填（图7-20），外貌明显，切错显著，在代家沟一带最易观察。据分析该区构造运动并非一次，情况较为复杂，有待进一步收集研究。

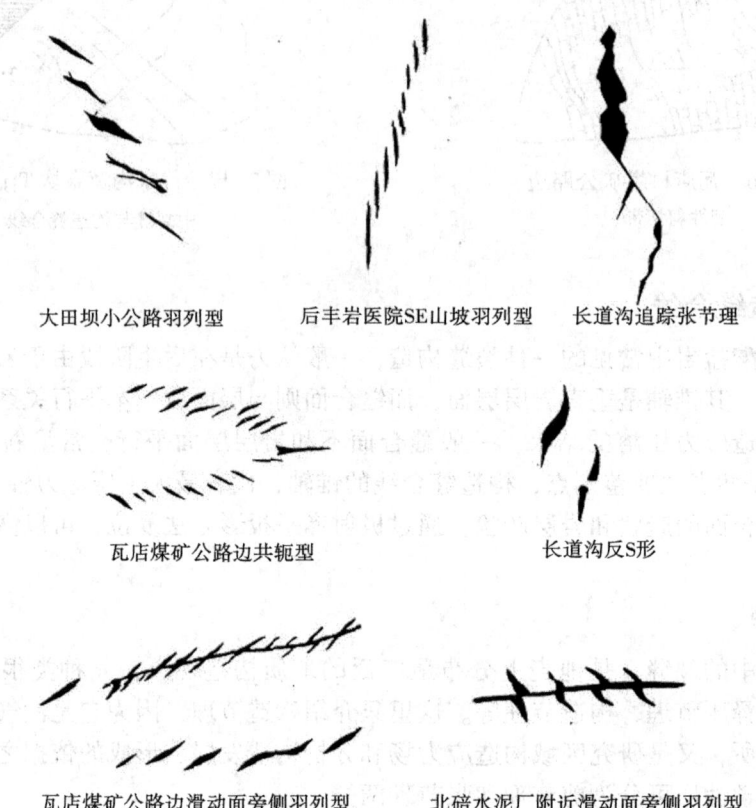

图 7-19 张节理组合形式

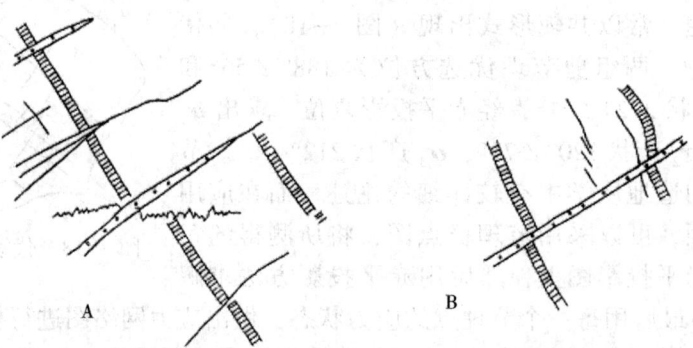

图 7-20 代家沟拱桥处节理穿越及错开关系（A、B 相距 50m）

四、关于生物礁研究的情况

我国晚二叠世生物礁的层位绝大部分在长兴组。长兴期在全球范围内基本表现为海退，但在我国南方则出现新的海侵。随着这次海侵的到来，带来了晚古生代末某些生物（如钙质海绵等）的迅速繁盛，并在许多地方形成了规模不等的生物礁。实习区著名老龙洞生物礁就是其中之一。

老龙洞生物礁位于重庆市北碚区东北天府煤矿地区的代家沟乡与文星乡之间（图7-21）。大地构造上属于扬子准地台四川台坳川东坳褶带西缘的观音峡背斜。该背斜轴向为北北东—南南西，背斜核部出露的最老地层为下二叠统茅口组，向两翼依次出露上二叠统龙潭组、长兴组，三叠系和侏罗系。老龙洞生物礁分布在近背斜轴部的西北翼上二叠统长兴组中。长兴组与下伏龙潭组整合接触，厚度一般为90~110m，而主礁地层剖面厚度达160m，由下至上分为三段，礁体主要发育在长兴组第二段和第三段（图7-21）。

1983年4月，西南石油大学强子同等发现老龙洞生物礁。他们对老龙洞生物礁进行深入研究，从生物礁的一般特征、发展、形成地质背景、成岩作用与孔隙演化等方面进行了重要论述。

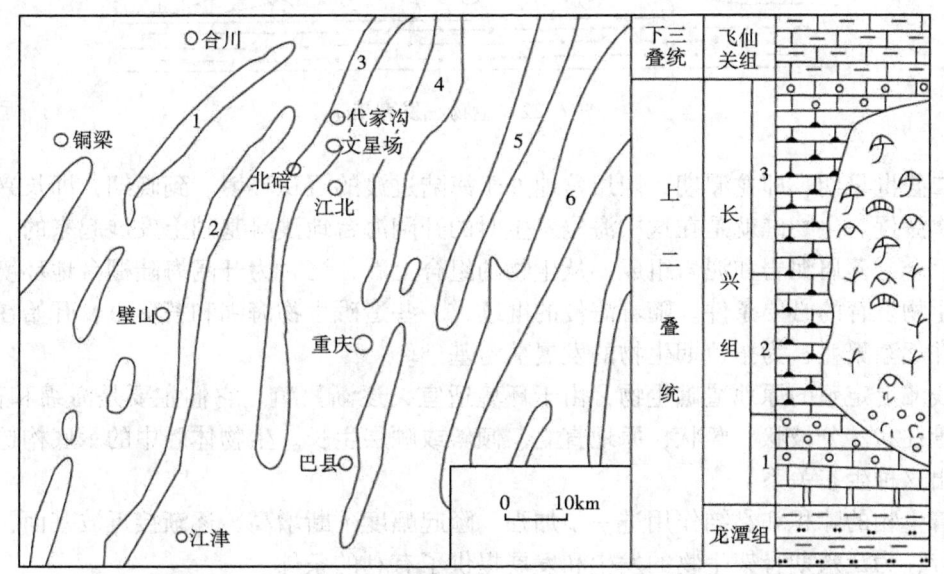

图7-21 老龙洞生物礁地理位置、区域构造略图和长兴组剖面示意图
1—沥鼻峡背斜；2—温塘峡背斜；3—观音峡背斜；4—龙王洞背斜；5—铜锣峡背斜；6—明月峡背斜

（一）老龙洞生物礁的一般特征

老龙洞生物礁位于台地内台丘之上，是斑状的小型点礁。它的典型造礁生物是钙质海绵、水螅和苔藓虫，其中以海绵、水螅更为重要。这些原地堆积的生物通常可达20%~30%，骨架礁阶段可达30%~50%，属于水螅海绵礁。附礁生物种类繁多，常见的有海百合、海胆、腕足类、有孔虫、腹足类和钙藻（主要是绿藻）。它们常常喜居于礁翼或附着礁生长。

老龙洞生物礁具有明显的地貌上的隆起。从地面露头可以看到，礁体厚80~100m。在不到2km的距离内，块状礁灰岩逐渐为非礁相层状燧石灰岩所取代。一般礁相比非礁相剖面要厚50~60m。在礁相与非礁相呈指状接触的过渡层里，一些生物体腔孔隙中的示底构造明显地与地层层面呈一定的交角，这种现象反映了老龙洞生物礁生长的原始隆起状况。

（二）老龙洞生物礁的发育史

老龙洞生物礁是由原地生物的生态发展而形成的一个具有丘状隆起的生物沉积构造。从造礁生物的生态发展来看，可分为四个发育期：定殖期（stabilization）、拓殖期（colonization）、泛殖期（diversification）和统殖期（domination）（图7-22）。

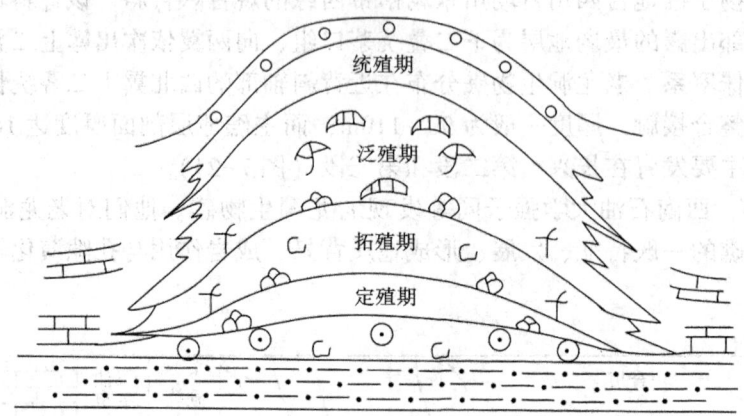

图7-22　生物礁发育史

晚二叠世早期，即龙潭期，四川盆地处于海陆过渡的沉积环境。到晚期，即长兴期，发生了一次海侵。生物礁就是在这次海侵发生时的开阔海台地浅滩基础上发展起来的。浅滩主要由海百合、藻屑泥岩和泥岩组成。从生物的组合上看，当时为开阔海陆棚台地环境，具备正常海生物发育的必要条件。随着海侵的继续，一些造礁生物海绵和苔藓虫，开始在浅滩上定殖，并逐渐繁盛，为拓殖期生物的发展奠定基础。

在浅滩上定殖的原地造礁生物，由于环境适宜，逐渐繁殖。它们主要是海绵和苔藓虫，通常呈管柱状、分枝状、藤状，原地直立、倾斜或顺层生长。生物体腔中的示底构造常常可以揭示出这种生态关系。

随着生物的障积和黏结作用进一步加强，隆起幅度不断增高，逐渐接近波基面，达到波浪作用带，为泛殖期骨架生物的发生和发展提供了有利的条件。

老龙洞生物礁根据生物带的研究，泛殖期在剖面上大致可以划分为4个带：

（1）海绵—苔藓虫带，主要为隐口目和变口目苔藓虫。海绵呈管柱状和分枝状。

（2）苔藓虫—海绵—水螅带，水螅的出现和繁盛为此带特征，往往呈块状和半球状。苔藓虫和海绵数量增加，个体变大。

（3）海绵带，海绵种类繁多，大部分种属均可见到。

（4）海绵—水螅带，海绵种属有所减少，但绵层藻的结壳和对礁骨架的连接力增加。

随着礁体的生长逐渐与海侵幅度不相适应，使得礁体越来越接近海平面，这种环境利于蓝绿藻和绵层藻的发育，而抑制了某些造礁生物的繁殖，因而明显地出现造礁生物种属和数量的急剧减少。海绵种属单调，水螅等几乎完全消亡，相反，蓝绿藻的黏结作用却形成取代之势。这是生物礁发展到统殖期的表现，最后完全为一种含有有孔虫、藻屑、砂屑泥粒岩组成的正常海浅水陆棚沉积所取代，而结束了礁的生命。

（三）老龙洞生物礁形成的地质背景

老龙洞生物礁的发育受基底断裂控制。从四川盆地的区域地质资料以及基底构造的研究知道，华蓥山断裂和七曜山断裂在二叠纪曾经活动，使得华蓥山断裂以西、七曜山断裂以东相对下降，两断裂之间的川东断块相对上升。基底断裂活动的相对上升和下沉的过渡地带，在海侵发生时有利于生物礁的发育这一事实，已为北美、苏联、西欧以及我国西南地区不同时代礁的分布所证实。老龙洞生物礁所处的部位正好是华蓥山断裂相对活动的过渡地带，这就是它产生的地质背景。

（四）老龙洞生物礁的成岩作用与孔隙演化

根据老龙洞生物礁的成岩作用特征，可以识别出4种成岩环境，即海底成岩环境（海洋潜流环境）、大陆成岩环境（大气淡水成岩环境）、区域地下水成岩环境（浅埋藏成岩环境）和深埋藏成岩环境。

1. 海底成岩环境

在海底潮下环境，礁骨架具有原始隆起构造，原生孔隙非常发育，主要是骨架孔、体腔孔和粒间孔。孔隙常为含生物屑的灰泥充填，有时其上尚有似球粒状灰泥沉积，在其未盈的空间，往往又为纤维状方解石、叶片状方解石以及粒状方解石相继充填，形成特殊的示底构造，这种示底构造在礁核和礁翼都普遍存在，在两者的过渡地带，示底构造有原始倾斜现象。除上述两种灰泥外，在大的生物钻孔中，可见有粪球粒灰泥充填。

无论造礁生物或附礁生物均明显地发生了泥晶化作用，出现泥晶化颗粒和泥晶套，不仅如此，纤维状胶结物也被泥晶化而呈浑浊状。从岩石类型来看，骨架岩、障结岩和粘结岩的泥晶化现象显著，生屑泥粒岩泥晶化较差，粒泥岩和泥状岩最差或没有泥晶化现象。因而说明泥晶化作用主要发生在海底高能环境的原地生物岩中。

胶结物有3种，一种是在生物外壁上常常呈微晶包壳，含有比较多的有机质而呈现暗色，看来它是一种生物化学作用的产物，即胶结物沉淀之后或同时，又受到蓝绿藻和部分绿藻的寄生或包绕作用，而呈现不均匀的色调和不均一的结构（粒度）；另外两种胶结物是呈纤维状和叶片状的方解石，二者呈过渡特征，它们的结晶习性表明，纤维状方解石的原始矿物成分可能是文石或高镁方解石，叶片状方解石可能是镁方解石，这些胶结物主要出现在礁相的骨架孔、体腔孔和粒间孔以及颗粒岩中，礁的顶部和底部均不发育。

非礁相的一个显著的岩石学特征是富含硅质。硅质多呈斑块状和条带状的燧石沿层理方向分布，由微晶石英和粒状石英组成。燧石斑块和条带与石灰岩的界限十分明显，而且在燧石斑块和条带中保存有生物化石遗迹，说明燧石是交代成因的，它是海岸地带大气水—海水混合水体系中的产物。

以上可以将海底成岩环境划分为潮下带和潮间带两个亚环境。潮下带的主要成岩作用有填积作用和泥晶化作用，其次为胶结作用，而潮间带却以胶结作用显著，交代作用、填积作用和泥晶化作用次之。填积在孔隙中的生物屑灰泥沉积物是潮下带的产物，它的形态特征与似球粒状灰泥不同，据二者的相互关系可看出，似球粒状灰泥晚于生物屑灰泥，同时，似球粒状灰泥也与大气淡水环境的渗流粉砂有别，因而，它是礁处于潮间带环境时的渗流沉积物。在礁核部位，尤其是骨架岩中，没有压实作用的痕迹，显然颗粒早期已经硬化。颗粒硬化、泥晶化颗粒和泥晶套都是早期海底成岩作用的标志。

根据微晶包壳的特征，以及它与纤维状和叶片状方解石胶结物的关系，可以看出，微晶包壳是潮下带的产物，为同生胶结，而纤维状方解石胶结物是潮下—潮间环境形成的，叶片状方解石胶结物为潮间环境所形成。后期，非礁相在淡水—海水的混合带环境中发生了混合水硅化作用。随着大气水影响的加强，生物礁逐渐暴露于大气淡水环境。

2. 大陆成岩环境

海底环境产生的主要矿物为文石和高镁方解石，它们与海水是处于相对平衡状态的，然而，当老龙洞生物礁逐渐暴露，从而进入大气淡水环境后，这种平衡就遭到了破坏，即一方面发生溶解作用，另一方面出现矿物转化作用。文石质骨骼可被溶蚀，也可发生矿物转化，但其显微特征各异，前者呈粒状结构，后者保留有生物骨骼原始结构的残余；而高镁方解石质骨骼则明显保持其原始结构，例如介形虫的层纤结构、瓣鳃类的柱纤结构。由于矿物转化的同时，经常伴随有重结晶作用，因而可使高镁方解石质骨骼的原始结构消失，也可只留下骨骼的外形，基质组分也转化为低镁方解石，甚至有重结晶现象。

溶解作用最突出的表现是颗粒的泥晶化部分未被溶蚀，而其他部分却受其波及，甚至纤维状和叶片状胶结物也有类似的溶蚀特征。

在粒内溶孔、粒间孔、粒间扩大溶孔和铸模孔中充填有渗流粉砂。渗流粉砂的形成是大气水溶解作用产生的不溶物质在渗流动力作用下的产物。

在骨架孔、体腔孔和粒间孔中，常见有粒状方解石，它是继纤维状和叶片状方解石胶结物之后形成的。在大的孔隙中常可以见到这种粒状方解石与纤维状和叶片状方解石呈结构不整合接触。另外，棘屑共轴生长发育，共轴边明亮清洁而宽大，包围整个棘屑颗粒。

总之，在大陆成岩环境下，老龙洞生物礁的溶解作用和胶结作用都很发育。由于溶蚀改造而成的结构不整合特征，以及渗流粉砂等，是渗流带的标志；粒状方解石胶结物、棘屑共轴生长是大气潜流带的特征。

3. 区域地下水成岩环境

生物礁处于区域地下水成岩环境阶段，主要发生了胶结作用和交代作用，尚有充填作用及比较微弱的压实作用。

这种环境的胶结物为粗大的无铁方解石，彼此呈直线状接触的镶嵌结构，往往在大孔隙中为一个或者几个大晶体充填，与纤维状、叶片状和粒状方解石呈突变接触。这种粗粒方解石胶结物，甚至可呈连生结构。

在礁相中，白云石化发育，多呈豹皮状或者透镜状。白云石交代颗粒时受原始组构控制，一般晶体比较小。在孔隙中生长的白云石，往往比较粗大，呈扭曲状自形晶，晶面和解理弯曲，具波状消光。

在残余的粒间孔或粒内孔，或者溶孔中，有硅化现象，交代孔隙附近的生物碎屑而呈细晶状或微晶状。在孔隙中则具充填特征，晶粒较粗，其粒度粗细与孔隙大小相一致。

在礁翼相中可以见到生物介壳被压折和错断现象。而在礁核相中则无任何压实迹象。

在薄片中常可见到白云石晶间孔、残余体腔孔和溶孔中有沥青充填。

4. 深埋藏成岩环境

它是老龙洞生物礁埋藏深度最大的成岩环境，其成岩变化主要受上覆岩层重荷影响，在温度和压力都比较高的条件下发生。因此，压溶作用和应变新生变形作用比较显著，而胶结作用比较微弱，也有交代作用发生。

在充填未盈的体腔孔和残余粒间溶孔中，常充填有粗粒铁方解石，以别于其他成岩环境的胶结物。

在礁翼部位出现了比较强烈的去白云石化现象。方解石首先沿白云石菱面体外缘向内交代，细小晶体易被取代，而比较粗大的晶体往往仅触及边缘，内部仍残留部分白云石晶体，去白云石化的外缘消光一致，整个菱形晶体酷似环带构造。

老龙洞生物礁的孔隙发展与成岩环境的变化有着密切关系。礁生长发育过程中有较高的原生孔隙，然而，由于海底环境的填积作用和早期胶结作用，使骨架孔、体腔孔和粒间孔等原生孔隙明显减少。礁体的上部（骨架礁部分）曾暴露于大陆环境（出现渗流粉砂等），其他部分虽未直接暴露，但却受到大气淡水的强烈影响，产生了一系列成岩变化。这些成岩变化主要包括溶解作用、胶结作用和交代作用。

（五）实习区老龙洞生物礁研究结论

（1）老龙洞生物礁为水螅海绵礁，具明显的地形隆起，有典型造礁生物和抗浪特征，因此，属于骨架礁。

（2）礁顶部蓝绿藻黏结和结壳，以及大量的大气渗流成岩作用标志——渗流粉砂、淡水溶解产生的粒内溶孔和铸模孔等，说明礁体上升幅度超过海侵幅度，从而导致礁体停止生长。

（3）礁经历了海底（海洋潜流）、大陆（大气渗流和大气潜流）、区域地下水和深埋藏4种成岩环境。各成岩环境及其成岩变化对孔隙的演化有明显影响，原生孔隙已被改造，失去了它的重要性。礁相中的白云石化晶间孔隙，以及溶解作用产生的残余粒间溶孔和粒内溶孔是有效的储集孔隙。

（4）礁相与非礁相岩性差异巨大。非礁相岩石色深，有燧石团块，呈层状构造；礁相则相反，色浅，无燧石，块状构造，夹白云岩。在没有取心条件时，钻时录井曲线陡，进尺快，岩屑发白，有白云岩屑等现象，常常是礁相出现的标志即地貌上的隆起，在地震剖面上也有所反映。

（六）关于生物礁与造礁生物未来研究方向与展望

目前，二叠纪生物礁与造礁生物研究已获得长足的进步。微相分析仍作为生物礁研究的必要和重要手段。造礁生物研究方面，在新门类、传统门类，以及化石化学性质、物理性质的微观认识上获得突破，在生物礁与油气资源评价方面取得更大进展。借助不同学科的力量和新的技术手段与方法，我国学者有过可贵的探索，如通过研究潜伏礁的地震反射特征并利用测井资料来判别地下生物礁的类型及分布等。这些成果对大量寻找和发现有实际意义的生物礁与礁型油气资源具有重要意义。

地质人员通过对某些地球化学标志的分析，能够较为可靠地阐明礁内有机质丰度及转化程度，并进一步确定有机质性质，分析礁组合的储集性能，如孔隙度和渗透率的变化等，从而为评价含油气远景、决定勘探方向等提供可靠的科学依据。

21世纪在古生态学方面，门类古生态学、群落古生态学、定量古生态研究是重要的发展方向。以二叠纪生物礁和造礁生物为研究对象，预测成矿远景，普查并开发礁型油气资源，也将继续得到发展。

五、关于二叠系与三叠系（P/T）界线研究的进展

历年来，中国科学院地质与地球物理研究所、南京地质古生物研究所派出实力较强的研究队伍（部分成员是相应研究领域的国际学术带头人）。多次在天府进行P/T界限研究，为地层、古生物学研究及国际合作交流提供了良好的条件。主要就二叠纪末期生物大灭绝事件的模式和定量化分析进行了详细研讨。通过最新的同位素绝对年龄值数据、牙形化石带和丰富的晚二叠世生物地层资料，利用目前国际上最新的定量分析方法——限制最大化法，对单个剖面、单个盆地、区域及区域之间生物灭绝的模式逐一进行模拟分析，结果表明二叠纪末的生物事件无论是在单剖面、单盆地、区域和区域之间的灭绝都是突发性的，并首次以精确

的时间和生物化石带描述生物灭绝的速率。

二叠纪末期的生物大灭绝是地质历史上规模最大、影响最为深远的生物事件，海洋中约有90%的生物种在此期间消失。有关该事件的成因一直是学术界争论的焦点，有火山成因、剧烈海平面变化、海洋缺氧、外星撞击等多种学说。生物灭绝的模式长期以来一直被认为是逐渐灭绝或者呈阶段性灭绝。

2000年以来，通过对煤山地区出露的多条剖面进行对比分析，建立复合标准剖面，以此为基础对天府等多条剖面的化石资料进行统计分析，结合同位素年龄值发现绝大多数的生物是在二叠纪与三叠纪界线附近一个很短的时间带内消失的。这一观点的提出极大地改变了以往对二叠纪末生物大灭绝模式的认识，二叠纪末的生物事件既不是一次长期性的灭绝（Teichert, 1990），也不是呈阶段性地发生（Yang et al., 1993；Yin 和 Tong, 1998），而是突发性的。有机碳同位素值也显示了界线附近一次突然的降低。

近年来，具有广泛分布性的牙形化石取代了以往䗴类、菊石等化石的地位，成为全球地层对比的标志性化石。与此同时，在华南地区多剖面、多层位的分析中测定同位素绝对年龄值，也为研究生物的灭绝提供了时间依据。中科院在研究内容和数据上，有选择地在华南地区不同沉积盆地内、对不同沉积环境下形成的地层剖面进行了全面测制或者牙形化石的重新采样，并且有选择性地在上扬子盆地中台地相的华蓥山剖面，以及下扬子盆地中台地相的其他剖面建立牙形化石带。牙形化石带的建立使得生物地层对比达到化石带一级的精度，同时，同位素绝对年龄值在若干剖面、若干层位的测试为研究生物灭绝的模式提供了时间控制尺度。

中科院与美国加利福尼亚州大学河滨分校的 Peter Sadler 教授（国际定量地层学研究的专家，置信区间、限制最大化等方法的创始者）合作，用定量分析方法进行多剖面的地层对比，研制出一种多重生物事件对比方法——限制最大化（constrained optimization），以多维的方式进行剖面间对比，令对比的范围更广、更具合理性和实用性。

这也是该定量分析方法首次与实际地层资料的结合，双方在合作过程中不仅获得了很好的数据结果，同时也促进了该方法的进一步完善。

分析结果通过数据分析获得整个华南地区和冈瓦纳北缘区生物分异度曲线。从分异度曲线图可以看出，整个晚二叠世的生物分异度基本保持在一个较高的水平。而晚二叠世生物的分异度值与早三叠世分异度值明显位于两个差距较远的数量级上，生物突然灭绝的模式十分显然。具体的统计数据为：在整个华南和冈瓦纳南北缘地区晚二叠世末538个生物种中，66%的化石种在0.3Ma中突然消失；在下扬子盆地，83%的化石种在0.14Ma中灭绝；在滇黔桂盆地中，66%的化石种消失于0.29Ma；在上扬子盆地，64%的化石种消失于0.33Ma。

通过对 P/T 界线的生物分异度的国际大讨论，得出结论，二叠纪末期生物的灭绝时间十分短暂，但是生物的灭绝率十分高。整个事件发生在晚二叠世末期至早三叠世初期很短的时间带内，是一次突发事件。

六、华蓥山地区油气地质特征

在漫长的地质历史时期中，华蓥山地区经历了多次地壳运动，因地壳震荡运动引起规模不同的海侵和海退，在沉积环境和岩性上，常常出现由浅到深，再由深到浅的旋回性。这种沉积上的多旋回性是形成沉积岩内连续的多旋回式生储盖组合的基本地质条件，同时受海不同发展阶段的控制，生油层和储层在纵向上具有一定的部位性。

（一）生油层

对生成油气有利的部位是在稳定下沉的海侵时期，巨厚的富含有机质的暗色泥页岩、泥晶灰（云）岩是生成油气的物质基础。区内寒武系—三叠系可大致划分出多个生油岩组，即洗象池群（$\epsilon_{2-3}xx$）、龙马溪组（S_1lm）、栖霞组（P_2q）、茅口组（P_2m）、长兴组（P_3ch）、飞仙关组（T_1f）、嘉陵江组（T_1j）。它们的共同特点为：都是海侵期的产物，岩性为泥晶灰（云）岩、泥质岩，颜色以灰、深灰、灰黑色为主，都富含有机质和生物化石，在区域上大部分为产气层显示。

（二）储层

凡具有使流体储存和渗滤能力的岩石统称储集岩，其中储油气的岩石通称油气储集岩，由储集岩构成的地层简称为储层。本区储集岩主要为碳酸盐岩及部分砂岩，砂岩的储集空间比较单一，主要为孔隙和微裂缝。碳酸盐岩的储集空间常发育有孔、洞、缝三种，分别构成不同的储集岩类型。如裂缝—孔隙型、裂缝—孔洞型等。孔隙和溶蚀孔洞越发育，与裂缝的搭配关系越好（孔、洞、缝相连），其储集性能越好。区内较有利的储集层位有栖霞组（P_2q）、茅口组（P_2m）、长兴组（P_3ch）、飞仙关组（T_1f）、嘉陵江组（T_1j）、雷口坡组（T_2l）石灰岩，须家河组（T_3x）砂岩，它们分别为四川各石油矿区的主要产气层。

（三）盖层

盖层是位于储层之上、封隔储层以免其中油气逸散的保护层。常见盖层的岩石类型有页岩、泥岩、盐岩和石膏。既不生油又具储集空间的巨厚碳酸盐岩，也可作盖层或遮挡层。

油气由生成—聚集—成藏，要经历漫长的地质时期和复杂的地质过程，并非具备了生油层、储层和盖层就一定能形成油气藏，而需要诸多地质条件的配合。这在后续"石油地质学"课程中会给同学们作详细介绍，这里不再深入讨论。

第八章　野外地质工作安全要求及防范

第一节　野外地质工作的基本要求和安全注意事项

一、野外地质工作的基本要求

（1）进行野外工作前应该进行体检，确保身体合格后方可开展野外地质工作。患有器质性心脏疾病、呼吸系统疾病、癫痫、消化道溃疡、胃肠炎、高血压、严重的神经衰弱，以及患有肝脾、肾、内分泌等疾病的人员严禁进入高原、低气压地区进行野外地质工作。

（2）进行野外地质工作前，要进行安全生产规章制度和岗位安全技术操作规程培训，具备相应的防护、自救、互救应急基本技能（急救包、食品、饮用水、火柴等）。

（3）野外地质工作应配备能满足实际需要的通信设备，明确联络事宜（GPS、卫星电话等）。

（4）带好野外工作个人防护装备（野外工作服、登山鞋、太阳镜、太阳帽等）。

（5）注意收听天气预报，每日出发前，应当了解当天的天气情况、行进路线及路况、作业区的地形地貌、地表覆盖等情况。在山谷、河沟、地势低洼地区或雨季作业，应当做好防汛抗灾工作。雷雨时，应当尽量避开山脊或者开阔地、峭壁和高树。雨雪刚停止时，严禁立即在滑坡、狭隘的山道、悬崖、雪坡、冰川坡以及其他危险地段作业和行走。

（6）在悬崖、陡坡下作业时，应当清除上部浮石；在山坡的上下，不能同时作业。

（7）野外工作过程中，无论任何情况，不能单独外出工作。

二、野外地质工作的安全注意事项

野外地质工作，在不同的地质和地貌条件下，需要注意下列安全事项。

（一）山区（雪地）

（1）配备登山、雪地装备，遇大雾、大雨、雷电来临等情况下，应立即停止作业和行进，并采取相应保护措施。

（2）在大于30°的坡道或悬崖峭壁上工作，应当使用带有保险绳的安全带，保险绳一端应固定牢固。

（3）上下陡坡、悬崖、峭壁，应当采取长距离的Z字形路线行进。两人以上行走距离应在视线之内。

（4）在积雪、悬崖、碎石堆积地段及不稳定岩石分布的峡谷中行进，应防止产生大的震动、声响。

（5）在野外行进时，应做到看景不走路、走路不看景，以防摔跤和坠崖。

（二）林区

（1）随时确定自己的方位，与同行人员保持联络，配备必要的砍伐工具，在行进路线上留下标记。

(2) 前人行走时要防止树枝回弹伤及后面行走的人。

(3) 进入林区要时刻注意防火，禁止吸烟，严格遵守林区防火规定。

(4) 当林区出现火灾预兆（烟味、烧焦味、野兽和鸟类向同一方向奔跑和飞驰、烟雾等）时，应当迅速寻找并撤离到安全地点（林中旷地、河边等）。

(5) 进入林区，应穿戴好防护服装，一要防止寒带森林中（多蛇）、潮湿密林中（多蚊虫）有害小动物的叮咬；二要防止感染森林脑炎、接触性皮肤过敏症。

(6) 提前向当地群众了解作业区域地形，有无陷阱、夹具等危险。

(三) 高原地区

(1) 进入高原，应当多食用高糖、多维生素和易消化的食品。饮食应当适宜，禁止饮酒，注意保暖，防止受凉和上呼吸道感染。

(2) 初入高原，要避免剧烈活动，乘车上下山时，途中应当分段停留，嘴应尽量作咀嚼吞咽的动作，以平衡体内外气压。

(3) 在空气稀薄或海拔 3000m 以上地区作业，应配备氧气袋（瓶），减少工作时间，减轻负重。

(4) 野外步行作业，要佩戴风镜，雪山、冰川地区，应采取防雪盲措施。夏季光照强烈时，应防止中暑、高原性唇炎及日光性皮炎发生。

(5) 在雪线以上高原作业，应当配备防冻装备及药品。温度低于 $-30℃$ 时，应当采取防冻措施或停止作业。

(四) 水面或水系发育地区

(1) 选择满足安全要求的船只，人与物资在船上应当平均分置，严禁人员坐在船舷上渡过激流险滩。

(2) 暴风雨、飓风来临时，应当停止作业，人员离船上岸。

(3) 定期对水上救生装备进行浮力检验。

(4) 若需涉水过河，应当采取保护措施。通过流速快、河水深的河流，应当架设临时过河设施。

(五) 岩溶发育地区及旧矿、老窿地区

(1) 查明旧坑实地情况，检测有毒有害气体。

(2) 进行必要的支护和通风。配备防毒面具、手电筒、灯、绳索、指南针等必要工具。

(3) 在洞穴中行进时要及时沿途沿壁、交叉口处画上明显记号、编号、箭头，标明路径。

(4) 切勿在顶板和侧壁上敲打，严禁在洞内奔跑，发现洞顶有松动现象，应当立即退出。

第二节 野外地质工作技巧

一、野外方向判定

野外地质工作中，遇紧急事故而丢失定向的罗盘、工具和地图等，甚至迷失方向的情况，必须掌握几种野外方向判断方法。

（一）太阳法

太阳是最可靠的辨向标志。在晴天，根据日出、日落可以很方便地知道东方和西方，就能够大致判断方向。我们知道：太阳是由东向西移，而太阳的影子是由西向东移的，因此我们可用太阳和物体的阴影概略地测定方向。

找一根 1m 以上标杆（直杆）垂直地插在地上，标明直杆的影子顶点 A；过一段时间后，再标记直杆的影子顶点 B。将 A、B 两点连成一条直线，这条直线的指向应是东西方向，A 端为西；与 AB 线垂直的方向则是南北方向，向太阳的一端是南方，相反方向则是北方。

（二）手表法

利用手表的时针和分针可以确定方向。方法是将手表水平放置，时针指向太阳，时针与 12 点刻度之间的夹角平分线指明南北方向，向太阳一端为南。

使用这一方法判定方向的前提是必须知道确切的当地时间。应将北京时间换算成地方时间。以东经 120°线为准，经度每向东 15°，将北京时间加 1h；每向西 15°，将北京时间减 1h，即为当地时间。例如，乌鲁木齐的地理坐标是东经 87°40′，则（120° − 87°)/15° = 2h12min，将北京时间减去 2h12min，即为乌鲁木齐的当地时间。另外还需要注意：

（1）判定方向时，手表应平置；

（2）在南、北纬 20°30′之间地区的中午前后不宜使用；

（3）夏天在我国台湾的嘉义、广东汕头东北的南澳岛、广西的梧州市、云南的个旧市的北回归线（北纬 23°27′）以南地区不能使用。

（三）地物和植物标志

常言道，"万物生长靠太阳"，太阳促进了植物的发育，也形成了许多间接判定方向的特征。掌握这些特征之后，即使在没有太阳的阴天仍可以依此判定方向。

（1）靠近树墩、树干及大石块南面的草生长得高而茂盛，冬天南面的草也枯萎干黄得较快。树皮一般南面比较光洁，北面则较为粗糙（树皮上有许多裂纹和高低不平的疙瘩）。这种现象以白桦树最为明显。白桦树南面的树皮较之北面的颜色淡，而且富有弹性。

（2）夏天松柏及杉树的树干上流出的胶脂，南面的比北面多，而且结块大。松树干上覆盖着的次生树皮，北面较南面形成的早，向上发展较高，雨后树皮膨胀发黑时，这种现象较为突出。秋季果树朝南的一面枝叶茂密结果多，以苹果、红枣、柿子、山楂、荔枝、柑橘等最为明显。果实在成熟时，朝南的一面先染色。

（3）树下和灌木附近的蚂蚁窝总是在树和灌木的南面。

（4）长在石头上的青苔性喜潮湿，不耐阳光，因而青苔通常生长在石头的北面。

（5）草原上的蒙古菊和野莴苣的叶子都是南北指向。

（6）我国北方的山岳、丘陵地带，茂密的乔木林多生长在阴坡，而灌木林多生长在阳坡。这是由于阴坡土壤的水分蒸发慢，水土保持好，所以植被恢复比阳坡快，易形成森林。另就树木的习性来讲，冷杉、云杉等在北坡生长得好，而马尾松、华山松、桦树、杨树等就多生长于南坡。

（7）我国北方的许多树木树干的断面可见清晰的年轮，向南一侧的年轮较为疏稀，向北一侧则年轮较紧密。

（8）春季积雪先融化的一面朝南方，后融化的一面朝北方。坑穴和凹地则北面向阳融雪较早。北方冻土地带的河流，多为北岸平缓南岸陡立。

（9）凹入地物：例如河流、水塘、坑等，其向北一侧的边缘（岸、边）的情况与凸出地物相同。

（四）夜间星体标志

1. 北极星

北极星位于正北天空，其出露高度角相当于当地纬度，据此可以很快找到北极星。寻找北极星，首先要找到大熊星座（即俗称的北斗星），因为它与北极星总是保持着一定的位置关系不停地旋转。当找到北斗星后，沿着勺边 A、B 两星的连线，向勺口方向延伸，约为 A、B 两星间隔的 5 倍处，有一颗较明亮的星，就是北极星。

在北纬 40°以南的地区，北斗星常会转到地平线以下，特别是冬季的黄昏，常常看不到它。根据与北斗星相对的仙后星座寻找北极星。仙后星座由 5 颗与北斗星亮度差不多的星组成，形成 W 形。在 W 字缺口中间的前方，约为整个缺口宽度的两倍处，即可找到北极星。

2. 南十字星

在北纬 23°30′以南地区，上半年可利用南十字星座判定方向。南十字星座主要由四颗较明亮的星组成，四颗星对角相连成为十字。沿 A、B 两星的连线向下延伸，约在两星距离的四倍半处即为正南方。

3. 月亮

月亮的起落是有规律的。月亮升起的时间，每天都比前一天晚 48~50min。例如，农历十五的 18 时，月亮从东方升起。到了农历的二十，相距 5 天，就迟升 4h 左右，约 22 时于东方天空出现。月亮圆缺的月相变化，也是有规律的。农历十五以前，月亮的亮部在右边，十五以后，月亮的亮部在左边。上半个月为上弦月，月中称为圆月，下半月称为"下弦月"。每个月，月亮都是按上述两个规律升落的。

可以根据月亮从东转到西，约需 12h，平均每小时约转 15°这一规律，结合当时的月相、位置和观测时间，大致判定方向。例如，晚上 10 时，看见夜空的月亮是右半边亮，便可判明是上弦月，太阳落山是 6 时，月亮位于正南；此时，10 时－6 时＝4 时，即已经过去了 4h，月亮在此期间转动了 15°×4＝60°。因此，将此时月亮的位置向左（东）偏转 60°即为正南方。

（五）风向

风是塑造沙漠地表面形态的重要因素，在单风向地区一般以新月形沙丘及沙丘链为主。沙丘和沙垄的迎风面，坡度较缓；背风面，坡度较陡。我国西北地区，由于盛行西北风，沙丘一般形成西北向东南走向。沙丘西北面坡度小，沙质较硬，东南面坡度大，沙质松软。在西北风的作用下，沙漠地区的植物，如酥油草、红柳、梭梭柴、骆驼刺等向东南方向倾斜。蒙古包的门通常也朝向背风的东南方向。冬季在枯草附近往往形成许多小雪垄、沙垄，其头部大尾部小，头部所指的方向就是西北方向。木制的柱架，其迎风面颜色深黑容易腐坏，而悬崖及石头迎风面较为光滑。

以上所述是沙漠地区的一般特点。风向还因地区和季节的不同而异。因此根据风向特征判定方向，了解当地四季盛行风向，以便得出正确的判断。还须注意，在具有多种风向而风力又大致相似的地区，则会出现金字塔形沙丘，在此地区判定方向较为复杂，应参考日月和星辰综合判别。

（六）其他方法

在山地，若山脉走向分明、山脊坡度较缓，可沿山脊走。因为山脊视界开阔，易于观察道路情况，也容易确定所在位置，有一定的导向作用。

在沙漠、戈壁滩或林海雪原上行进，因缺乏定向的方位物，通常向右偏。沙漠地区寻找辨认道路可根据地上的马、驴、驼的粪便。

在森林（丛林）中，顺河而行最为保险，因为道路、居民点常常是滨水临河而筑的。

二、寻水

野外工作一定要带好充足的饮用水，身体要是没有水的不断补充，很快就会出现脱水现象。一旦发现缺水，当务之急是最大限度地减少身体脱水状况，然后立即找水补充。

（一）沙漠中寻水

在沙漠中有的植物，如仙人掌、荆棘类灌木生长的地方就有可能找到水；在干枯的河流拐弯处，或者沙丘之间的洼地的最低处向下挖或许能找到水源；骆驼对水的敏感性很高，沿着骆驼走的路一直走下去，寻找到水源的可能性会比较大。

（二）森林中寻水

往低地走；寻找绿色植被，不要饮用枯萎植物附近水源；观察动物或者鸟类活动情况，看能否指示方向；悬崖底部一般都会渗出水流；注意蛙鸣。

野外可能的几种水源，包括露水、雨水、雪水、冰水、可饮用树汁、积水、水塘等，但以上水源引用时都要了解水体污染情况，进行必要的过滤净化。

三、露营

露营地点的选择，首先应考虑近水源和燃料。搭帐篷时要注意避开风口、雨水通道以及松动的岩壁下，避免被雨水冲下的树枝、石头等破坏了帐篷。此外，还应注意防避雪崩、滚石以及突如其来的山洪等。

夏季，露营地点应选择在干燥、地势较高、通风良好、蚊虫较少的地方。通常，湖泊附近和通风的山脊、山顶是夏天较为理想的设营地点。

冬季，设营地点应视避风以及距燃料、设营材料、水源的远近等情况而定。

第三节　野外地质工作避险方法

许多突发性的自然或人为灾害经常会带来毁灭性的打击，因此掌握避险与危险中求生技能十分重要。

一、雪崩

(1) 和煦的阳光照在雪崖上容易引起雪崩，因此尽量午时之前到达背阴的地区。

(2) 不要到积雪很深的小沟渠和有峭壁的山谷中去。

(3) 声音等震动波会引发雪崩，在危险地区不要大声喧哗，或敲击，脚步要轻。同时留心观察，注意周围的异常动静。

(4) 一旦发生雪崩，不要向下跑。向旁边跑比较安全。也可跑到较高的地方或是坚固岩石的背后，以防被雪埋住。

（5）逃跑时抛弃沉重的物品，用手或其他东西护住头部。如果被雪崩赶上，无法逃脱，抓住山坡旁任何稳固的东西，如大树、岩石等，切记闭口屏息，以免冰雪涌入喉咙和肺部，即使一阵子陷入其中，但冰雪泻完之后就可脱险。

（6）如果给冲下山坡，要尽量爬上雪堆表面，同时以仰泳、俯泳或狗爬式逆流而上，逃向雪流的边缘。

（7）如果被雪埋住，要通过让口水自流尽快弄清自己的体位。

二、水灾

在野外，不要在河谷、山谷低洼处、山洪经过之地或者干枯的河床上露营。

如果营地受到洪水威胁，时间允许的话，收拾必要的轻便物品，或把东西放到高处。时间不允许，应该马上往高处撤离。

如果来不及跑上山坡等高地，可爬上附近的大树或岩石上暂避洪水。

不幸落水时，切勿惊慌，抓住洪流中的树木等漂浮物，漂流而下。在河湾等水流较缓处游到河边，爬上河岸。

如果被洪水困住，不要轻易涉水过河，若有可能，尽量绕道而走。

背包不能过重，且要尽量抬得高一点，背包的腰带要解开，以便紧急情况下能迅速卸下背包。

利用绳子结伴依次过河最为安全。

三、暴风雨

（1）在沙漠里作业或行走，要随时注意周围环境的变化，往往动物的奔跑，骆驼、马匹的惊慌，是大风暴来临的先兆；对天边移动的云状沙尘、飘动的黑云都不能掉以轻心。

（2）佩戴带风帽的斗篷和护目镜。当风暴来临时，全体人员要集聚在一起，躲避到安全的地方或背风处坐下，把头低到膝盖，直到风暴平息为止。

（3）遇到雷雨时，不要在孤立的大树、岩石、小屋下躲雨，身在空旷的地方，应该马上趴在地上，远离金属物。

四、火灾

（1）遇到森林火灾时，朝河流或公路的方向逃走。此外，也可跑到草木稀疏的地方。同时要注意风向，避开火头。

（2）如果带有水，弄湿毛毯或外衣，遮盖头部。火势较大时，马上伏在空地上或岩石后，身体贴近地面，用外衣遮盖头部，以免吸进浓烟。

（3）帐篷起火时，可以通过弄断拉绳、推倒立柱，将火扑灭。

（4）在野外一定不要丢弃未熄灭的烟头或烟斗灰烬。

五、泥石流

（1）及时留意天气预报情况，如有泥石流预警通知，要及时停止野外活动及作业。

（2）路经山谷地带，留心观察周围环境情况，如道路两旁植被遭严重破坏，又突遇暴雨，要迅速转移至安全的地方，切勿停留。

（3）留意泥石流发生前的征兆。在大量降雨后，仔细听听从附近山谷是否传来打雷般的声响，如果有，需立即采取避险措施。

（4）如遭遇泥石流，要立即选择与泥石流垂直的方向沿两侧山坡往上爬，爬得越快越高越安全。切记不要顺泥石流方向往下跑。不要上树躲避，也不要躲在河谷旁边的大石头后面。

（5）如在野外露营，要选择高处平坦安全的地方，尽可能避开有滚石和易发生滑坡的坡地下边，不要在山谷及河沟底驻扎。

六、山体滑坡

（1）遇到山体崩滑时要朝垂直于滚石前进的方向跑。切忌不要在逃离时朝着滑坡方向跑。更不要不知所措，随滑坡滚动。

（2）千万不要将避灾场地选择在滑坡的上坡或下坡。

（3）遇到山体崩滑，当你无法继续逃离时，应迅速抱住身边的树木等固定物体。可躲避在结实的障碍物下，或蹲在地坎、地沟里。应注意保护好头部，可利用身边的衣物裹住头部。

（4）野外营地要避开陡峭的悬崖和沟壑，避开植被稀少的山坡。非常潮湿的山坡也是滑坡可能发生的地区。

第四节　野外工作伤害急救处理

一、人工呼吸

（1）先检查伤员的嘴，掏出阻塞其咽喉的物体。如果伤员处于昏迷状态，应使其平卧，然后将伤员的一只手压于他的身下，另一只手置于胸前。将伤员离你较远的腿弯曲，以一只手托住伤员的头，将伤员转向你，使其侧卧。

（2）检查他的呼吸道，掏出堵塞物，使呼吸恢复通畅。在保持这种体位的情况下，即使伤员呕吐，其呼吸也会顺畅。然后，每15min测量一次伤员的脉搏，检查并处理伤员的其他伤处。切记，不能移动颈部和脊椎受伤的伤员。

（3）人工呼吸的方式很多，主要有口对口吹气法、俯卧压背法、仰卧压胸法等。

（4）要尽可能了解伤员昏迷的时间。把伤员所穿的有碍呼吸的衣服和领扣、腰带等都解开。把腰部或腹部垫高；同时，检查有没有肋骨骨折、脊椎骨折、手臂骨折和胸部创伤等情况。

二、止血

（1）用止血带紧缠在肢体上，使血管中断血流，达到止血的目的。如果没有止血带，也可以用三角巾绷带、布条等代替。

（2）止血带要缠绕在伤口的上部。止血带的下面，要垫上铺平的衣服、手巾或纱布，不要直接紧缠在皮肤上，以免勒伤皮肤。

（3）缠止血带后，因为血液不流通，时间久了，肢体就会发生坏死，所以每隔一刻钟到半小时要松一次；但放松的时间不可太长。只要血流一通就要再行缠绕，并要抓紧时间，赶快把伤员送到救护站。上止血带后，应系一个标记，说明上止血带的时间，以引起别人的注意。

三、骨折处理

（1）腿部骨折：可以用门窗的框架、树棍等制成简易夹板，还可以用伤员未受伤的腿充当夹板。

（2）胳膊骨折：可以用木板、木棍等材料先将胳膊固定，然后再将骨折的胳膊和身体绑在一起。

（3）肋骨骨折：救治伤者时宜用悬带吊起受伤一侧的手臂，用担架或搀扶伤者及时送医院诊治。

（4）骨盆骨折：表现为腹股沟或下腹部疼痛。膝部及脚踝部要分别绑扎，腿部弯曲处垫上枕垫，整个身体固定于平台上（担架等），分别将肩部、腰部、脚部固定于平台上。

（5）脊椎骨折：伤员颈背部疼痛而且下肢失去知觉则有可能是脊椎骨折。要求病人躺卧，用合适的物品，如包袱、木头支在伤员身体左右，防止头部或躯体摆动，等待医疗救援。

（6）颈椎骨折：发生颈椎骨折时，必须用硬领、厚绷带或其他合适的东西围住颈部，防止晃动。

四、伤口包扎

（1）绷带环形包扎：绷带作环行重叠缠绕。用在胸部、腹部、手腕等粗细大致相等的部位。为了便于固定绷带，使之不致滑脱，第一圈可以稍斜，第二三圈环行，并把斜出圈外的绷带尾部平均剪开，先打半结，绕一圈后，再将两尾用活结结扎。

（2）三角巾包扎：广泛应用于较大面积创面的包扎方法。

（3）包扎头部：先沿三角巾的长边折叠两层，从前额包起，把顶角和左右两角拉到脑后，先做一个半结，将顶角塞到结里；然后再将左右角包到前额作结。也可以把三角巾的顶角放在鼻尖，底边放在脑后，把左右两角拉到前额作结，再把顶角上翻固定。

（4）手、足包扎：把手指、足趾放在三角巾的顶角部位，把顶角向上折，包在手背或足背部上面；然后把左右两角交叉，向上拉到手腕或踝的左右两面缠绕打结。

五、中暑

中暑的症状是：疲劳，头痛，呕吐，出汗减少甚至停止排汗，心跳加速，皮肤发热、发干，部分丧失意识。

发现中暑者后，应将其移至凉爽干燥的地点，解开衣服，用凉水降温，并少量喂水。

六、冻伤

（一）症状

（1）皮肤冻伤时首先感到刺痛，接着皮肤出现苍白的斑点，感到麻木，进一步会出现硬块，伴有肿胀、发红等。

（2）初步冻伤，仅伤及皮肤，可将受冻部位放到温暖处解冻。

（3）深度冻伤要引起重视，防止进一步恶化。不要用雪揉擦，也不要放在火上烘烤。最好的方法是冻伤的部位放在28℃左右的温水中慢慢解冻。

（4）严重冻伤可能引起水泡，易受到感染或转为溃疡。冻伤的肌肤将变黑、死去、脱落。不要挑破水泡，也不可摩擦伤处，伤处受热过快会引起激痛。

（二）预防方法

（1）增加食物的摄取量，给身体提供充足的热量。

（2）增穿衣服，多层衣物形成的空气层有利于保持体温。

（3）同时应特别注意头部和脚部的保暖；保持衣服干爽整洁，潮湿肮脏的衣服会加速热量的散发。

（4）避免过多饮酒。酒精会使皮肤毛孔扩张，加速热量散发。此外，饮酒会使人感觉身体发热，而不注意穿着保暖。

七、雪盲

（一）雪盲的症状

雪盲的症状为眼睛开始对闪光敏感，眨眼次数增多，开始觉得光线为粉红色，最终感觉双眼被一片红色遮挡，痉痛感增加。

雪盲导致的失明较易恢复，只要经过一段时间的休息即可。雪盲也较易预防，只需佩戴合适的太阳镜即可。

（二）治疗方法

到黑暗的地方，蒙住双眼，放条冰凉的湿布在前额冰镇。

八、高原反应

（1）迹象与症状：头痛、头昏、心慌、气短、食欲不振、恶心呕吐、腹胀、胸闷、胸痛、疲乏无力、面部轻度浮肿、口唇干裂等。危重时血压增高，心跳加快，甚至出现昏迷状态。有的人出现异常兴奋如酩酊状态，多言多语，步态不稳，幻觉、失眠等。

（2）防治方法：

①进入高原地区前进行严格体检，身体不适宜者不要冒险进入。

②3~5天仍出现严重的高原不适应症状，应立即吸氧，送医院就诊。

③要及时更换衣服，做好防冻保暖工作，防止因受冻而引起感冒。

④高原生活食物应以易消化、营养丰富、高糖、含多种维生素为佳，多食蔬菜、水果，不可暴饮暴食，以免加重消化器官的负担。严禁饮酒，以免增加耗氧量。睡眠时枕头要垫高点，以半卧姿势最佳。

⑤准备高山病药物，包括复方党参片、黄芪茯苓复方剂、醋氮酰胺、利尿磺胺、螺旋内酯、三普红景天胶囊等。

九、体温过低

（1）迹象与症状：烦躁，反应迟钝，突然出现难以自控的颤抖，头痛，视觉模糊，甚至瘫倒，失去知觉。

(2) 防治方法：

①防止身体热量进一步散失，待在室内，避风。

②脱去潮湿的衣服，换上干衣服。不要躺于地上，可生火取暖。

③病人清醒时，让其饮用热饮料，食用含糖食物。

④体温严重过低时不要进行快速体外加热，可将热体放在腰背部、腋窝、胃窝、裆部等部位。

十、蚊虫叮咬

进行野外工作时应穿长袖长裤，同时需要注意的是，把裤腿塞进靴子或袜子里，把上衣系进裤腰里，领口袖口要扎紧。提前用驱蚊产品处理衣服和装备。

（一）蜜蜂、隐翅虫等小飞虫

如果被有毒的蜜蜂蜇伤，比如马蜂，要快速转移到安全的地方，以免遭到更多的蜇伤。然后用肥皂和清水清洗被咬的部位，不要试图拔掉那些刺，这样会释放更多毒液。为了减少疼痛和肿胀，可以用冰袋或装满冰块的衣服敷在伤口上。如果蜇伤后出现恶心反胃和肠抽搐，痢疾腹泻或较大的肿块，应当马上去医院治疗。

（二）扁虱

用如凡士林、重油或者树液等物质涂抹在它们身上，这些物质会切断它们的空气来源，扁虱就会松开口，这个时候就容易从身上把它们弄走了。在捉完扁虱之后要洗净双手，因为它们身上的体液可能携带病菌。并且要每天要清洗伤口，直到伤口愈合。

（三）蜘蛛、蜈蚣和蚂蚁

被一般的蜘蛛咬伤后，要仔细地清洗伤口，吸出或挤出毒素，如果有烟草，嚼碎敷在伤口上，可以减轻痛楚。

肥皂消肿、花露水、牙膏、芦荟叶汁、洗衣粉、大蒜片、盐水都可消肿止痒止痛。

十一、动物咬伤

许多野生动物都很凶残，遇到要及时躲避。遭到动物咬伤时，要彻底清洗伤口，至少5min内冲洗残留的唾液，消除感染。然后处理伤口流血，进行包扎。若出现破伤风要及时注射破伤风疫苗。

十二、传染性疾病

许多传染流行疾病都是通过昆虫动物传染的，所以在多发传染性疾病区域主要采取措施防蚊虫叮咬。

十三、蛇咬伤

首先应分清是无毒蛇还是有毒蛇。如确系无毒蛇咬伤（一般在15min内没有什么反应），可按一般外伤处理。若无法判断，则应按毒蛇咬伤处理。

若被毒蛇咬伤后，应使伤口部位尽量放到最低位置，保持局部的相对固定，用柔软的绳子、布条或者就近拾取适用的植物茎、叶，在伤口上方约2~10cm处结扎，松紧程度以能阻断淋巴和静脉血的回流，而又不影响动脉血流为宜。

结扎的动作要迅速,最好在受伤后 3~5min 内完成。以后每隔 15~20min 放松 1~2min,以免被扎肢体因血阻而坏死。包扎后,用清水、冷开水加盐或肥皂水冲洗伤口,洗去周围黏附的毒液,减少吸收。并尽快就医。

十四、中毒反应

(一) 食物中毒

症状是恶心、呕吐、腹泻、胃疼、心脏衰弱等。主要解决方法一是呕吐,二是洗胃,快速喝大量的水,然后吃蓖麻油等泻药清肠。也可用茶和木炭混合成一种消毒液,或只用木炭,加水喝下去,让其吸收毒质。

(二) 皮肤中毒

皮肤接触有毒的植物后会引起过敏、炎症、腐烂等中毒现象,甚至导致死亡。皮肤接触有毒的植物后,应用肥皂与水冲洗干净,更要清除衣服上的污迹。不能用中毒的手碰触脸等其他身体部位。

十五、其他身体不适

(一) 发烧

休息调养,尽量多喝水,服用阿司匹林等药物。

(二) 脸色苍白

当脸色苍白时,为了提高脑部血压,应使脚部垫高后睡眠休息。脸色苍白而且冒冷汗,是患了热射病时常见的症状,应该保持安静直至脸上恢复血色为止。

(三) 恶心呕吐

身体俯卧,把右手伸到颌下当作枕头枕着会觉得轻松一些。仰面朝天的姿势会使呕吐物或唾液堵塞气管。

(四) 头疼

服下平时使用的药品之后静静地休息。多穿几件衣服发汗,这时要注意当内衣被汗水浸湿时,一定要换穿干爽的内衣。

(五) 腹痛

左下腹疼痛常会伴有腹泻,可以服用含有木馏油的药品,还要保护腹部温暖,取安静而舒适的姿势。当右下腹疼痛时有患阑尾炎的可能,症状较轻时,服用抗生素(阿莫西林)就可止住疼痛,但仍要尽快去医院诊治,这时不能使腹部受热。

参 考 文 献

布拉特 H，等，1987. 沉积岩成因. 北京：科学出版社.
地方志编辑委员会，1986. 北碚自然地理. 重庆：西南师范大学出版社.
范嘉松，1996. 中国生物礁与油气. 北京：海洋出版社.
范嘉松，吴亚生，2002. 川东二叠纪生物礁的再认识. 石油与天然气地质，23（1）：12-18.
范嘉松，吴亚生，2005. 世界二叠纪生物礁的基本特征及其古地理分布. 古地理学报，7（3）：287-304.
冯增昭，1987. 碳酸盐岩岩相古地理. 北京：石油工业出版社.
胡明，周小军，2015. 构造地质学. 2 版. 北京：石油工业出版社.
黄汲清，等，1980. 中国大地构造及其演化. 北京：科学出版社.
姜红霞，吴亚生，袁生虎，2007. 重庆二叠—三叠系界线地层中发现干裂缝和侵蚀面及其意义. 高校地质学报，13（1）：53-59.
赖内克 H E，1973. 陆源碎屑沉积环境（中译本）. 北京：石油工业出版社.
廖太平，胡明，2008. 重庆天府地区地质考察指南. 北京：石油工业出版社.
刘宝君，曾永孚，1985. 岩相古地理基础和工作方法，北京：地质出版社.
刘兴诗，1983. 四川盆地的第四系. 成都：四川科学技术出版社.
陆廷清，等，2015. 地质学基础. 2 版. 北京：石油工业出版社.
强子同，等，1985. 四川上二叠统老龙洞生物礁及其成岩作用. 石油与天然气地质，6（1）.
吴亚生，1992. 生物礁的结构岩石类型和结构相. 中国科学（B辑），3：304-310.
吴亚生，范嘉松，姜红霞，等，2007. 二叠纪末生物礁生态系绝灭的方式. 科学通报，52（2）：207-214.
吴亚生，范嘉松，2001. 根据生物礁定量计算茅口期全球海平面变化幅度. 中国科学（D辑），31（3）：233-242.
吴亚生，范嘉松，2002. 二叠纪—三叠纪礁相房室海绵演化. 古生物学报，41（2）：163-177.
吴亚生，范嘉松，金玉玕，2003. 晚二叠世末的生物礁出露及其意义. 地质学报，77（3）：289-296.
吴亚生，姜红霞，廖太平，2006. 重庆老龙洞二叠系—三叠系界线地层的海平面下降事件. 岩石学报，22（9）：2405-2412.
乐光禹等，1996. 构造复合联合原理：川黔构造组合叠加分析. 成都：成都科技大学出版社.
张维，张孝林，1992. 中国南方二叠纪生物礁与古生态. 北京：地质出版社.
曾永孚，夏文杰，1984. 沉积岩石学. 北京：地质出版社.
朱筱敏，2008. 沉积岩石学. 4 版. 北京：石油工业出版社.
Borak B, Friedman GM, 1981. Textures of sandstones and carbonate rocks in the world´s deepest wells (in excess of 30,000 ft. or 9.1 km): Anadarko Basin, Oklahoma. Sedimentary Geology, 29（2）：133-151.
Cumings E R, 1932. Reefs or bioherms. Geological Society of America Bulletin, 43：331-352.
Dunham R L, 1970. Stratigraphic reefs versus ecologic reefs. AAPG Bulletin, 54.
Fan Jiasong, Rigby J K, Qi Jingwen, 1990. The Permian reefs of south China and comparisons with the Permian reef complex of GuadalupeMountains, West Texas and New Mexico. BYU Geology Studies, 36：15-55.
Friedman G M, 1975. The making and unmaking of limestones cr the downs and ups of porosity. Journal of Sedimentary Research, 45：379-398.
Heckel P H, 1974. Carbonate buildups in the geologic record: a review// Laporte L F. Reefs in time and space. SEPM (Soc. Sediment. Geol.) Spec. Publ., Tulsa, 18：90-155.
Knauth L P, 2015. A model for the origin of chert in limestone. Geology, 7（6）：274-277.
Loucks R G, 1983. Distinguishing diagenetic environments of equant calcite cementation: examples from Lower Cretaceous Pearsall Formation in South Texas. AAPG Bulletin, 67（3）：506.
Lowenstom H A, 1950. Niagaran reefs of the Great Lakes area. Journal of Geology, 58（4）：430-487.

Newell N D, Rigby J K, Fischer A G, et al., 1953. The Permian Reef Complex of the Guadalupe Mountains Region, Texas and New Mexico. San Francisco: W. H. Freeman & Co.

Wu Ya Sheng, 1991. Organisms and communities of the Permian reef of Xiangbo, Chinacalcisponges, hydrozoans, algae, microproblematica. International Academic Publisher.

Wu Ya Sheng, 1992. Fabric-facies and fabric-rock-types of reefs. Science in China (Series B), 35 (12): 1503-1511.

Wu Ya Sheng, 1993. Diagenetic facies of reefs. Scientia Geologica Sinica, 2 (3): 349-355.

Wu Ya Sheng, 2005. Conodont evolution during Permian-Triassic transition in Mid-Low latitudes: a close-up view. Albertiana 33: 93-94.

Wu Ya Sheng, 2005. Conodonts, reef evolution and mass extinction across Permian-Triassic boundary. Geological Publishing House.

Wu Ya Sheng, Fan JiaSong, 2002. Calculating eustatic amplitude of Middle Permian from reefs. Science in China (Series D), 45 (3): 221-232.

Wu Ya Sheng, Fan Jiasong, 2003. Quantitative evaluation of the sea-level drop at the end-Permian: based on reefs. Acta Geologica Sinica, 77 (1): 95-102.

附　　录

一、地质构造符号

符号	名称
·········	不整合界线（黑）
————	实测地层界线及侵入体接触线（黑）
— — — —	推测地层接触界线及侵入体接触线（黑）
——↓50°——	侵入岩与围岩接触面产状（箭头指示接触面倾向，数字为倾角）
·-·-·-·-·	岩相分界线
————	实测断层线（红）（性质不明）
— — — —	推测断层线（红）（性质不明）
┬──┬50°─┬─	正断层（红）
┰──┰30°─┰─	逆断层（红）
⇆	平推断层（红）
◆━━━◆	背斜轴线（轴迹）
◇━━━◇	向斜轴线（轴迹）
◆━┴━◆	倒转背斜轴线（轴迹）（箭头指向轴面倾向）
◇━┴━◇	倒转向斜轴线（轴迹）（箭头指向轴面倾向）
▬ ▭ ▬ ▭ ▬	隐伏背斜轴线（轴迹）
▭ ▬ ▭ ▬ ▭	隐伏向斜轴线（轴迹）
▶━━━▶	背斜枢纽的起伏及倾状
▷━━━▷	向斜枢纽的起伏及倾状
A———B	剖面线

符号	名称
⊤₃₅	岩层倾向及倾角
＋	水平地层产状（0°~5°）
⊤	直立地层产状（箭头指向较新地层）
⊥	倒转地层产状（箭头指向倒转后倾向）
△₃₀	片理或片麻理倾向及倾角
⊘	穹窿构造
⊘	盆地构造

二、岩性符号

（一）沉积岩花纹

1. 砾岩

- 砾岩
- 砂砾岩
- 角砾岩
- 复矿砾岩
- 钙质砾岩
- 砂质砾岩
- 铁质砾岩
- 硅质砾岩

2. 砂岩

- 粗砂岩
- 中砂岩
- 细砂岩
- 含砾砂岩
- 含砾复矿砂岩
- 石英砂岩
- 富矿砂岩
- 硬砂岩
- 长石砂岩
- 长石石英砂岩
- 钙质砂岩
- 泥质砂岩
- 铁质砂岩
- 含磷砂岩
- 凝灰质砂岩
- 绿泥石砂岩

3. 粉砂岩

- 粉砂岩
- 复矿粉砂岩
- 钙质粉砂岩
- 泥质粉砂岩
- 铁质粉砂岩
- 凝灰质粉砂岩

4. 页岩

- 泥质页岩（页岩）
- 钙质页岩
- 砂质页岩
- 粉砂质页岩
- 硅质页岩
- 碳质页岩
- 铝土页岩
- 凝灰质页岩
- 泥页岩（或黏土岩）
- 含钾页岩

5. 石灰岩

- 石灰岩
- 结晶灰岩
- 含泥质灰岩
- 硅质灰岩
- 泥灰岩
- 白云质灰岩
- 砂质灰岩
- 生物灰岩
- 燧石团块灰岩
- 鲕状灰岩
- 竹叶状灰岩
- 碎屑状灰岩
- 角砾灰岩
- 白云岩
- 泥质白云岩
- 砂质泥灰岩

6. 其他岩石

- 铝土岩
- 硅质岩
- 磷块岩
- 煤层及夹层
- 断层角砾岩

	铁矿层
	断层泥

（二）火成岩花纹

1. 侵入岩

	纯橄榄岩
	橄榄岩
	辉石岩
	角闪石岩
	蛇纹岩
	辉长岩
	辉长斑岩（玢岩）
	斜长岩
	辉绿岩（玢岩）
	闪长岩
	辉石闪长岩
	角闪闪长岩
	石英闪长岩
	闪长斑岩（玢岩）
	花岗闪长岩
	斜长花岗岩
	角闪花岗岩
	二云母花岗岩
	白云母花岗岩
	黑云母花岗岩

	碱性花岗岩（钾长花岗岩）
	花岗斑岩
	白岗岩
	石英斑岩
	石英二长岩
	二长岩
	二长斑岩
	花岗正长岩
	石英正长岩
	正长岩
	正长斑岩
	霞石正长岩
	霞石正长斑岩
	霓霞岩

2. 岩脉、矿脉

	超基性岩（未分）
	基性岩（未分）
	中性岩脉
	细晶岩脉
	伟晶岩脉
	云煌岩
	碱性岩脉
	玢岩

	煌斑岩脉
	辉绿岩
	矿体（脉） Zn

（三）喷出岩花纹

1. 火山碎屑岩

	超基性喷出岩（以凝灰岩为主）
	基性喷出岩（以凝灰岩为主）
	中基性喷出岩（以凝灰岩为主）
	酸性喷出岩（以凝灰岩为主）
	碱性喷出岩（以凝灰岩为主）
	角斑岩
	细碧岩
	细碧角斑岩

2. 熔岩

	玄武岩
	杏仁状玄武岩
	安山玄武岩
	安山岩
	安山斑岩
	安山玢岩
	英安岩
	流纹岩
	流纹斑岩
	粗面斑岩

粗面岩

石英斑岩

（四）变质岩花纹

1. 区域变质岩

板岩（未分）

千枚岩（未分）

片岩（未分）

矽（硅）质板岩

钙质板岩

砂质板岩

炭质板岩

千枚状板岩

石墨片岩

帘石片岩

斜长绿泥片岩

蛇纹石片岩

绿泥片岩

滑石片岩

变质砂岩

石英岩

长石石英岩

角闪岩（未分）

辉石岩

片麻岩

正片麻岩

副片麻岩

花岗片麻岩

大理岩

矽（硅）化灰岩

白云大理岩

石英片岩

绢云母石英片岩

2. 混合岩

条带状混合岩

角砾状混合岩

网状混合岩

眼球状混合岩

分支混合岩

肠状混合岩

3. 岩石构造

板状、千枚状构造

片状构造

片麻状构造

混合岩构造

（五）主要岩浆岩组分代号及颜色

γ 花岗岩（红）

δ 闪长岩（橙红）

ξ 正长岩（橙）

ν 辉长岩（绿）

ψ_t 辉岩（蓝绿）

σ 橄榄岩（深橄榄色）

λ 流纹岩（朱红）

τ 粗面岩（橙红）

α 安山岩（灰绿）

β 玄武岩（深绿）

$\beta\mu$ 辉绿岩细碧岩（浅绿）

γ_π 花岗斑岩（大红）

（六）岩脉、矿脉符号

q 石英脉（紫）

γ 酸性岩脉（暗红）

ς 细晶岩脉（淡红）

ρ 伟晶岩脉（玫瑰红）

δ 中性岩脉（蓝）

N 基性岩脉（绿）

χ 煌斑岩脉（棕）

μ 玢岩脉（灰绿）

ν 辉长岩脉（绿）

Σ 超基性岩脉（紫）

χ 碱性岩脉（橙）

Au 矿脉（代号用元素符号，色用矿种色）

三、地层代号和色谱

界	系			统	代号	色谱
新生界 （Kz）	第四系	Q	Q_n	全新统	Q_4	淡黄色
			Q_p	上更新统	Q_3	
				中更新统	Q_2	
				下更新统	Q_1	
	新近系	N		上新统	N_2	鲜黄色
				中新统	N_1	
	古近系	E		渐新统	E_3	老黄色
				始新统	E_2	
				古新统	E_1	
中生界 （Mz）	白垩系	K		上统	K_2	鲜绿色
				下统	K_1	
	侏罗系	J		上统	J_3	鲜蓝色
				中统	J_2	
				下统	J_1	
	三叠系	T		上统	T_3	绛紫色
				中统	T_2	
				下统	T_1	
古生界 （Pz）	二叠系	P		上统	P_3	淡棕色
				中统	P_2	
				下统	P_1	
	石炭系	C		上统	C_2	灰色
				下统	C_1	
	泥盆系	D		上统	D_3	咖啡色
				中统	D_2	
				下统	D_1	
	志留系	S		上统	S_3	果绿色
				中统	S_2	
				下统	S_1	
	奥陶系	O		上统	O_3	蓝绿色
				中统	O_2	
				下统	O_1	
	寒武系	ϵ		上统	ϵ_3	暗绿色
				中统	ϵ_2	
				下统	ϵ_1	
元古宇 （PT）	上元古界 （Pt_3）	震旦系	Z		上统	Z_2	绛棕色
				下统	Z_1	
		青白口系	Qb				棕红色（浅）
	中元古界 （Pt_2）	蓟县系	Jx				棕红色（中）
		长城系	Chc				
	下元古界 （Pt_1）						棕标色（深）
太古宇 （AR）							玫瑰红色

四、真、视倾角换算图

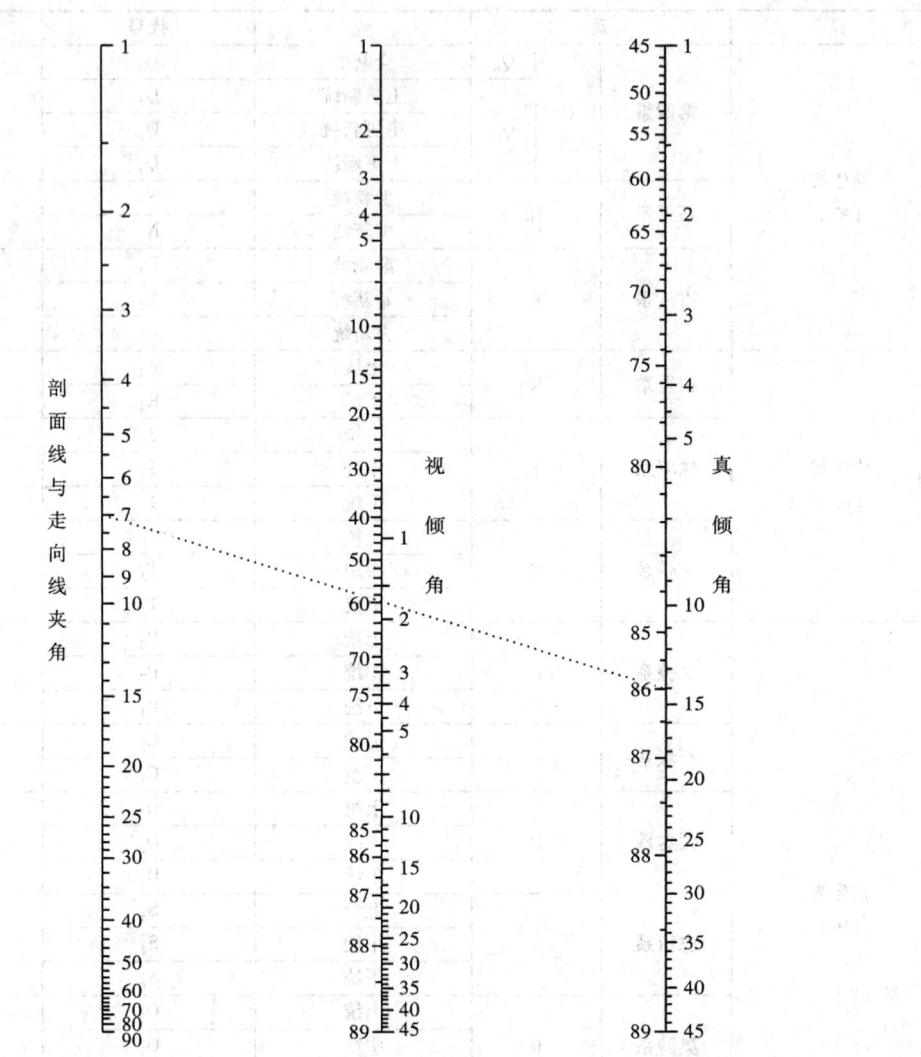

用法说明：根据剖面实测资料，左尺和右尺上找到已知数值，用直尺连直线过中尺处即为相应视倾角值。如图中一例，已知真倾角为86°，剖面与岩层走向夹角为7°，则该剖面方向的视倾角为60°。